中文社会科学引文索引（CSSCI）来源集刊

中国美学研究

第二十三辑

朱志荣
王怀义　主编

华 东 师 范 大 学 中 文 系
武 汉 大 学 文 学 院 编
华东师范大学美学与艺术理论研究中心

商务印书馆
The Commercial Press

商務印書館（上海）有限公司　出品
The Commercial Press (Shanghai) Co. Ltd.

目　录

CONTENTS

【 Artistic Aesthetics 】

【 Western Aesthetics 】

【 Book Review and Summarize 】

中国古典美学

早期中国思想中的方圆观念及美学延伸

周律含*

摘　要：美学问题对中国古典文明的影响，绝不仅仅停留在文学艺术的层面，而是深入到了哲学的层面，以一种根本性的方式蕴藏在整个中国思想文化之中。以方圆观念为例，不论是早期"天圆地方"的宇宙论，还是随后"天道圆，地道方"的本体论展开，方、圆这两个基本形状始终是潜藏在民族深层文化结构当中的重要形象。其中"圆"所涉及的阴阳流转、往来循环的思想精神为中国哲学奠定了基调；"方"所涵括的方位意识及秩序要求则构成了中国人文历史的起点。方、圆这两个基本意象不仅构成中国美感的基础，更成为整个中国思想文化的基础。对这一问题的探索，有助于我们重新认识中国传统思想的独具一格的美学特性，亦有助于在世界文明的视角下重新把握中国思想的发源及其基本立场。

关键词：时空　方位　方圆　宇宙观　空间想象

在中国人看来，宇宙基本上是由"方"与"圆"这两种空间样态组成。中国历史上就长期存在着"天圆地方"的说法。但是，"方"与"圆"究竟何以代表天地？两种意象所蕴含的不同含义及其背后的核心差异是什么？"方""圆"的确立有多少是基于对自然地理的观察，又有多少是基于民族文化特殊性的宇宙想象？华夏民族的原始宇宙观与古代西方的宇宙认知有何异同？这些仍旧是值得深思的问题。德国地理学家阿尔夫雷德·赫特纳 1927 年在其《地理学：它的历史、性质和方法》一书中讲："地理学在一切时代都进行过构想，这种构想在古代甚至比现在具有更重要的地位，至少是以更大的幅度活动，因为当时

---

* 作者简介：周律含，北京师范大学哲学学院美学专业博士生，主要研究方向为中国古代美学。

确切的知识少得多，而人类却总是感觉到要追求一个完全的图景。哪里缺乏知识，人类就让幻想活跃。"① 这就是说，在早期历史中，人类对宇宙的认知有极大的虚构成分，人们习惯用传说性质的事物来填补大地远方或天空尽头的知识空白。与地理问题相比，在这一背景下诞生的早期宇宙认知，由于更多地牵扯到先民的空间想象而成为一个毫无疑问的美学问题，"方"与"圆"这两种意象的特殊性只有放在人文学科的考量之下才能得到揭示。本文正是试图从美学角度介入中国历史早期的方圆问题，并在此基础上对中西思维之异略做探讨。

一、圆形天穹：原始形态的时空感知

中国人对圆这一形状的认识可以上溯至上古石器时期。当前的考古资料表明，早在山顶洞人的遗址中就已经出现了圆形石珠，各大遗址中出土的陶器、玉器也多见圆形。但究其根底，器物造型中的"圆"只是早期中国人空间认知的一个表象，它背后隐藏的是"天为圆形"这一根本性的宇宙想象。这种宇宙观最晚在新石器时期就已经出现，集中体现在先民祭祀天地的圜丘与方丘上。良渚文化的莫角山遗址、红山文化的东山嘴遗址以及牛河梁遗址等地发现的祭坛均是方形与圆形的特定组合。学者冯时认为"古人以三环石坛以象天，方形石坛以象地"②。这些遗迹正是"天圆地方"观念追溯至史前时代的绝佳证明。《周礼·春官·宗伯》曾记载："冬日至，于地上之圜丘奏之，若乐六变，则天神皆降，可得而礼矣……夏日至，于泽中之方丘奏之，若乐八变，则地示皆出，可得而礼矣。"这里就明确指出"圜丘"与"方丘"分别与古人对天、地的祭祀活动相关。那么，先民何以认为天是圆形？这还要从人对自然的感知说起。自然物多圆润而少棱角，如日、月均为圆形，且这二者的运行轨迹更是对原始农业的生产活动有着巨大的影响。《国语·周语》讲："古者，太史顺时覛土，阳瘅愤盈，土气震发，农祥晨正，日月底于天庙，土乃脉发。"就是说只有当房星现于南天、日月都现于营室的时候才可播种，一年当中仅有那么短短几天，可见农耕活动对天时的依赖极强。农时的确立依靠天象，这才有"观象授时"之

① 阿尔夫雷德·赫特纳著，王兰生译：《地理学：它的历史、性质和方法》，商务印书馆1983年版，第249页。
② 冯时：《中国天文考古学》，社会科学文献出版社2001年版，第352页。

说。太阳运动呈环状，行星也围绕着北极星环状运动，圆形就成了人对自然最原始的形状感知。人在仰观天象的过程中认识了圆，而随后又将圆作为一种标签还给了天，即认为天是圆形。

而日出日落、斗转星移所促生的，不仅是圆形的空间意识，同时还有环形的时间观念。《尸子·卷下》讲："上下四方曰宇，往古来今曰宙。"宇宙不仅是上下四方的空间，更是古往今来的时间。日有东升西落，人有衰老死亡。时间的方向就是生命生发、成长的方向，也就是由生至死的方向。这就是说，时间本是有方向的，且是单一方向。然而古人的时间观念呈现在空间中却是环状的，如《吕氏春秋·圜道》讲："物动则萌，萌而生，生而长，长而大，大而成，成乃衰，衰乃杀，杀乃藏，圜道也。"事实上，作为一种形状的"圆"本身无所谓起点和终点，然而当太阳圆形的运行轨迹与四时结合之后，代表日出之东方就成为时间循环的起点。生命之生死循环于是与日升、日落一样，一方面有了由生赴死的"方向感"，另一方面又具备了生生不息的生命秩序。自然万物生死循环的背景下，人的生死也成为大化流行的一部分。所以殷人认为人死后可上天成神；《庄子》说人死后变成虫、变成草，又能参与新一轮的生命循环。尽管各家生死观迥异，却都是在说死亡并不代表生命的消亡，它只是把生命带入另一个时空境遇中去，或许是鬼神的时空，或许是自然生物的时空，但生命本身永不消亡，如同太阳永恒不变地东升西落。

这样一种循环的时空架构，除了自然经验外，亦有人的身体经验做支撑：人站在原地向四方旋转身体，最终必然会回到起点，四方空间始终围绕着"人"这一中心周而复始地往来流转。基于四方空间的环绕模式，以四时为代表的时间结构亦是循环的。纵使时光一去不复返，但它又和人的空间经验相似，通过日、月、年的周期轮回不断地回归原点。日复一日，年复一年。《易》所强调的正是这样一种循环往复的时间观念，所谓"无往不复，天地际也"（《周易·泰卦·象传》）；"日往则月来，月往则日来，日月相推，而明生焉。寒往则暑来，暑往则寒来，寒暑相推，而岁成焉。往者，屈也；来者，信也；屈信相感而利生焉"（《周易·系辞下》）。季节的变换、生命的更迭都来源于大化流行之周而复始。年、月、日的循环更替正如同宇宙的节拍，是生命节律的来源。自然之韵味正产生于多元时空的重叠交错之中。所以《庄子·逍遥游》有"小年"与"大年"之分："朝菌不知晦朔，蟪蛄不知春秋，此小年也。楚之南有冥灵者，以五百岁为春，五百岁为秋；上古有大椿者，以八千岁为春，八千岁为秋。此大年也。"不同的生命有不同的时空结构。与蟪蛄、冥灵不同，人将自己的生命用四季循环的时空来进行刻画。草木一枯荣称为一岁，四季循环交替，人的一岁是春夏秋冬的一次循环。人之生命就是一岁又一岁行走于生死之间的桥梁上。

与永恒性相比，中国人更注重"圆"所代表的生灭不息的循环性。《庄子·盗跖》讲："若是若非，执而圆机，独成而意，与道徘徊。"《淮南子·主术训》说："智欲圆者，环复转运，终始无端，旁流四达。"这一独特的圆形意象衍生出中国哲学中的诸多对偶性范畴，如阴阳、天地、形神等等，继而又生发出平衡、中和、协调等理念。一阴、一阳随着四时的节奏循环流变就成了亘古不变的天地之道。这一过程正是《吕氏春秋》所归纳的"圜道"。"圆"在这里从感性的自然经验逐渐上升到哲学层面，发展出了"天道圆"的哲学命题。它不仅构成了中国美感的基础，也成了整个中国思想文化的基础。

二、方形大地：方位经验与人文空间

仰观天象之余，人类也用同样的热情探索大地。不论在古中国还是古西方，大地的形状始终都是重要议题。在古希腊人的宇宙观中，大地始终是圆形或球形，如泰勒斯认为大地是漂浮在水上的圆盘，将圆的属性赋予脚下的大地；毕达哥拉斯学派也认为圆形是一切平面图形中最完美的图形，而球形就是一切立体形状中最完美的，因此大地为球形；此后的柏拉图、亚里士多德也都秉持"球形大地"之说，认为行星围绕地球做完美的圆周运动。[①] 然而在古代中国，情形却不大相同，大地往往有棱有角和方形相关联。《吕氏春秋·季冬纪》有"大圜在上，大矩在下"之说；《周礼·春官·宗伯》有"以玉作六器，以礼天地四方，以苍璧礼天，以黄琮礼地"之记。玉璧为圆，玉琮为方，形状分别与天、地类似，因此能够表征天地。这些说法正是来自中国上古宇宙观的基本预设——"天圆地方"。

追溯到中国历史的最早期，与其说大地是方形，不如说是"亞"形。这一

---

① 参见柏拉图著，王晓朝译：《蒂迈欧篇》，《柏拉图全集（第3卷）》，人民出版社2003年版；亚里士多德著，张竹明译：《物理学》，商务印书馆1982年版。

观念可以从诸多考古材料中得到证明。例如凌家滩遗址出土的著名玉龟，有学者考证如下："玉龟的背甲与腹甲构成完整的天穹与大地模式。又腹甲平面略似方形而四角内收，按传统可称'亚'（亞）字形，这样，与实际的龟腹甲相比有较大的差异，这应是先民们有意的制作，以示大地的模式是方形而四角内收的。"[1]20世纪80年代，美国汉学家艾兰曾著书专门讨论商代"龟"纹与早期宇宙观的问题[2]，指出如果将"方"作为方形来理解，东南西北四方各是一块方形的大地，再加上人所居的中央，天下恰好正是一个"亞"形，即后世"大地为方"的雏形。那么，先民仰观天象，并且已然发现天为圆形的时候，为何偏偏认为脚下的地是方的？这显然需要特定的原因。

事实上，这一"亞"形大地的观念更多是来自先民立竿测影的方位测定经验。显而易见的是，这一特殊形状的四个直角分别代表大地的东、南、西、北四个方位，然而却少有人辨析"方位"观念与"方地"观念的先后顺序。如一些学者所说，"原始观象台的台面上，有表示四隅的方位线，画成四个直角符号，成了四角内收的'亚'字形。'天圆地方'观念的产生，便是因为视感觉的天穹是圆形的，而大地的模式只能与原始观象台作比喻，成了方形的"[3]，这就揭示了"方地"与"方位"之间紧密的联系。对比古代西方的圆形大地观念就会发现，圆是最纯粹的连续性图形，不论从哪个方向看均是如此，然而方形却不一样，它最大的特点就在于方正，比起无首尾之分的圆形，它由向远方延伸的直线构成，每一条线都有自身的方向，这四个方向就是最初的"四方"观念。因此，方形大地的观念根本上是源自方位观念。先辨识识位，而后根据四方依次向远方延伸才诞生了"亞"形大地的空间想象。不论"亞"形还是方形，都是方位意识的产物。而一切方位都是以人为中心的空间建构，大地为方这一观念，是建立在以人为中心的方位意识之上。方位的经验性决定了人站在哪里，那里就是中央。从这个意义上说，方形大地的观念正是人文世界的起点。

与"圆天"的想象源自天象观测不同，"方地"的认知更多是源自早期中国人的生产实践。人居于大地之上，大地之"方"往往更多地与人类活动相联系，

---

① 陆思贤、李迪：《天文考古通论》，紫禁城出版社2000年版，第46页。

② 艾兰著，汪涛译：《龟之谜：商代神话、祭祀、艺术和宇宙观研究（增订版）》，商务印书馆2010年版，第134页。

③ 陆思贤、李迪：《天文考古通论》，第46页。

它是生动且具体的。《周礼》每篇开头都讲"惟王建国，辨方正位，体国经野，设官分职，以为民极"。"辨方正位"对于整个天下观和国家建设是最首要的、奠基性的事务。方位的选择不仅关乎都城的建设，更关乎国家的治理。东、南、西、北四个方位也称作"四正"；与之对应，东南、西南、西北、东北只能被称作"四维"或"四隅"。这一空间感知随后又上升至价值层面，如《管子·明法解》所说，"明主者，有法度之制，故群臣皆出于方正之治而不敢为奸"。继"方位"之后，"方"又衍生出"方正"之意，也成为后世"正名"思想的源头。方形逐渐成为与圆形并置的另一种重要意象。它与圆同样具备一个中心，由东南西北四个方位辐射的线条构成。对中国历代城市规划来说，"方正"是城市基本布局。对农业实践而言，人往往把田地切割成方形便于规划管理，就是所谓的"井田"。

不论是方位观念本身还是方位背后的秩序感，本质上都是人类自身的建构。将方正作为大地的秩序规定者，正是华夏民族独特的选择。古代西方城市如雅典、罗马的城市布局也均有方形设计，但这些大城市往往只有"方"没有"正"，建筑本身采取方形设计，然而却不考虑方位上的正对。比较之下，方位意识已经内化于中国人的思维方式之中。这种井然有序的方位体系与天下秩序才是"大地为方"的渊源所在。唐晓峰就曾说："'天圆地方'的本质是信仰，在描述客观世界时是牵强的，但作为人的行为指南，则具有另一种实际意义。……天圆地方，不是两个形状，是两类秩序。一种秩序是圆，运转，循环。另一种秩序是方，静、稳、厚、定。在运转与静稳格局之间形成复杂关系，人生存在于静稳的地上格局秩序中，但要听从天命。在这个意义上，天是历史，地是社会。"① 随着时间的推移，这种建立在方位基础上的大地想象也同"天道圆"一样上升到"道"的层面，衍生出了"地道为方"的说法。

总而言之，"天圆地方"区别于纯粹的宇宙想象，在根本上是华夏文明独特的秩序建构和价值选择。"天道"被归纳为圆，"地道"被总结为方，是上古先民对天地秩序的高度抽象。它一方面提示，方与圆在这里被提升至"道"的高度，不再只是感性层面的认知对象，而转变为哲学层面的象征及隐喻；另一方面也说明，早期中国人起源于"方"和"圆"的感性世界认知，在这个意义上，正是

---

① 唐晓峰：《从浑沌到秩序：中国上古地理思想史论述》，中华书局 2010 年版，第 128 页。

一种审美性的认知建构。这种认知方式正如同《周易》从"象"出发模拟世界的认知模式，对中国文明的独特走向有深远的影响。

三、方圆之间：中西差异及美学延伸

整体而言，方与圆分别代表早期中国人的空间认知及宇宙观的不同面向，两者共同造就了华夏民族特殊的文明传统，不可偏废。然而若将方、圆放入整个人类文明的视域下，"圆"因涉及人类认识世界的共同经验，往往比"方"更具普适性。钱锺书曾在其《谈艺录·说圆》中讲："孔密娣女士曾在里昂大学作论文，考希腊哲人言形体，以圆为贵。予居法国时，闻尚未刊布，想其必自毕达哥拉斯始也。窃尝谓形之浑简完备者，无过于圆。吾国先哲言道体道妙，亦以圆为象。"[1]这里就指出西方人重圆的历史也可以追溯到古希腊时期。柏拉图曾说："造物主……把宇宙造成圆形的，就像出自车床一样圆，从中心到任何方向的边距都相等。在一切形状中，这种形状是最完美的，又是所有形状中彼此最相似的，因为创造主认为相似比不相似要好得多。"[2]亚里士多德也曾在《物理学》中把时间描述为和圆一样的东西。圆在西方自古以来就是完美的象征。圆的特性是圆上每一点到圆心的距离都相等，是最理想化的几何形状，圆形的时间进程也正是永恒性的象征。这个观点随后蔓延到西方天文学、神学以及人文学科的诸多领域。直到17世纪，康帕内拉在经典的《太阳城》中描绘的理想城市版图，依然是一座圆形神殿位于城市中央，其余建筑逐层展开，整个城市轮廓也呈圆形。这一典型设计极大地彰显了西方传统中"圆即完美"的古老信念。

以此反观，中国人尽管也对"圆"的精神极为崇尚，但从早期"地道为方"的说法来看，在社会与人生的建构层面上，中国人遵循的往往却是"方"的法则。建筑学家汉宝德就曾提出，中国古代并没有"圆"的观念，所有圆形都要和方放在一起表现。[3]这一主张看似尖锐，但仔细分辨却不失见地。一个典型例证就是良渚文化遗址出土的一系列"内圆外方"的玉琮——汉宝德认为玉琮

---

① 钱锺书：《谈艺录》，生活·读书·新知三联书店2001年版，第329页。
② 柏拉图著，王晓朝译：《蒂迈欧篇》，《柏拉图全集（第3卷）》，第283页。
③ 汉宝德：《中国建筑文化讲座》，生活·读书·新知三联书店2020年版，第106—108页。

形制中的"圆"是有方向的圆，外圈的四个角并非方形大地的显现，只是为了给圆定向。除此之外，汉代的玉璧、铜镜等圆形器物中几乎都有用来确立"四方"的纹饰标志。故而在中国，"方"才是"圆"存在的前提，是中国人看"圆"的特殊方式。事实上，中国人不是没有圆的观念，而是没有西方几何学意义上抽象的"圆"观念。中国人重"圆"，所看重的是其中那股阴阳流转、相反相生、往来循环的"圆意"。传统的太极阴阳图中，一定要有一个运动的势能带领能量在其中此消彼长地运转，既有流动，就一定有方向。从这个意义上说，"方"的存在不可或缺。中国的"圆"由于具备"方"所代表的方位要素，天然地具备时间感、方向感，蕴含着强劲的运动势能。"方"的带领使得中国的"圆"不再是一个古希腊式的实体概念，而蕴含着无限的生发潜能。天象运行的"圆"形时间轨迹在"方"的带领下自然生发出四时、四季，演化出秩序分明的社会历史，最终展开为一个由"方"所规定的人间世界。"圆"的宇宙本体论上生发出"方"的社会人生观，二者彼此交融、不可分割。也正因此，"方"的介入对中国文化来说才显得尤为重要。

整体而言，西方哲学的思维方式多以圆作为隐喻，如费尔巴哈说"圆形乃是思辨哲学家的象征和徽志，乃是仅仅建立在思维自身上面的"[1]。马克思称黑格尔的哲学体系是一个"思辨的圆环"[2]，此语固然是批判黑格尔哲学体系的封闭性，但也印证了圆在西方式的话语体系中，多为指代边界与封闭性的隐喻。西方哲学强调定义、强调边界。为每一个概念划出清晰的边界始终是西方哲学家痴迷并擅长的工作，好比几何学家用圆规小心地在白纸上圈定一片封闭地圆形地界，这种严谨的精神可称之为"圆"的精神，但却是几何学意义上的"圆"。笛卡尔之后，西方近现代哲学将几何学的形式奉为圭臬，才衍生出的逻辑学、分析哲学等诸多哲学分支。几何学意义上的"圆"是一种纯粹抽象的概念性的"圆"，不受时间的干扰、不参与人类历史的变化，它是形而上的"圆"。而中国式的"圆"之特性而并非由几何属性衍生出的完美与封闭的无限性。反之，它由于"方"的介入而具备了时间性，继而生发出历史，使中国人在时间的变化流动之中演化出独特的历史思维与情景思维，与西方几何世界的抽象思维区别

---

① 费尔巴哈著，荣霞华等译：《费尔巴哈哲学著作选集（上卷）》，商务印书馆1984年版，第179页。
② 中共中央马克思恩格斯列宁斯大林著作编译局：《马克思恩格斯全集（第2卷）》，人民出版社2006年版，第118页。

开来。正是在这个意义上，"方"能够作为华夏文明的特殊精神标识与象征，更加聚焦地展现中西思维之异。安乐哲与郝大维曾在两人合著的《期望中国》一书中指出："有一种方式可以启发人们意识到中国和西方之间存在的差异，就是对圆形物和方形物的形状做一番对照性思索。"①此说就认为方、圆分别体现中西文化的思维特征。

事实上，不论在中国还是西方，"圆"作为人类共有的认知经验都是极为重要的认识论基础，只不过中国人在"圆"的基础上又发展出"方"作为社会与人生建构的基本法则，由此与西方文化区别开来。这也是为什么中国人的"方"与"圆"不可割裂开来，因为不论是认识论还是生存论都共享一个中心，即人。人在哪里，哪里就是中心。一切经验与秩序都围绕这一中心逐层扩散延展。在中国人鲜明的"尚中"意识下，天下成为由一个文明中心不断向外辐射的同心式结构空间，文明与秩序从天子所在的中心向周边层层蔓延。大地为"方"，但正如商朝的内外服制度所显示的，这种"方"是层层叠套、不断辐射的"方"。它的存在不受封闭的边界支配，而是取决于中心的辐射力量。"天"的中央为天帝，"地"的中央是天子，天子居于天下之中，秉持天命，起到沟通天人的作用，因此帝王所在之王邑就是天下中心。此外，经验的特殊性决定了世界没有一个明晰的边界，而是时刻以人所在的位置而转移。离人越近的地方经验越清晰，距人越远的地方经验越模糊。正是因为边界的这种模糊性，中国人以"方"的法则建构出的人间世界，又注定要在遥远的尽头处无限趋近于"圆"，复归于"圆"，形成一套方圆之间的辩证法。这种相生相长、终始合一的精神又恰是中国文化的重要特质之一。

总而言之，中国文化与西方文化对待"方圆问题"的差异，在根本上体现的正是中西思维方式之异。传统的中国思想并不注重概念与定义，而是追求情景化的解释。在此基础上的中国哲学，虽未发展出西方式的抽象哲学，却开启了一个重要的美学维度。"方""圆"这两种意象对社会、历史与文化的深入使得华夏传统天然具备美学的特性。方圆相合、万物相生相长、此起彼伏的意象促生了中国哲学中的阴阳、天地、形神等诸多对偶性范畴，继而衍生出平衡、中和、协调等思想。这样一种特殊的审美趣味与思维特征不仅造就了华夏民族的独特美学，更构成了中国传统思想文化的基础。

---

① 郝大维、安乐哲著，施忠连等译：《期望中国：中西哲学文化比较》，学林出版社2005年版，第11页。

结　语

以上对"方"和"圆"的分析，旨在反思和披露一个有待重新审视的重要问题，即美学问题对传统中国文明的介入不仅是停留在表象之上，而是根本性，甚至决定性的。中国人对"方""圆"意象的深入并不仅停留于对宇宙空间的勾画，而是深入到了彰显"道"的深层追求，从根本上将世界及社会运转的内在规律归纳为阴阳流转的"圆"和秩序井然的"方"。"圆"所蕴含的不仅是阴阳轮转的时间感，更有时间与历史的哲学思辨；"方"的背后不仅是四方环绕的空间感知，更有空间与社会的文化议题。二者相生相长，共同造就了华夏文明的基本精神。人居于天地的中心、时空的中心，将世界按照方与圆的秩序整合。"中"亦成为中国哲学中与"道"相关联的重要概念。方与圆，不仅是中国美学研究的重要问题，更是中国哲学思维的重要表征。美学问题的介入为纯粹想象性的宇宙空间赋予了历史文化的内涵，使得中华文明传统天然地具备美学的性质，同时也为重新审视中西文明之异提供了新的视角与思路，对我们当下以及未来的研究有重要的启发意义。

Early Chinese Concepts of Square and Circle and Its Aesthetic Thought

Zhou Lyuhan

Abstract: The impact of aesthetic issues on Chinese classical civilization goes beyond the literary and artistic level and penetrates deeply into the philosophical level, fundamentally embedded in the entire Chinese intellectual and cultural tradition. Taking the concept of square and circle as an example, the two basic shapes have always been important images hidden in the deep cultural structure of the Chinese nation, whether in the early cosmology of "the heavens are round, the earth is square" or the subsequent ontology of "the way of heaven is circular, the way of earth is square". The idea of Yin and Yang circulation and interdependence involved in the concept of the circle established the tone of Chinese philosophy, while the positional awareness and order requirement encompassed in the square form constituted the starting point of Chinese humanistic history. These two fundamental images not only form the foundation of Chinese aesthetics but also the foundation of the entire Chinese intellectual and cultural tradition. Exploring this issue helps us to re-examine the unique aesthetic characteristics of traditional Chinese thought and to reaccess the origin and basic position of Chinese thought from the perspective of world civilization.

Key words: Time and space, Orientation, Square and circle, Cosmology, Space imagination

生生之道：先秦时期的审美本体论[*]

黄　炜^{**}

摘　要：先秦思想中的生生之道，代表着宇宙生命的终极本源，不仅包括了从哲学层面对本体论的阐释，也包含着从审美层面对本体论的观照。从生生本体意识的缘起，到生生审美模式的建立，再到生生审美本体的形成，生生之道作为思想脉络贯穿始终。在生命本体化的体认中，生生之道以具体形象展示出生命化育的审美模式，在生命节律的绵延中，呈现出天人相合的审美体验。生生之道作为先秦时期审美本体论，体现出中国美学的基本精神，这为后世生生美学的发展奠定了基础。

关键词：生生之道　生生　审美模式　审美本体

在先秦的哲学观念中，"生"与"道"是紧密联系的两个核心范畴，"生"是"道"的内在特性，"生"又以"道"为根本依据，这在老子提出的"道生万物"^①观念中体现得尤为明确。"道"作为一切生命的本源，贯穿着生生精神，因此生生之道代表着宇宙生命的终极本源。"生生之道"以创发之本和生发之体流行于宇宙天地，显现出无所不在的创生力和生生不息的生命力。从生生视野切入天地万物的创化历程，从审美角度体察"道"本体的根源，是先秦美学探讨本体论的重要方式。

一、生生本体意识的缘起

生生意识体现出先秦时期人们对于本体论的思考与见解，将个体生命视为

---

　*　基金项目：本文系2018年度国家社科基金重大项目"生态美学的中国话语形态研究"（18ZDA024）阶段性成果。

　**　作者简介：黄炜，山东大学文艺美学研究中心博士生，主要研究方向为中国文学批评史。

　①　在此将《老子·第四十二章》提出的"道生一，一生二，二生三，三生万物"归纳为"道生万物"。

宇宙生命本体的衍生化育，个体生命的生长消亡永不间断地进行着，生命本体在其间得以更新延续，故而绵绵不绝，生生不息。先秦时期的众多典籍都沿着生生意识这一线索，对生命本体的运行模式进行了阐释，作为"群经之首""六艺之原"的《周易》尤其如此。

《周易》是中国古代先民对自然与人文深入思考的智慧结晶，"生"是其思想体系中的重要范畴，在书中共出现四十二处，将宇宙生命的变化与发展的规律、法则、秩序以及审美理想都呈现出来，其中有表示产生出生的"万物资生"（《周易·坤》），"刚柔始交而难生"（《周易·屯》），"天施地生"（《周易·益》）；表示生长繁育的"枯杨生稊""枯杨生华"（《周易·大过》），"地中生木"（《周易·升》）；表示生成变化的"万物化生"（《周易·咸》），"大生""广生"（《周易·系辞上》）等。"生生之谓易"（《周易·系辞上》）是"万物化生"（《周易·系辞下》）的根本原则，一切生命的存在发展最终都要归结于对"生"的关注与落实，即"天地之大德曰生"（《周易·系辞下》）。[①]《周易》的"生"字含义十分丰富，包括天地化生万物的功能，自然万物生长发展的属性，生命蓬勃发展的趋向。由此，《周易》以"生"为根基，从宇宙生命生存繁衍的本体层面进行切入，展现了生生观念在中国思想史、哲学史、美学史上的纲领性意义。

生生的叠字用法，在先秦古籍中最早出现于《尚书·盘庚》[②]，但作为一个整体哲学观念首先见于《周易》：

> 一阴一阳之谓道，继之者善也，成之者性也。仁者见之谓之仁，知者见之谓之知，百姓日用而不知，故君子之道鲜矣。显诸仁藏诸用，鼓万物而不与圣人同忧，盛德大业至矣哉。富有之谓大业，日新之谓盛德。生生之谓易。成象之谓乾，效法之谓坤。极数知来之谓占，通变之谓事，阴阳不测之谓神。（《周易·系辞下》）[③]

《周易》所谓的"生生"，具有宇宙本体论的内涵，涉及天地自然的根本属性，意指宇宙万物生生不息，是对自然存在、天地化育、万物生长及人类生存

---

① 阮元校刻：《十三经注疏　清嘉庆刊本·一》，中华书局 2009 年版，第 162、184、179 页。
② 阮元校刻：《十三经注疏　清嘉庆刊本·二》，中华书局 2009 年版，第 362—364 页。
③ 阮元校刻：《十三经注疏　清嘉庆刊本·一》，第 161—162 页。

的简明阐释。同时，"生生"的叠用，又将自然造化生生不止，宇宙天地繁衍不息，世间万物生长不已的过程进行了动态描述，包含着生命的各种变化。生命在宇宙中就是一个变化不息的浚流，一个生生不已的历程。

"生生"代表着生命在阴阳变化不已中绵绵不绝地向前延续发展，"生"中蕴含着"阳生"与"阴生"的相互作用，阴阳交感运化，使得生命得以衍生，形成无限延续的运动模式。这种宇宙生命的运动模式，在《周易》中谓之"易"，《周易》将自然现象生成变化的生生基本原理，通过"易"这一内涵进行概括。

"一阴一阳之谓道，继之者善也，成之者性也。"(《周易·系辞上》)①《周易》把生生之道落实在阴阳之上，阴阳交感生发而为宇宙万象万物，成就其本然本性。由于阴阳的变化实现了自然之理的恒常性，表明本体与宇宙的发生有着必然的内在联系，这是生生本体绝对性和根本性的体现。

阴阳乾坤的活动是《周易》生生思想由抽象上升到具体的体现，事物相互对应、相互依赖、相互作用的两方面结合而产生世间万物万象，成就各个具体鲜活生命的发展变化。生命个体的变化不已，又汇成源源不绝的生命长河，即"生生之谓易"。至于"生生"的理解，主要有三种看法：一是认为第一个"生"为动词，第二个"生"为名词，"生生"乃化育生命之义；二是认为第一个"生"为名词，第二个"生"为动词，"生生"乃生命的创生之义；三是认为第一个"生"为名词，代表过去的生命，第二个"生"亦为名词，代表新的生命，"生生"乃是生命新陈代谢的转化之义。无论哪种看法，"生生"都反映了生命趋向——变化不已、发展不已、生生不已，深刻揭示了宇宙生命整体无限展开的生成本质。

《周易》谈及"生生之谓易"后，又针对乾坤的作用进行了具体说明：

> 夫《易》，广矣大矣，以言乎远则不御，以言乎迩则静而正，以言乎天地之间则备矣。夫乾，其静也专，其动也直，是以大生焉。夫坤，其静也翕，其动也辟，是以广生焉。广大配天地，变通配四时，阴阳之义配日月，易简之善配至德。(《周易·系辞上》)②

---

① 阮元校刻：《十三经注疏　清嘉庆刊本·一》，第161页。
② 阮元校刻：《十三经注疏　清嘉庆刊本·一》，第162—163页。

"大生"强调了乾道是创生万物的前提，为首为大；"广生"强调了坤道是化育万物的基础，为体为至。易道配合天地，大以配天，广以配地。乾代表了天，其静则专一，涵养万物；其动则刚直，引导万物。坤代表了地，其静则翕合，闭藏万物；其动则开通，生育万物。三国时期的宋衷，对于乾坤所对应的"大生"与"广生"专门做了注解："一专一直，动静有时，而物无夭瘁，'是以大生'也"；"一翕一辟，动静不失时，而物无灾害，'是以广生'也"。①孔颖达《周易正义》则认为："天体高远，故乾云大生，地体广博，故坤云广生。对则乾为物始，坤为物生。散则始亦为生，故总云生也。"②乾象征天，彰显出生命洪流的活泼刚健，周流六虚，变化不居；坤象征地，呈现出生命繁衍的广阔无疆，内敛含蓄，宽厚包容。天地之道，均有动有静，天能"大"生，地可"广"生。《周易》用最简易的方式阐释了宇宙生成发展的根本规律，将生生所代表的宇宙生命整体生存状态无限展开的本质做了最明确有力的说明。

先秦道家同样也看到了生生的本体性特点，但对于宇宙生成的本原，道家则与《周易》的表述有所不同。道家将宇宙万物的本质与起点，统摄于"道"而归于"无"。无论是老子所言"先天地生"(《老子·道经·二十五》)、"天下万物生于有，有生于无"(《老子·德经·四十一》)③，还是庄子所言"自本自根，未有天地，自古以固存"(《庄子·大宗师·第六》)④，以及《文子》提出的"生生者不生"(《文子·卷第三·九守》)⑤、《列子》提出的"生生者"(《列子·天瑞·第一》)⑥，都是以"无"赋予生生一个形而上的根源基础。

《老子》对生生的切入是从宇宙本体"道"展开的，提出"道"代表着宇宙生命的根源与本质，是本体性的终极存在。"道生万物"体现了代表宇宙生命整

---

① 李鼎祚撰，王丰先点校：《周易集解》，中华书局 2016 年版，第 405 页。
② 阮元校刻：《十三经注疏 清嘉庆刊本·一》，第 163 页。
③ 高明：《帛书老子校注》，中华书局 1996 年版，第 348、28 页。
④ 郭庆藩撰，王孝鱼点校：《庄子集释（上）》，中华书局 2012 年版，第 246—247 页。
⑤ 王利器：《文子疏义》，中华书局 2009 年版，第 144 页。《文子》成书时间存在争议，本文以 1973 年河北定县发掘的《文子》汉墓竹简为依据，采纳其为战国时期著作的观点，归入先秦典籍的类别之中。除《文子》外，下文提到的《列子》《黄帝内经》的成书时间在学术界皆有争议，虽历代皆有学者持《列子》《黄帝内经》属于先秦文献的观点，这两部典籍也都具有先秦文献的时代风貌与思想特征，但由于年代久远，且皆为集腋成裘之作，版本众多，无法对其具体成文时间进行准确无误的判断。因此，本文跳出成书年代及真伪之辩的窠臼，仅就思想缘起及文本面貌而言，将《列子》《黄帝内经》归为先秦著作进行分析讨论。
⑥ 杨伯峻：《列子集释》，中华书局 1979 年版，第 9 页。

体意蕴之"道"的生成化育过程，有形有名的自然世界在其间得以呈现。"道"既流行化为自然万物，又作为宇宙的终极依据自本自根，在万有差异中归为整体意蕴。因此，"道"之于老子具有宇宙本体的意义，不仅是天地万物的根源，而且是宇宙生成变化的始源，它推动着宇宙的运行，具有无穷的创造力。对于"道"的体认，会使人类主体与其生生本体相应，在生生化化之间确立自己的位置，形成主体特殊的审美感知角度。

《老子》对生命本体的感知是从"无"开始的，进而再从生生之道的化育展开，"有无相生"，从而万物化生。

> 道，可道，非常道。名，可名，非常名。无名，天地之始；有名，万物之母。故常无欲，以观其妙；常有欲，以观其徼。此两者同出而异名，同谓之玄，玄之又玄，众妙之门。（《老子·道经·一》）①
>
> 道生一，一生二，二生三，三生万物。万物负阴而抱阳，冲气以为和。（《老子·德经·四十二》）②

道作为宇宙的初始状态，生命本体本是混沌虚无的。"这个'不见其形'而被称为'无'的'道'，却又能产生天地万物，因而老子又用'有'字来形容形上的'道'向下落实时介乎无形质与有形质之间的一种状态。"③道本体所形成的显现或不显现的状态便出现了"有"和"无"的不同。"无"中包含着无限生机的"有"，"有"是"无"由幽隐落实于具象的显现形态。在"有"与"无"的相互转化中，形成了相生关系，道由隐而显，生命本体化生为具体生命。世间万物的生灭交替，契合了这一有无相生的循环过程，体现出生生之道。其中，"一"代表大道化生出的世间万物的本源，和谐统一；"二"代表阴阳相分，相生相长；"三"代表万事万物，并立共存。"一""二""三"都是"道"创生万物的过程，代表着化生万物从无到有，由简而繁的过程，体现了生命力无穷无尽。"道"的化生体现出生生之理运转的无穷无尽，延绵不绝。

庄子认为天地之道的本源特性在于"自生"，他对生命本体自化自成的历

---

① 高明：《帛书老子校注》，第221—227页。
② 高明：《帛书老子校注》，第29页。
③ 陈鼓应：《老庄新论》，上海古籍出版社1992年版，第190—191页。

程进行了说明：

> 汝徒处无为，而物自化。堕尔形体，吐尔聪明，伦与物忘；大同乎涬
> 溟，解心释神，莫然无魂。万物云云，各复其根，各复其根而不知；浑浑
> 沌沌，终身不离；若彼知之，乃是离之。无问其名，无窥其情，物固自生。
> （《庄子·在宥·第十一》）①

万物众生，各自复归根本。各自复归根本而又不知根本，方能混混沌沌，终身不离根本。若是被人知晓根本，乃是远离根本。不要追问根本的名相，不要窥探根本的实情，万物原本自然生成。"自"的意义在于不依靠外部世界，那么"自生"便与外部无关，而是生命本体自然而然的化育生成，一切都是依据事物自身特性而生。在此，庄子提出"物固自生"，认为万物是自然而然、自本自根、无待而生的，万物没有外在的本源。"生"的落脚点放在了"自"上，是一种合乎自然的创生。如果将"自"再往前推进一步，便体悟到了"道"作为本源的自化自生。万物自生，不仅体现出了自然生命本体——"道"的根源，更展现出其生生不息的过程。

生生之道发挥本体作用，使得生命力奔流不息，充盈天地自然之间，由此形成的宇宙生长化育状况，为先秦古籍所记载，这代表着生命本体意识的缘起。当人类主体以任运自适的状态，融入这创生不已的生命活动之中，便会对其产生审美观照，并在对生命延续的渴望中，开启亲和自然的生生审美模式。

二、生生审美模式的建立

生生之道具有本体意义的超越性与延续性，生生不仅体现为对生命的化育延续的渴望，还体现为对道德绵延不休的追寻，更体现为上下与天地同流的冥合。先秦时期古籍中所出现的"生"与"生生"，都紧紧围绕着生命的滋生、派生、化生，密切关注着宇宙天地间生命的发展，结合着具体感性的时空与主体

---

① 郭庆藩撰，王孝鱼点校：《庄子集释（中）》，中华书局2012年版，第398—399页。

感受，在追求天人相应的圆融绵延中，呈现出最原始古朴的生生审美模式。

《周易》八卦的形成过程就是在模拟宇宙的生成原理："《易》有太极，是生两仪，两仪生四象，四象生八卦。"（《周易·系辞上》）① 从太极两仪到四象八卦，这是古人对宇宙生成论的抽象概括。阴阳因太极而互根互生，在变化之间生出天下万物，宇宙天地的本质在于不断变化的阴阳，自然万物的起点也在于不断变化的阴阳。从《周易》对乾卦及坤卦的审美解读中，就可以见出生生的运作模式：

> 大哉乾元，万物资始，乃统天。云行雨施，品物流形。大明始终，六位时成，时乘六龙以御天。乾道变化，各正性命。保合大和，乃利贞。首出庶物，万国咸宁。（《周易·乾》）②

乾之阳气是天地万物发端的根元，一切生命的开端都依赖于它。乾象征天，春华秋实、夏茂冬敛的生命形态，都首先基于这一元气之始。当乾之阳气与坤之阴气交合，使得云气流行、雨露润泽，大地各种生命才能得以赋形。因此代表天道的阳气是生命的原初，亦是生气的本根。又说：

> 至哉坤元，万物资生，乃顺承天。坤厚载物，德合无疆。含弘光大，品物咸亨。牝马地类，行地无疆，柔顺利贞。君子攸行，先迷失道，后顺得常。"西南得朋"，乃与类行；"东北丧朋"，乃终有庆。安贞之吉，应地无疆。（《周易·坤》）③

坤之阴气是天地万物生长的本源，一切生命的资生都依赖于它。坤象征地，大地广博深厚，万物的生长无法脱离大地的滋养。当坤之阴气与乾之阳气相感，大地便会焕发化育万物的生气，使万物得以灌溉充盈，从而蓬勃生长。因此，代表地道的阴气是生命的依托，亦是生气的承载。

《周易》强调乾"资始"的意义，强调坤"资生"的作用，生命之始来自天，

---

① 阮元校刻：《十三经注疏　清嘉庆刊本·一》，第169—170页。
② 阮元校刻：《十三经注疏　清嘉庆刊本·一》，第23—24页。
③ 阮元校刻：《十三经注疏　清嘉庆刊本·一》，第31页。

生命之生则依赖地。天地交感而生出万物，这在泰卦中得到了集中的体现。泰卦上卦为坤，下卦为乾，阴气下沉阳气上升，阴阳相向相遇而天地交感。在交感之中实现了生命的孕育，故《周易·咸》云"柔上而刚下，二气感应以相与，止而说，男下女，是以亨利贞，取女吉也"，阴阳相感相合达到"天地感而万物化生"①的化育生发的状态，从而进入"天地交而万物通也"（《周易·泰》）②的状态，实现生命的通达延续。

在《周易》中，乾卦是纯阳之卦，象征着天、日、父等范畴，并以龙"潜—见—跃—飞—悔"的运动过程为喻，描述了事物发展的轨迹，既可以详尽到具体个人的发展状态，也可以概括为宇宙天地的发展过程。坤卦则是至阴之卦，象征着地、月、母等范畴，并以大地与万物、与天的关系，通过各种物候现象为喻，描述了自然与社会属性的变化，既可以体现出大地承载万物生长的感性禀赋，又可以揭示出大地背负化育责任的理性品格。乾卦侧重于描述具有名词属性的"生"，着眼于生命的本源与独立，侧重生命的个体性；坤卦侧重于描述具有动词属性的"生"，立足于生命的孕育及绵延，强调生命的延续性。乾坤相结合即使阴阳相交，万物生长化育，得到了个体性的存在和群体性的延续。《周易》对乾卦阳刚与坤卦阴柔的解读，归根到底展现的都是宇宙生命生生不息的力量。

"乾"打开门户生成万物，"坤"关闭门户养育万物，一开一合便是"易"，这些变化正是宇宙自然生生过程的体现。"乾元为万物所自出，一切变化的过程，一切生命的发展，一切价值理想的完成和实现，创造前进都无已时"③，其中所秉承的持续创造性原理，即是生生之理。圣人按照生生之理的运作，以卦爻的形式进行描绘，将天地万物生命本体运转不息的流程呈现出来，生生是对宇宙生命本体运动变化的最纯粹、最统摄、最形象的刻画，也蕴含着最深层的审美理想。

"一阴一阳之谓道""天地之大德曰生""生生之谓易"（《周易·系辞上》）都表明天地是万物造化的根源，具有无上盛德，蕴含着无限生化的潜能。天地之间阴阳二气相交感应，造化出了生生不息的宇宙图景，昭示着时间长河延伸下

---

① 阮元校刻：《十三经注疏　清嘉庆刊本·一》，第95页。
② 阮元校刻：《十三经注疏　清嘉庆刊本·一》，第54页。
③ 方东美：《生生之德：哲学论文集》，中华书局2013年版，第223页。

万事万物在广阔空间中变化不已的化生过程。《周易》中的卦爻与象辞是远古先民对宇宙自然运转变化最直接简易的感悟与记录，通过观物取象的方式阐发出了最古朴的生态思想，并将宇宙生命本体的造化流行与具体自然人事的运作流变相结合，切入了天人合德的审美境界。"宇宙乃是普遍生命流行的境界，天为大生，万物资始，地为广生，万物咸亨，合此天地生生之大德，遂成宇宙，其中生气盎然充满，旁通统贯，毫无窒碍，我们立足宇宙之中，与天地广大和谐，与人人同情感应，与物物均调浃合，所以无一处不能顺此普遍生命，而与之全体同流。"①《周易》将人道与天道、地道同构，三才的相感相应将生生内涵具体化，生生不仅是宇宙运转规律的体现，更是人事与天地造化协同的印证，由自然到社会，从生存到审美，生生实现了以天下之大德合天下之大美的连接与递进，同时也营造出了天人相亲相合的审美模式。

《周易》所言"生生"是在创生中绵延，在变化中长存的，不仅仅是有机体的生存繁衍，也是天地日月永无止息运行的体现，天地之生生必然论证了人之生生的应然。《周易》将宇宙万物与社会人生都看作有生有灭、有始有终，同时又周而复始、生生不息的过程。在这个过程中，以太极为生成的起点，由阴阳互动所产生的运动变化过程不断在天地万物与社会人事中推及开来。道作为生生本体，创始万物，涵盖万物，统摄宇宙创化的秩序。人生天地间，三才秉承着生生之道而恒久不息：天道健动不息，继善成性，创生万物而包孕之；地道赓续不绝，绵延久大，厚载万物而持养之；人道生生不已，参赞化育，协同万物而施济之。天地人三才一体，三者循环互动，生生不已，这是生生审美模式最朴素的呈现。

《老子》在探讨道本体时候，通过有无关系，也触及了生生审美模式。《老子》认为"有"和"无"不是对立的存在，而是显现与不显现的不同状态，"有"被人类感官意识所捕捉感应到了，而"无"则没有被人类感知感应，两者并没有本质的区别。难能可贵的是，老子在此处将有无关系与美恶关系进行了联系，从宇宙本体论的角度对美进行了解释：

> 天下皆知美之为美，斯恶已；皆知善之为善，斯不善已。故有无相生，

---

① 方东美：《生生之美》，北京大学出版社 2009 年版，第 182—183 页。

难易相成，长短相较，高下相倾，音声相和，前后相随。是以圣人处无为之事，行不言之教。万物作焉而不辞，生而不有，为而不恃，功成而弗居。夫唯弗居，是以不去。(《老子·道经·二》)①

《老子》提倡"生而不有"的观点，产生、养育万物而不占为己有，顺应自然本来发展的规律，才使得生命之流源源不绝。那么"美"也不应是停滞静止的一种认识，如果对于"美"的观念形成了一种固定的模式，那么它就会走向"恶"的反面。由此可以发现，老子所言之"美"不再是一种经验现象，而是伴随着生命存在而生生不息、永恒运动的精神指向与审美追求。

《庄子》对于生生审美模式的理解与《老子》有所不同，从主体体道的精神状态出发，更倾向于个体的审美状态与审美感受。《庄子》中借南伯子葵与女偊的讨论，提出了"生生者不生"的见解：

南伯子葵曰："道可得学邪？"曰："恶！恶可！子非其人也。夫卜梁倚有圣人之才而无圣人之道，我有圣人之道而无圣人之才。吾欲以教之，庶几其果为圣人乎？不然，以圣人之道告圣人之才，亦易矣。吾犹守而告之，参日而后能外天下；已外天下矣，吾又守之，七日而后能外物；已外物矣，吾又守之，九日而后能外生；已外生矣，而后能朝彻；朝彻，而后能见独；见独，而后能无古今；无古今，而后能入于不死不生。杀生者不死，生生者不生。其为物，无不将也，无不迎也，无不毁也，无不成也，其名为撄宁。撄宁也者，撄而后成者也。"(《庄子·大宗师·第六》)②

"杀生者"与"生生者"皆指天地之道，由于道是宇宙自然的生命本体，掌握了万物生灵的生息死灭，然其自身处于不生不死的状态，故言"杀生者不死，生生者不生"。那么体道就应进入"撄宁"状态，在万物面前保持宁静的心境。当主体领悟生生之道，便会超越一切对立与界限，突破了时间的限制，通透了生死观念，故而能进入宁静自在的精神状态，天地大德由此在主体身上得到了安顿。出入生死如同遨游太虚，是顺任自然的事情，得到生命是自然造化，失

① 高明：《帛书老子校注》，第229—234页。
② 郭庆藩撰，王孝鱼点校：《庄子集释(上)》，第257—258页。

去生命也是自然归复，周流运转中实现了生生不息。"安时而处顺"由此体现为一种审美状态，主体契合于生生之道在自然造化中随物而应，在生命流转运化中自得而行。

《文子》同样强调道的最高境界，诠释了道不为他生而自本自根，蕴含着生生之特性，从而化生万物：

> 夫生生者不生，化化者不化，不达此道者，虽知统天地，明照日月，辩解连环，辞润金石，犹无益于治天下也。故圣人不失所守。(《文子·卷第三·九守》)①

道为化生之主，道生养万物而不自为宰，无为而万物生，无形而万物化。"生生"即化生生命之意。道即是"生生者不生"之"生生者"，"化化者不化"之"化化者"，其本体不生不化，故言"不生""不化"，然却赋予万事万物生生特性，并在天地间化育生成。唯有不生者能生生，不化者能化化，不生不化者为道，不生不化故能成为生化之本。如果不知性命之理，不达危微之机，纵气吞宇宙，辩吐江河，虽曰生气，而臭腐矣，奈天下何。圣人固守生生之道，由此便体现出与之相应的生生之德。《文子》将生生特性在圣人体道中不断更替呈现，从而体认了生生之道的历程，并做了进一步的阐释：

> 化者复归于无形也，不化者与天地俱生也。故生生者未尝生，其所生者即生，化化者未尝化，其所化者即化，此真人之游也，纯粹之道也。(《文子·卷第三·九守》)②

万物变化，各有生死，各复其根，则化者复归于无形，天地无生无死，却能使万物生生死死，则不化者与天地俱生。道生万物而不自生，道亡万物而不自亡，道不生不死则不终。在生化的变动流程中，是以不生不化的道为根本的，这是宇宙自然生生不息背后的规律。因为大道无形，故而道作为创生生命的"生生者"不能以有生形体进行展现，故而"未尝生""未尝化"，但其所化生的

---

① 王利器：《文子疏义》，第 144 页。
② 王利器：《文子疏义》，第 168—169 页。

万物即是大道生化不止的彰显。

《列子》亦认为万物皆是循道而生，循道而化，道是生化的本体，万物皆遵循生生之道：

> 　　不生者能生生，不化者能化化。生者不能不生，化者不能不化。故常生常化。常生常化者，无时不生，无时不化。阴阳尔，四时尔，不生者疑独，不化者往复。往复，其际不可终；疑独，其道不可穷。（《列子·天瑞·第一》）[①]

"生"指有形体的事物，"生生"代表生产万物；"化"指存亡变化的事物，"化化"代表使万物发生变化。道是天地之根，不被任何事物所产生，却能产生万物，故"不生者能生生"；道是自然之本，不因任何事物而发生变化，却能使得万事万物产生变化，故"不化者能化化"。所有的产生是因为不得不产生，所有的变化是因为不得不变化，所以万物没有一刻不在产生，没有一刻不在变化，这即是生生之道。道作为常生化者，"无时不生""无时不化"，循环往复，永远存在。那不被产生的，固定不变而独立永存；那不被化育的，循环往复而轮回始终；那循环往复的，它的边界没有终结；那独立永存的，它的规则不可穷尽。天地万物都是自然而然随着道本体变化运转，生息盈亏，始终保持着生生转化的动态流程。

《列子》中多处言"生生"，皆从主体体道的角度去体认造化运作的历程，并认识创生生命即是道的无为之功。只要道这一生命本体存在着，那么天地万物便将不断化育，生生不息：

> 　　故有生者，有生生者；有形者，有形形者；有声者，有声声者；有色者，有色色者；有味者，有味味者。生之所生者死矣，而生生者未尝终；形之所形者实矣，而形形者未尝有；声之所声者闻矣，而声声者未尝发；色之所色者彰矣，而色色者未尝显；味之所味者尝矣，而味味者未尝呈：皆无为之职也。能阴能阳，能柔能刚，能短能长，能员能方，能生能死，能暑能

---

① 杨伯峻：《列子集释》，第2—3页。

凉，能浮能沈，能宫能商，能出能没，能玄能黄，能甘能苦，能膻能香。无知也，无能也，而无不知也，而无不能也。（《列子·天瑞·第一》）①

在此，《列子》通过列举出生命、形状、声音、颜色、滋味去追溯产生它们的生生本体——道，道是无为的，故而是无形无声无色无味的。生命所造就的生物死亡了，但是产生生命的本源并没有终结，自然之道确定着各个事物的职责本位，而其自身却是没有界域、没有终结、无所不能的。人的形体是会消亡的，个体的生命也会结束。然而只要生生之道存在着，新的生命便会有了生存发展的可能，生命长河便可通过子孙后代的方式得以不断延续。这就像自然界的万事万物，春生夏长秋收冬藏，生长消亡却始终保持着生机而向前发展。人类在"万物化生"的循环往复中感知到了生命本体的运作，并在创生变易又归复于初的世间万象中体认到了生生之道的审美模式。

无论是关注生命本体的绵延发展，还是沉浸天地大德的无尽润泽，抑或是参悟生机的无穷根源，先秦诸家的审美模式始终与天地氤氲的生生之道紧密相连，人类主体与天地相感相应，将生命的化生延续落实于审美境界的无尽追寻中，实现了生生本体论下的宇宙情怀审美模式。"几乎所有的中国哲学都把宇宙看作普遍生命的流行，其中物质条件与精神现象融会贯通，浑然一体，毫无隔绝，一切至善至美的价值理想，皆可以随生命的流行而充分实现。"②

先秦古籍中的生生观念往往结合着具体的时空形态，通过审美的感性方式对于宇宙天地间生命主体的化育生存予以关注。宇宙间的一切现象都涉及"生"，生生归纳出了自然规律的本质和运动变化的根源，生生体现出了中国哲学的根本精神，同时也显露出审美模式的基本指向。

三、生生审美本体的形成

生生不仅是生命简单的繁衍传承，更是生生流转，变动不易，从而在大化流行中阴阳交感万物生发，是绵延不断的创造，是推陈出新的生化。"生"不只

---

① 杨伯峻：《列子集释》，第9—10页。
② 方东美：《生生之美》，第125页。

是具体生命发展的趋向，更是超脱于个体的天地创生精神。这一创生精神延伸向哲思与审美，因此生生既为万物之性，也包含着丰富的美学内涵。

《周易》通过最简练的线条图案表现了天地万物的总体关系，是古代先民对于宇宙图景、天地规律、人事运转等模式的抽象概括。其卦象体系既诠释了宇宙生生之道的理论形成，又展现了象征天地自然生生之态的审美意象。"在《周易》文化与美学审视中，只有一个大写的'生'字，'生'是易理的根本，从自然宇宙到社会人生是一个生生不息的大系统。"①《周易》通过天地与万物生成的关系去认识天地，从而形成天地间生生美感的原始意蕴，同时也勾画出生生之道审美本体的基本面貌。

"《周易》的'生生'，包含着不断创新、不断进入新的境界的内涵。"② 生生不仅代表了万物生命之源，更蕴含着生命活动与天地自然相交、与宇宙时空相参的循环活动，并不断进入理想境界、道德境界、审美境界，故而生生之道作为生命本体的同时也孕育着审美本体，成为先秦审美思想中最质朴原初的萌芽而熠熠生辉。

儒家典籍对生命本体的造化运作的关注同样也倾注了人文关怀与审美情怀，《论语·阳货》言"百物生焉"③，《中庸·第十七章》言"天之生物"④，《左传·成公十二年》言"民受天地之中以生"⑤，皆从自然本体的角度描述化生万物过程中主体的状况。生生不已是生命本体的内在本性，万事万物自然而然地运行。在宇宙生生之道中寻找到了生命本体化生的规律，在天地造化生生之功中领悟到了生命主体延续的原理，在三才相参的生生之美中呈现出了生命活力延宕的意义。

《国语》重视遵从天地生生之道，提出了"生物之则""生何以殖""四时之生"等观点，以生生之道作为万物生存依据的准则：

唯不帅天地之度，不顺四时之序，不度民神之义，不仪生物之则，以

① 王振复：《大易之美——周易的美学智慧》，北京大学出版社 2006 年版，第 159 页。
② 曾繁仁：《曾繁仁学术文集（第十卷）》，人民出版社 2021 年版，第 38 页。
③ 程树德撰，程俊英、蒋见元点校：《论语集释》，中华书局 1990 年版，第 1227 页。
④ 朱熹：《四书章句集注·中庸章句》，中华书局 1983 年版，第 26 页。
⑤ 郭丹、程小青、李彬源译注：《左传（中册）》，中华书局 2012 年版，第 973—974 页。

殄灭无胤，至于今不祀。(《国语·周语下》)

若积聚既丧，又鲜其继，生何以殖？(《国语·周语下》)

使名姓之后，能知四时之生、牺牲之物、玉帛之类、采服之宜、彝器之量、次主之度、屏摄之位、坛场之所、上下之神祇、氏姓之所出，而心率旧典者为之宗。(《国语·楚语下》)①

作为记录国计民生的史书，《国语》尤其注重历史发展的延续性。如果不遵循天地法度，不顺应四时秩序，不遵守万物生存的准则，那么生命将无法延续，不存在子孙后裔，更不会有后嗣的祭祀礼拜。由此直接指出社会纲常要建立在自然的准则之下才能繁衍生息，生命生存发展的根基在于生生之道。

《荀子·天论篇》将"万物各得其和以生"视为生命生存的最高理想：

天有其时，地有其财，人有其治，夫是之谓能参。舍其所以参而愿其所参，则惑矣。列星随旋，日月递炤，四时代御，阴阳大化，风雨博施，万物各得其和以生，各得其养以成，不见其事而见其功，夫是之谓神。皆知其所以成，莫知其无形，夫是之谓天。(《荀子·天论篇·第十七》)②

万物孕育于天地的和气之中，随着天的时节变化得以生长，根据地的物质资源而宛转流动。星星相随旋转，日月交替照耀，春夏秋冬交相变更，阴阳化生万物，风雨广泛地滋润万物，和气以不见形迹的方式化生万物。人们循此天地之理便可获得生生不息，"万物各得其和以生"便是人类主体将万物作为审美对象而进行体察的记录。

生生也是《吕氏春秋》思考的一个生命本源问题，通过对生命本体进行了溯源，落实于道，并强调人类对于生生问题的明了是生存的关键，如若不知，犹如弃宝：

人莫不以其生生，而不知其所以生。人莫不以其知知，而不知其所以知。知其所以知之谓知道，不知其所以知之谓弃宝，弃宝者必离其咎。世

---

① 徐元诰集解，王树民、沈长云点校：《国语集解》，中华书局2002年版，第98、108、513—514页。
② 王先谦撰，沈啸寰、王星贤点校：《荀子集解》，中华书局1988年版，第308—309页。

之人主多以珠玉戈剑为宝，愈多而民愈怨，国人愈危，身愈危累，则失宝之情矣。(《吕氏春秋·侈乐》)[1]

    人类无不依赖着各自的生命而生存，但却不知道自己赖以生存的是什么；无不依赖着各自的感官感知大千世界，但却不知道自己赖以感知的是什么。《吕氏春秋》由"生生"的追问，展开了对人类主体生存依据的思考，并最后落实于道。唯有遵循生生之道，人们才能把握生命生存的价值，如若不明了此规律，便如同舍弃宝物，必定遭殃。

    《黄帝内经》作为一部关注生命活动的医学典籍，对生命的关注是其基本线索，充满着重生、摄生、保生的思想，生生观念便是其对生命存在与发展切入的视点，向后人展示了中国古代先民们对生命本体及生存方式的深刻思考：

    太虚寥廓，肇基化元，万物资始，五运终天，布气真灵，总统坤元。九星悬朗，七曜周旋，曰阴曰阳，曰柔曰刚。幽显既位，寒暑弛张。生生化化，品物咸章。(《黄帝内经·素问·天元纪大论篇第六十六》)[2]

    《黄帝内经》首先从宇宙生化运动的起源切入，对生命本体进行了解，寻找生生之道的肇始。此处的"生生"，不是一个普通的叠字用法，而是一个关切生命本体的观念，体现出《黄帝内经》从生命生存的角度对自然生化不息的认识。宇宙寥廓无边，充满着生化的元气，是万物滋生、成长、演变的基础，即"万物资始"。五运周而复始循环更替于宇宙之中，敷布真灵元气，统摄着作为万物生长之本的坤元。九星、七曜悬挂于天，循环运转，从而产生了阴阳与柔刚。大地便相应地出现了白昼黑夜交替循环、四季寒暑更替变化的规律。在阴阳运动与四时的交替中，生命得以生化不息，万物得以繁荣昌盛，即"生生化化"。

    万物的产生是宇宙阴阳作用的具体表现，那么通过天地成形化类的过程，可以参透生命本体创生与发展的流变：

---

[1] 许维遹撰，梁运华整理：《吕氏春秋集释》，中华书局 2009 年版，第 112 页。
[2] 姚春鹏译注：《黄帝内经·素问（上）》，中华书局 2010 年版，第 527 页。

夫变化之用，天垂象，地成形，七曜纬虚，五行丽地。地者，所以载生成之形类也；虚者，所以列应天之精气也。形精之动，犹根本之与枝叶也，仰观其象，虽远可知也。（《黄帝内经·素问·五运性大论篇第六十七》）①

广阔无垠的宇宙之中存在着精气的运动，在天显示为星象的运转，在地显示为万物化生。无形精气与有形万物之间，就像是树木的根本与枝叶的关系一样，观察宇宙现象的流转，便可体会阴阳运动关系的微妙，人生命本体的阴阳运作同样也可以由此得以了解。

阴阳是相互对立相互依存的，在运动转化中形成新的状况和事物。阴阳升降交感激发了宇宙生气，孕育生发了新的生命，消亡了旧的生命，以此保持自然天地的稳定与平衡。对于广阔的自然天地而言，生生之道即阴阳变化呈现于自然天地的生命本体内在规律。天地是一个生气循环不休的大宇宙，人从属于其中，自然界一切规律变化都在人身上感应体现，人的生命本体也是一个循环不休的"小宇宙"，同样遵循阴阳对立统一的运动规律，贯彻着生生之道的法则。唯有人体小宇宙与天地大宇宙间相互契合，才能和谐生存，相继而至，生生不息。

《黄帝内经》将四时相序、五行相生的关系对应于人体的内在精气、脏腑、经络的活动，将对生命主体活动的研究置于广阔的宇宙视野之中，将天地造化运转的生生之功延伸至个体生命的生成化育之中，为论证生命生化不息的体系奠定了坚实的理论基础。四时五行不仅将万事万物联系为一个整体，也将人体内部脏器、血脉、经络贯穿为统一的生命整体，形成了一个人体宇宙系统，以天地生生之道彰显出生命主体生生不息的历程。《黄帝内经》把人体内在气血运行与天地生长枯荣反复循环的自然之理相冥合，已经超脱出单纯的医学理念，这是运用哲学与审美的视野实现与天地相感相应、与万物同气连枝，并在周而复始中呈现出自身的价值和使命。顺应天地造化生生之道，达成生命与自然的圆融，从而便进入了万物生生不息的审美境界。

《黄帝内经》所言"生生化化"与《周易》所言"一阴一阳之谓道"、老子所

---

① 姚春鹏译注：《黄帝内经·素问（上）》，第527页。

言"道生万物"、列子所言"万物化生"的意旨是相通的，都会通过阴阳创化的过程去阐明生生之道，生生之道在此关乎宇宙一切生命的生存发展，因此具有了本体论的高度。先秦诸多古籍不仅描述了生生之道化生构成、延续循环、绵延不休的本体创化规律，更记录了人类主体与宇宙自然相参相合的创化活动。无论是从外部视野出发俯察生命参与天地大化流行，还是从内部角度切入观察个体生发化育契合自然生长收藏规律，抑或是从精神层面追求的仁德浸润冥合宇宙造化无垠无休，处处都体现出了生生之道作为审美本体所呈现的理想境界。

先秦思想中的生生之道不仅包括哲学层面对本体论的阐释，也包含从审美层面对本体论的观照。审美本体论建立在哲学本体论的基础之上，对生命本体化生的体认同时也包含着审美感知与审美体验，生生之道以鲜活具体形象呈现生命创化的过程自然涵盖了对审美本体论的诠释。生生审美本体在此时确立，其内涵不断深化，外延不断扩展。

先秦众多典籍都认识到生生之道之于天地最大的恩德就是让世间的生命各得其所，安身立命，并生生不息的繁衍延续。对生命的肯定都会涉及对人的肯定，因为作为三才之一，人具有与天地相参的精神，这是主体以其生生之功参与了生命的流程，实现天地人三者的圆融协和与绵延不尽。在宇宙自然的审美观照中，主体追寻的天地造化精神与生生之道相契合，以生生观念为价值旨归，使天地人相参相感相应在审美境界得以实现。

综上，以《周易》为代表的先秦典籍通过对生生本体的反思，将生命生成作为一个动态的过程进行记录和俯察，并在体认生命的生成化育中实现了与自然宇宙相参，形成了朴素的生生之道的审美本体论思想。生生观念之于审美是一个根本性的问题，因为审美从根本上依存于生命的延续与发展，生生不息的生命进程是审美存在的前提与基础。生生之道展现出了无休无止、绵延激荡的本体特征，在天地人互感互应的节律中生发出审美模式，并通过生命更迭交替的生生之流实现审美呈现。先秦美学作为中国传统美学的开端与源头，为后世美学的发展趋势指明了方向，生生审美本体论的确认，为后世生生美学的发展奠定了基础。

The Dao of Creative Creativity: Aesthetic Ontology in the Pre-Qin Period

Huang Wei

Abstract: The Dao of Creative Creativity in Pre-Qin thought represents the ultimate origin of the universe life, which not only includes the interpretation of ontology from the philosophical aspect but also includes ontology from the aesthetic aspect. From the origin of the ontological consciousness of "Creative Creativity", to the establishment of the aesthetic mode of "Creative Creativity", and then to the formation of the aesthetic noumenon of "Creative Creativity", the Dao of Creative Creativity runs through the whole process as thinking venation. Aesthetic ontology is established based on philosophical ontology, the Dao of Creative Creativity includes aesthetic perception and aesthetic experience in the recognition of the process of life noumenon transformation and growth, so the analysis of Dao of Creative Creativity from the relationship between life and growth into concrete images covers the interpretation of aesthetic ontology. As the aesthetic ontology of the Pre-Qin period, the Dao of Creative Creativity embodies the basic spirit of Chinese aesthetics, which lays a foundation for the development of the aesthetics of Creative Creativity in later generations.

Key words: The Dao of Creative Creativity, Creative Creativity, Aesthetic model, Aesthetic ontology

"画好即为真"：元代理学家吴澄的绘画美学思想[*]

杨万里^{**}

摘　要：以理学成就著称的吴澄颇重书画游艺之事，显露出圣贤多能的气象。在元代绘画繁荣和文人题画之风的影响下，他创作了大量题画诗文，发表了许多颇具理学色彩的画学理论，值得深入探讨。他虽不是专业画家，却深谙绘画艺术的丰富功能和评论之道，不仅明确提出"画好即为真"的总体原则，且对山水、人物、鸟兽虫鱼等不同题材画作的鉴赏题写有着明显的区别意识，体现出致广大而尽精微的游艺精神，尤其是在前人形似、神似和意似的基础上，他提出性情之似的主张，认为能写出人物的性情之真与世间万物的自然之天才是画艺的最高境界。这要求画家既要掌握高超的专业技法，也须具有格物穷理的修养工夫，因为只有通过静观万物自得之性并冥会于心，才能以画笔状万物之形、显万物之情。吴澄以理学思维来品评绘画，复归形似之真而又升格至性情之真，推动了绘画美学的发展。

关键词：吴澄　绘画　题画诗　性情　理学

元代理学史上有着"南吴北许"之说，指的是与刘因鼎足而三的许衡和吴澄。吴澄（1249—1333），字幼清，抚州崇仁人，被学者称为"草庐先生"。研磨经典、著书讲学之余，他又颇重游艺之事，于诗文、书画等领域均有较高成就，显露出圣贤多能之气象。受元代绘画艺术繁荣和文人题画风气的影响，他

---

* 基金项目：本文系教育部中华优秀传统文化专项课题（A类）重点项目（尼山世界儒学中心／中国孔子基金会课题基金项目）"金元'游艺'文学创作与文人艺术审美范式之形成研究"（23JDTCA054）阶段性成果。
** 作者简介：杨万里，山西大学文学院副教授，硕士生导师，主要研究方向为中国文艺思想史。

对绘画艺术有着浓厚的兴趣，并创作了大量题画诗和绘画题跋，尤其是题画诗，在其所有诗作中竟占了四分之一强，几乎遍及鸟兽虫鱼、花卉草木、人物故事、山水景观等所有题材。虽有学者对吴澄的诗文与文论给予了较多关注，但对其题画诗文的理论价值却少有深入挖掘。[①] 作为理学家的吴澄始终保持着游艺志道的意识，即使面对书画技艺之事也力求格物致知，以万物为己用，从而发表了一些颇具理学色彩的画论见解。其最突出的画论贡献即在前人形神之似的基础上提出性情之似的主张，追求本体真实之境。若仅以"读来比较单纯浅显，但也表现了一定的艺术价值"[②] 来评价其题画文学，似乎轻看了其画史地位。本文即以吴澄的题画文学为主要考察对象，深入阐发其绘画美学内涵，以彰显其在中国古代绘画美学史上的地位。

一、从图形写影到山水空间的真实呈现

学际天人的吴澄虽说不是专业画家，却深谙绘画艺术的多种功能，参透了绘画评论之道，颇有一种"酌蠡水于大海"的从容之势。其绘画批评的核心旨趣是追求真画，或者说画之真。他曾明确提出"画好即为真"[③] 的评画原则，但对不同题材画作的鉴赏品评却有着明显的区别意识，体现出致广大而尽精微的游艺精神。

吴澄认为绘画最基本的功能是写出万物之形以留影存像。他在《题詹涧草虫》中说："夏跃难语冰，秋吟岂知春。生不一年计，百年影如新。涧翁今何之，见此不见人。诸孙视予笑，伸纸一拂尘。"[④] 世间之物寿有不齐，或不知晦朔，或不识春秋，然而其生命虽逝，形影却可以通过图画得以留传，观画者睹其形而如见其生。又如《题逃禅翁梅画梅词后二首》之一云："小圃梅开能几时，只余豆粒缀青枝。禅翁寿得花如许，二百年来雪月姿。"[⑤] 小园中花开花

---

① 王素美《吴澄的理学思想与文学》（人民出版社 2005 年版）、王韶华《元代题画诗研究》（中国传媒大学出版社 2009 年版）等曾论及吴澄题画诗，但均将其视为一种特殊的诗歌题材，少有理论阐发。

② 王韶华：《元代题画诗研究》，第 48 页。

③ 吴澄：《题陈舜卿龙头》，《吴文正集》卷九十一，影印文渊阁《四库全书》第 1197 册，台湾商务印书馆 1986 年版，第 844 页。

④ 吴澄：《吴文正集》卷九十七，第 897 页。

⑤ 吴澄：《吴文正集》卷九十二，第 853 页。

落，绽放之美转瞬即逝，无计留春住，而扬无咎笔下的梅花却是二百年后依然保持雪月之姿。再现过去，载物之形，此全赖绘画之功。《尔雅》中以"形"释"画"，已见绘画本义。《春秋左传·宣公三年》中早有画图象物之说："昔夏之方有德也，远方图物，贡金九牧，铸鼎象物，百物而为之备，使民知神奸。"[1] 东汉王延寿《鲁灵光殿赋》更具体地指出："图画天地，品类群生。杂物奇怪，山神海灵。写载其状，托之丹青。千变万化，事各缪形。随色象类，曲得其情。"[2] 可见，能够图写万物之形是绘画艺术的基本功能，吴澄对此虽未进行直接的理论阐发，却通过题画的形式以诗人之语传达出来，且更为形象可感。

如果说对过去之人、物和事件进行描绘是一种时间定格的话，那么将想象空间或现实山水写入画图并呈现于观者眼前，与其说是对天地万物的模仿写真，倒不如说是绘画对空间的奇幻迁移，而这种功能得以实现的前提正是逼真。《林泉高致》曾如此来论山水画之妙趣："不下堂筵坐穷泉壑，猿声鸟啼依约在耳，山光水色滉漾夺目，此岂不快人意实获我心哉？"[3] 画中山水不独可观，且可满足画者和观者游之、居之的潇洒出尘之想，这也是绘画胜出诗文之处，正如明人何良俊所言，"余观古之登山者，皆有游名山记，纵其文笔高妙，善于摩写，极力形容，处处精到，然于语言文字之间，使人想象，终不得其面目，不若图之缣素，则其山水之幽深，烟云之吞吐，一举目皆在，而吾得以神游其间，顾不胜于文章万万耶！"[4] 所以说，将万千山水之形状移挪于可摩挲携带的方寸纸幅之间，或许才是绘画艺术最为独特的功能。吴澄题山水画时多次表达了这种如临真境之感，如《题巫峡图》"生平想象高唐赋，不识巫山十二峰。忽有奇观来眼底，一时疑是梦魂中"[5]。宋玉的《高唐赋》对巫山巫峡"谲诡奇伟，不可究陈"的风云气象极尽铺排模拟之能，然吴澄指出阅读此赋后，虽对巫山美景极力想象，却与目识终隔一层。《巫峡图》却将巫山真境迁移纸上，置于眼前，令其平日遐想终有印证，于是感慨观图有如梦魂穿越之神奇。又如，南唐画家董源"多写江南真山，不为奇峭之笔"，故其山水图能够妙得生意与

---

[1] 杨伯峻：《春秋左传注》，中华书局 1990 年版，第 669 页。

[2] 萧统编，李善等注：《六臣注文选》卷十一，中华书局 2012 年版，第 220 页。

[3] 郭熙、郭思：《林泉高致·山水训》，卢辅圣主编《中国书画全书》第 1 册，上海书画出版社 2009 年版，第 1 册，第 497 页。

[4] 何良俊撰，李剑雄校点：《四友斋丛说》卷二十八，上海古籍出版社 2012 年版，第 187—188 页。

[5] 吴澄：《吴文正集》卷九十二，第 849 页。

真趣，被世人称道。米芾评云："董源平淡天真多，唐无此品，在毕宏上，近世神品格高无与比也。"① 元代夏文彦也称赞董源："善画山水，树石幽润，峰峦清深，得山之神气。"② 董源山水妙在能得远景的浑全气象，更宜远观——"近视之几不类物象，远观则景物粲然，幽情远思，如睹异境"③。当董源的山水图呈现于吴澄目前时，他也发出了"苍苍万木烟云里，何处山川到眼前"④ 的赞叹。在他看来，现实中的山水真境是可以通过画家之笔迁移到图画中来的，尤其当不能身自前往时，图画之空间迁移功能就更显珍贵了。他在《题山水图》中说："远树疏林映晚霞，江心雁影度平沙。谁人写我村居乐，付与岩泉处士家。"⑤ 又《题黄冠师出示手卷》云："江山烟树渺幽居，玄妙真师出此图。师亦有居何处觅，可凭画手写来无。"⑥ 这皆表达了通过画手传递山水空间的诗意想法。

画家不仅可将现实空间移入画图，还可将艺术境界与虚构空间落实于纸上，对此吴澄亦有所认识。他在《题半月芝蟾画卷》中说："紫芝偃塞抱蟾蜍，天上求之此景无。看取初弦半规月，阿谁晓会写成图。"⑦ 图中所画乃是世间所无之景，自是画家对心像之描摹。又如他为宋代画家周苍崖《方壶图》题诗二首，其一云"信是苍厓画作仙，等闲幻出小罗天。太师铁画家藏旧，云黯烟昏四十年"；其二云"忠臣死去去成仙，住在方壶大洞天。此境移来落尘世，也留遗迹伴千年"。⑧ 方壶即传说中三大神山之一的方丈，是道教典籍中常见的神仙居住之所，所以诗中有"小罗天"⑨ 和"大洞天"⑩ 之誉。吴澄盛赞了周氏出神入化的技艺，因为他能"幻出"和"移来"此缥缈虚无之境。面对现实中难有的理想世界，观者难免产生飞身入图之遐想，吴澄亦不例外，其《题况生手卷》

---

① 米芾：《画史》，卢辅圣主编：《中国书画全书》第 2 册，第 258 页。
② 夏文彦：《图绘宝鉴》，卢辅圣主编：《中国书画全书》第 3 册，第 436 页。
③ 沈括撰，金良年点校：《梦溪笔谈》卷十七，中华书局 2015 年版，第 165 页。
④ 吴澄：《题董元山水图》，《吴文正集》卷九十二，第 852 页。
⑤ 吴澄：《吴文正集》卷九十二，第 855 页。
⑥ 吴澄：《吴文正集》卷九十二，第 845—846 页。
⑦ 吴澄：《吴文正集》卷九十二，第 850 页。
⑧ 吴澄：《苍崖周氏为其徒罗季安画方壶图且畀故相信公遗墨二纸连作一轴临川吴某赋诗曰》，《吴文正集》卷九十二，第 857 页。
⑨ 元章希贤《道法宗旨图衍义》卷上云："三界二十八天分居四方，方各七天，谓之八圆，又谓之四梵小罗天也。"参见张继禹主编：《中华道藏》第 31 册，华夏出版社 2014 年版，第 366 页。
⑩ 张君房《云笈七签》卷二十七《天地宫府图》云："太上曰：十大洞天者，处大地名山之间，是上天遣群仙统治之所。"参见张君房纂辑，蒋力生等校注：《云笈七签》，华夏出版社 1996 年版，第 153 页。

云："欲渡未渡兮岸侧夷犹之舟，欲到未到兮云中缥缈之楼。何时天风泠然臂两翼，瞬息飞步过十州。"① 此种幻想往往彰显出作者高蹈绝世之归隐情志，他在《题桃源春晓图》中即云："蒙眬晓色破初春，一洞桃花树树新。此景世间真个有，只今去作捕鱼人。"② 所题图像是根据陶渊明《桃花源记》画出，初春时节桃花满放，生动新艳，作者虽对桃源之说颇有怀疑，但仍难以抑制归隐其中之情。又如其《题十八学士登瀛洲图》云："秦府开基萃胜流，一时倾慕比瀛洲。瀛洲渺渺在何许，我欲乘桴海上浮。"③ 无意羡慕十八学士所登之瀛洲，而是表达了归隐瀛洲仙山的高情。由此观之，题画诗的主题有时并不限于图画本身，而是由画面某一关键信息延伸出诗人自己的情志。从某种程度上说，这也可看作是诗对画的"反客为主"了。

绘画艺术可以使现实山水移入画图，也可使文学虚构和宗教想象的空间幻化成像，但相较而言，吴澄更推崇艺术对眼前现实的反映，这是艺术接近真实的前提。在《题寒江独钓图》中，他辩证地表达了这种见解，其一云"柳子当年绝妙诗，现前眼界是真知。如何想象今人赋，得似当年眼见时"；其二云"阿谁画此已成痴，更有痴人为赋诗。省得南华真玩世，无何有处觅缯帷"。④ 他认为画家据柳宗元《江雪》绘出诗意图，已非源于目见之实，诗人题画更是将虚就虚，痴上加痴。艺术的真实最终还是源于"现前眼界"，否则只能流于想象之虚空。不过，艺术的真实毕竟不能等同于现实。首先一点，吴澄细腻地把捉到，图中物象即使能入气韵生动之境，这种真实感也只能停留在视觉体验的浅层，在听觉及心觉的深层感知上仍会有真幻之隔。吴澄《题峡猿图》云："迁客羁人偶经是处，忽闻哀啼一声，不觉心碎泪下，殊无今兹展卷把玩之乐。境一也，而哀乐异，何哉？真幻异也。虽然，何者非幻？"⑤ 两岸青山相对出的三峡两岸多有猿鸣之声，迁客羁人行经此处，往往因其凄清之音触发心中悲苦之情，正所谓"猿啼三声泪沾裳"。高妙画家虽可将现实之景移入画图，但观《峡猿图》者不仅未生哀情，还难掩赏玩之乐。他认为眼前所见之境同，主体

---

① 吴澄：《吴文正集》卷一百，第918页。
② 吴澄：《吴文正集》卷九十二，第846页。
③ 吴澄：《吴文正集》卷九十二，第849页。
④ 吴澄：《吴文正集》卷九十二，第859页。
⑤ 吴澄：《吴文正集》卷五十五，第551页。

所触发的情却异，根源即在于一为真相，一为幻相。至于"何者非幻"之论，则显然是源自《金刚经》"一切有为法，如梦幻泡影"之语，有此一问着实发人深省。

画图再现的只能是静止时间的空间实境，既不随时间变化而变化，也不因实境的变动而更改，画图上的景物因此而别具一种永恒不灭的意味，对此吴澄题画时也有论及。其《题雪洲图》云："向来洲上雪漫漫，僵倒诗人一屋寒。洲在雪消人亦徙，画图犹作雪中看。"[1]《雪洲图》一类的绘画是对空间景物的呈现，画作完成的瞬间，所留之影就已经成了过去。也就是说，现实生活中时间的推移，事物的位移，都与画作产生不了任何关系了，雪不会融，人亦不徙，画图所留住的真实也就变成了过去的真实，而不能是永远的真实。所以就艺术的山水和真实的山水来说，吴澄显然更喜欢后者，其《题米元晖山水》云："一水两山间，水如练带山如阛。昔见江山似图画，今观图画如江山。米家下笔亦等闲，卢家珍袭同瑶环。一朝身后落人手，又为好者开欢颜。我家一幅广长画，朝夕对之如列班。有力莫能偷夺去，常青常白色不黯。若将此幅与论价，仇金何啻千千镮。"[2]开篇即表达了江山如天开图画和观图有如直面江山的视觉感受，中间宕开一笔，称米家山水亦是平常，倒不如自家门前一幅山水画卷来的真实，永不褪色，堪称无价。"可以看出，图画中的景物在诗人眼中，与其说是画景，还不如说是真景，因为诗人总将图画中的景物看作是真景，然后该真景被点染于画面上的时候，又变成了可看而不可居的画景。"[3]

二、人物画像贵在得性情之真

写形状物毕竟要以似为工，绘画领域最常讨论的一对范畴即形神，能写出空间位置和物之形貌者可得形似，能写出神情意态者方为神似。传神是画论中的普遍主张，如南宋袁文指出："作画形易而神难，形者其形体也，神者其神采也。凡人之形体，学画者往往皆能，至于神采，自非胸中过人有不能为者。"[4]

---

① 吴澄：《吴文正集》卷九十二，第849页。
② 吴澄：《吴文正集》卷九十八，第909页。
③ 王韶华：《元代题画诗研究》，第51页。
④ 袁文：《瓮牖闲评》卷五，清武英殿聚珍版丛书本。

吴澄论画不仅继承前人以形写神的观念，且推崇朱熹的"天致"①说，明确倡导人物画像的性情之真。

为帝王将相和圣贤人物写真留影与摹画故实以传其流风余韵，也是绘画的重要功能，对此吴澄也有相应论述。如在《题宋列圣御容》中，他饱含深情地说："呜呼！自吾父、吾祖而上三百余年，养生送死于天地覆载之中，日月照临之下，而不知覆载、照临之像为何如也，今于画绘见之。呜呼！形不尔妙，万物之神，如斯而已乎？"②像其他南方儒士一样，吴澄也经历了从忠君不仕到行道出仕的矛盾心理，虽然最终接受了程钜夫的举荐到过大都，但旋即称疾回乡，选择了"以斯文自任"的归隐生活。纵观其一生的诗文创作和出处选择，其宗宋情结较为强烈。父祖世被宋恩，自己却未曾亲见宋帝之容，此是一大憾事，唯有形神兼备的图画可以满足其渴慕之想。又如，作为文人楷模的苏轼常被写入画图，至今传世者尚有李公麟的《扶杖醉坐图》《西园雅集图》，传为琼州人所作的《东坡笠屐图》，赵孟頫的《苏东坡小像》等。此类作品之创作目的即在于欲令坡仙潇洒出尘之致，数百年后之人犹可想见。吴澄《题东坡戴笠着屐图》结尾处云："何人为作野老像，风流不减乘朱轓。谪来天仙堕尘网，化身千亿难名论。我从像外得真相，神交心醉都忘言。"③苏轼晚年时被贬遥远的儋州，《东坡笠屐图》本事正发生于此。《梁溪漫志》载："东坡在儋耳，一日过黎子云，遇雨，乃从邻家借箬笠戴之，着屐而归。妇人小儿相随争笑，邑犬群吠。"④吴澄题画诗的前半部分正是据此演绎而成，"褰童""庸犬"云云，描绘细腻具体，写出了坡公旷放不羁的潇洒风神。画家绘出东坡之像，观者则得之于像外，体会到苏轼的人格性情，此亦全赖图画之功。

在所有绘画题材中，吴澄认为最难画的就是人物，因为相对而言万物之形貌姿态更易区分摹写，而人之性情却是千人千面，既难以揣摩，也不易施法。在《跋牧樵子花卉》中，他对牧樵子的花卉四画极为称赞，但在论及其写真与相人之术时却颇有微词：

---

① 朱熹《送郭拱辰序》："世之传神写照者，能稍得其形似，已得称为良工。今郭君拱辰叔瞻，乃能并与其精神意趣而尽得之，斯亦奇矣！⋯⋯或一写而肖，或稍稍损益，卒无不似，而风神气韵，妙得其天致。"参见朱杰人等主编：《朱子全书》第24册，上海古籍出版社、安徽教育出版社2002年版，第3648—3649页。

② 吴澄：《吴文正集》卷六十一，第598页。

③ 吴澄：《吴文正集》卷九十八，第912页。

④ 费衮：《梁溪漫志》卷四，清知不足斋丛书本。

充斋皮公称其传神之笔如化工，且得相人之妙，若郑圃君子见之，当亦心醉。夫生物之巧自己出，而别其所生贵贱、寿夭、贤不肖何如，易易事尔。然予尝命画者画予，辄阁笔；命相者相予，辄缄口。或强作，终不似；强言，终不应。何也？物之生曲尽其巧，独予之丑恶，无物可比。盖大巧所外，则画者之手、相者之目无所施其法也宜。①

与自然万物成形之时"贵贱、寿妖、贤不肖"之性已具不同，人为天地之间独具灵觉之心者，"天、地、人、物"并称，已见"人与物，异类也"。②圣人能与天地并参，常人气质不齐，其率各偏，形相有常而性情万变。更何况各人形相与心性又往往不能契合，荀子《非相》曾列举过历史上形貌与性情截然不同的人物，并提出"相形不如论心，论心不如择术"③的观点。吴澄显然认可荀子之论，又将相人之术与人物写真合而论之，认为相者之目可见人之面相却难见人之心相，画者之笔可写人之形相却难写人之性情。

画中人物是否似真，关键在于是否能得其真实性情，吴澄论人物画始终强调内之心境与外之画境的合一。他也曾让多位画家为自己写真，但或难以下笔，或勉强而作，终不能似，可见人物写真之难以及其重性情之似的至高标准。他在《赠写真刘寿翁》中说："黄洲桥边偶傥人，号曰相山刘写真。眼前名士描貌遍，亦及中林麋鹿身。生来自撼形相恶，赤准高颧面如削。武夷擢舟歌九曲，洛社深衣园独乐。人言相似我言非，只合幼舆置岩壑。可怜笔墨误点染，强使垂绅望台阁。圣恩天广覆群臣，百年勋阀长如新。谁将子上南薰殿，为写褒鄂光麒麟。"④他觉得刘寿翁所画之像有庙堂富贵之态，与其实际的江湖之志和山林之性大相径庭。"人言相似"者，似其外在形貌而已；"我言非"者，终不似其内在性情。当然其中还有一个自我认知的因素，在他自己看来"赤准高颧面如削"的丑恶面相当不起气宇轩昂的名士之姿，更兼追求的是丘山岩壑之趣，本无意于画像麒麟阁。他在自作画像赞中称："徜徉烟霞泉石之间，悠然而有余欢。其自适于乐水乐山者欤？"又谓："其山林樵牧者乎？野之耕筑者

---

① 吴澄：《吴文正集》卷五十五，第547页。
② 吴澄：《题李襄公槐图后》，《吴文正集》卷六十二，第606页。
③ 王先谦：《荀子集解》卷三，《诸子集成》第2册，上海书店出版社1986年版，第46页。
④ 吴澄：《吴文正集》卷九十八，第908页。

乎？"① 这种泰然自乐、自适其适的性情显然与"垂绅望台阁"的形象不符。

值得注意的是，朱熹自题写真时也曾自称"麋鹿之姿、林野之性"，吴澄强调自己的"中林麋鹿身"，且提及武夷棹歌，明显带有追慕前贤的意识。在《赠画史黄庸之》中，他首先称赞了黄庸之能写造化万象和各色人物的高超笔法，并再次提到了自己的丑恶形貌与麋鹿之性："独予丑恶类蒙倛，执拗颇亦见頔颐。古来伊周匪易为，老不用世免诮讥。黄工笔意神更奇，写遍麟凤到鹿麋。"② 荀子谓"仲尼之状，面如蒙倛"，唐代杨倞注曰："倛，方相也。其首蒙茸然，故曰蒙倛。"③ 方相是古代用来驱除鬼怪或葬仪中为灵柩开路的一种神像，形貌丑恶而令人生畏。孔子面相如此却无损其成为圣人，吴澄有意夸大形貌的丑陋，意在凸显自己的心性之美。这种表达策略并非只此一例，他在《自赞画像》中如此自叙："峨峨玄冠，肃肃玄端。人今服古，貌丑神完。秋霜面目，春阳肺肝。"又说："身形瘦削，春林独鹤。眼睛闪眰，秋霄一鹗。远绝尘滓，大同寥廓。自鸣自和，自歌自乐。"④ 在枯槁惨淡的面目之下，却有光明和蔼、贯通天地的神圣灵心。六十岁生日时他又写下《题刘寿翁为予写真》一文："里人刘寿翁为予写真，见之者咸曰：'此朱夫子像也。'其有若之似与，抑阳虎之似与？予为此惧，识者鉴焉。"⑤ 观者都说画中之人很像朱子，对此他亦喜亦惧，喜的是朱子的形象有如"景星庆云，泰山乔岳"般高大，惧的是人们或仅就其状貌而言，如此则与阳虎状如孔子无异。他希望自己不是貌似朱子，而是在学问性情方面皆能接近这位圣人，达到"义理密微，蚕丝牛尾；心胸恢廓，海阔天高"⑥ 的境界。常人易见形貌之似，吴澄更重性情之似，只此可见。

重性情之似的旨趣在吴澄题写其他人物画像时也多有体现，他主张为人物画像和题画均应着重彰显其真实性情，如《题渔舟风雨图》："蓑笠寒飔飔，一篙背拳曲。有人方醉眠，酒醒失茅屋。"⑦ 从中似乎看到了风雨飘摇中一个笑傲江湖的渔翁和一个萧散旷放、顺任自然的达士，渔翁惯看风雨烟波，达士醉后

---

① 吴澄：《自赞画像》，《吴文正集》卷一百，第922页。
② 吴澄：《吴文正集》卷九十八，第910页。
③ 王先谦：《荀子集解》卷三，第47页。
④ 吴澄：《吴文正集》卷一百，第922页。
⑤ 吴澄：《吴文正集》卷一百，第919页。
⑥ 吴澄：《晦庵画像赞》，《吴文正集》卷一百，第920页。
⑦ 吴澄：《吴文正集》卷九十一，第843页。

失去天地，放浪天真。又如《题陶渊明画像》云："凄凉义熙后，沉痛永初元。天阔目无力，相随酒一尊。"[1] 政权鼎革，渊明心中沉痛，只能寄怀于酒，图中天地悠悠，一人独立，千年之后人们尚可通过画像感其伟大人格性情。要想写出历史人物的真实性情，画家需要体贴人物之心，力求相互感通，正如他在《跋画归去来辞》中所说："当时归去意，难与世人知。未信千年后，能知有画师。"[2] 对画师能表现出陶渊明归去的真实心意进行了称赞。然而能以画笔写出人物饱满性情的并不多见，往往仅能展示人物复杂性情中的一个侧面而已。在《题沛公踞洗图》中，吴澄委婉地指出："古今率谓高帝嫚，诚有之，观其师子房，将韩信，相萧何，亦尝嫚乎？无也。然则此画得其嫚士之一短耳，其知人之长，谁其画之？"[3] 该图画的是郦食其拜见刘邦的故事[4]，后人多将此视为刘邦侮嫚儒士的典型事件加以批评，从而形成刘邦有嫚士之短的刻板印象。吴澄认为此画得其短而忽其长，并不能呈现刘邦的性情之真，足见人物写真之难。

三、鸟兽虫鱼等图画好在尽自然之天

吴澄论人物画时提倡的性情之真，也被其延展至对一切有气血之物的图像评价中。他认为能写出万物之天、得性情之似，才是此类绘画的最高境界。邵雍曾言："画笔善状物，长于运丹青；丹青入巧思，万物无遁形。诗笔善状物，长于运丹诚；丹诚入秀句，万物无遁情。"[5] 吴澄则将性情观念引入绘画领域，倡导以画笔达诗笔之功，既状物色，也写物情，进一步推动了绘画向诗歌的靠拢。

鸟兽虫鱼等画要想达到似而真的境界，也需要在以形写神的基础上传达万物性情，写出自然之态。吴澄题动物画时习惯以生动如真赞美画家技艺之高，如《跋牧樵子鹌鹑》"往年冬在京师，日以此充旅食之羞。今得此十数，把

---

① 吴澄：《吴文正集》卷九十一，第 843 页。
② 吴澄：《吴文正集》卷九十一，第 843 页。
③ 吴澄：《吴文正集》卷五十五，第 549 页。
④ 司马迁《史记·高祖本纪》载："沛公方踞床，使两女子洗足。郦生不拜，长揖，曰：'足下必欲诛无道秦，不宜踞见长者。'"参见司马迁：《史记》，中华书局 1982 年版，第 358 页。
⑤ 邵雍：《诗画吟》，郭彧整理：《邵雍集》，中华书局 2010 年版，第 482 页。

玩于手，活动如生。其悦吾目，有甚于悦吾口者"① 是称赞清江画家牧樵子笔下所绘鹌鹑意态自然，如在目前，令人观之有赏心悦目之感。值得指出的是，他并没有刻意掩饰自己观画时的喜悦之情，口腹之欲也好，耳目之欲也罢，均真诚袒露。在题画时，他会以一个普通的观画者身份泰然处之，这与理学家时刻以道学之眼观画并有意克制耳目之好的心态已然不同。生动活泼的画中之物带给观者的并不是一成不变的喜悦，有时也会兴起感伤情绪，吴澄《宋徽宗二鹊图》云："昔观二鹤，今观二鹊。笔意如生，抚卷泪落。"② 宋徽宗笔下花鸟如生，墨气淋漓如新，但沉溺技艺之事而忽帝王之业却不足称许，大宋已亡，后人抚卷只能徒增悲伤。在《题牧牛图》中，他以韩愈《画记》的写法详细铺叙了牛之情态："树叶醉霜秋草萎，童驱觳觫涉浅溪。一牛先登舐犊背，犊毛湿湿犹未晞。一牛四蹄俱在水，引胪前望喜近隈。一牛两脚初下水，尻高未举后两蹄。前牛已济伺同队，回身向后立不移。一牛将济一未济，直须并济同时归。此牛如人有恩义，人不如牛多有之。人不如牛多有之，笑问二童知不知。"③ 首句以极简之笔勾勒出深秋时节有一牧童驱牛过溪的画面，接下来详写了每一头牛的位置和动作：先登岸的正在舐舐背上未干之毛，也在回头顾盼；一牛已渡水过半，四蹄在水而引颈欣然；最后者两脚在水，似有疑难之色。吴澄又从各头牛之神态，揣度出其各自意思，活灵活现，给图中之牛增加了生命气息。至于结尾阐发的恩义之论，则是由画中牛之形神，观出的内在性情了。

阴阳二气聚而成物，万物各具天命之性，率性而为方合天道。在吴澄题画文学中，鸟兽虫鱼莫不各有其自在之性和自得之乐。他认为画家能写出万物自适其性的神情意态才是好画，也是最高境界的如真。鸟类之性贵在悠闲野逸，海阔天空，所谓"鸢飞戾天，鱼跃于渊"。吴澄《题九鹭图》云：

　　　　自飞自息自升沉，各饱鱼虾各称心。世外冷冷风露洁，还知别有九皋禽。④

---

① 吴澄：《吴文正集》卷五十五，第 548 页。
② 吴澄：《吴文正集》卷一百，第 919 页。
③ 吴澄：《吴文正集》卷九十八，第 912 页。
④ 吴澄：《吴文正集》卷九十二，第 850 页。

首句连用三个"自"字，写出图中九只白鹭或飞或止的悠然神态，它们在幽远寂寥的水边以鱼虾饱腹，各自称心适意。在他看来，不同之鸟亦有不同之性。鸿鹄高飞，有逍遥之志，正如高迈自适的隐逸之士，此是其性高洁昂扬；芦雁雀雉，有稻粱之恋，正如甘愿攀附的名利之徒，此是其性嗜欲堕落。他在题鸟类画作时，往往注重揭示其性情本质，如《芦雁》："飞嗷逐西东，乱投芦苇丛。若无稻粱意，云外附冥鸿。"① 苇丛之雁不能与云外冥鸿共飞，正因其有意稻粱，甘于屈辱苟全。他在《题芦雁飞鸣宿食图》中也将芦雁和冥鸿对比来写："败芦兮萧萧，肃肃兮嗷嗷，惊夜兮沉寥，为一饱兮辱泥滓以劬劳。鸿冥兮九霄，侣大鹏兮逍遥。"② 既写鸟之性情，也寄托了自己追求自适之乐的隐逸之志。所谓"鸿飞冥冥，弋人何篡焉"③，鸿飞青冥而不入尘网，故能如大鹏一样外无所待，自由往来；芦雁为求一饱而自堕泥滓之中，劳心劳形。"所食唯琅玕"的凤鸟更是高蹈不群，吴澄《题双雉图》说："一昂一俯意闲闲，未觉幽栖饮啄悭。竹实傥能来彩凤，也应写入画图间。"④ 图中双雉意态安闲，不觉竹实粗鄙，此是其性本来如此；凤鸟从不与群鸡"刺蹙争一餐"，其桀骜不驯之性与图中双雉形成鲜明对比。禀性一旦生而沉浊，则栖于寒枝犹且无从自知，吴澄《题寒雀图》云："更无树叶可因依，有啄能鸣愬与谁。闭口双栖聊自暖，怎知宿处是寒枝。"⑤ 其《题飞鸣宿食四雁图》《题双鹊图》等皆是此类。可见，吴澄题画文学中的各类之鸟，虽其志有高低，情有远近，却无不是天性使然，他认为画家所极力呈现的也应是此种自适之乐。

吴澄题画作品中亦有诸多兽类形象，他认为此类画作也应以画出各类动物的真实性情为好。其《画猿》诗云："前者据石安，后者攀枝危。安危两不知，抱子相与嬉。"⑥ 在观者看来，坐于石上是安，攀缘枝条是危，而对于性善攀缘的猿猴来说此皆自然之态，所以画中之猿无忧无惧，任己之性而乐在其中。他所题兽类画中尤以牛马题材居多，如《题曾云巢春郊放牧图》：

---

① 吴澄：《吴文正集》卷九十一，第844页。
② 吴澄：《吴文正集》卷一百，第917页。
③ 扬雄著，李轨注：《法言》，《诸子集成》第7册，上海书店出版社1986年版，第17页。
④ 吴澄：《吴文正集》卷九十二，第850页。
⑤ 吴澄：《吴文正集》卷九十二，第854—855页。
⑥ 吴澄：《吴文正集》卷九十一，第844页。

春盎郊原，十牛在牧，或奔或驯，或行或息；或前或随，或饮或食；或鼻浮水，或背负人。各适其适，牛不自知也。牧者亦何心哉？噫！善牧民者，亦若是而已矣。①

南宋曾云巢尤善草虫，而在吴澄看来这幅春郊放牧图也颇为出色，写出了牛群自适其适、浑然无知的生动情态。牧者能顺牛之性情，则人牛皆能适意而安，据此他又论及牧民之事，主张为官者也应让百姓自适其性，各得其天。他在题写马图时更喜欢称赞其奔腾骏发的神气，以此彰显良马本性，如《题马图》"俯首啮蹄，昂首欲起。谁其御之，一日千里"②、《题舜举马》"驽骀群里忽得此，万里归来日未西"③。令人惋惜的是，并非所有良马均能逢着伯乐，故而引得无数壮志难酬的英雄贤士发出千古之叹。吴澄《题伯时马》云："四足追风捷羽翰，有谁伯乐是奚官。如今万里青云步，谩作人间画卷看。"④李伯时所画之马有追风逐电的飒爽英姿，奈何如此神骏只能在画图中留影存形，徒增观者哀叹而已。李伯时所画之马动作神色皆如其性，以致当时即有"神骏精魄皆为伯时笔端取之而去"⑤的说法。不过，与宋人多赞李伯时能得马之精神意趣不同，吴澄更为欣赏其能尽马之性情："骁壮云连力气粗，惯看驰突暗中都。如何得此真龙种？消得千金买画图。"⑥他称赞李伯时画出了龙种骏马的超逸不凡之性，其盛气直贯长虹，性善奔走驰突，如此画图当得起千金之价。

与题鸟兽类画作相比，吴澄在静观和题写虫鱼画时对其自然之性的揭明之意更为明显，如《题徐云韶双喜》："翾翾蛲蛲，或申或卷，惟虫能天，任其自然，而无所忧也。既无所忧，何者非喜？"⑦"双喜"通常指喜鹊，宋代画家崔白即有《双喜图》传世，然而文中明确说画的是蠨蠰之类的小虫，笔者猜测此或是民间称为蟢子的一种蜘蛛，即《诗经》中提到的"蟏蛸"。大约从南北朝时起，该虫即被赋予与喜鹊一样的报喜之意，北齐刘昼指出："今野人昼见蟢

---

① 吴澄：《吴文正集》卷五十八，第 576 页。
② 吴澄：《吴文正集》卷一百，第 918 页。
③ 吴澄：《吴文正集》卷九十二，第 862 页。
④ 吴澄：《吴文正集》卷九十二，第 862 页。
⑤ 周密：《浩然斋雅谈》卷上，清武英殿聚珍版丛书本。
⑥ 吴澄：《题伯时马》，《吴文正集》卷九十二，第 847 页。
⑦ 吴澄：《吴文正集》卷五十四，第 542 页。

子者，以为有喜乐之瑞；夜梦见雀者，以为有爵位之象……以其名利人也。"①
清人钱载有《题喜子图二首》，其一云："长股类蜘蛛，惯呼作喜子。朝来遣相
见，百事吉可拟。"其二云："壁间画得双，相见必成偶。持向荆州人，或呼作喜
母。"②可证喜蛛也常是两只并画，故也可称为双喜，徐云韶所画或即此物。吴
澄称赏徐云韶画出了该虫任其自然、舒卷随心的天趣，并以为无所忧即为喜，
即可达自得和乐的生命状态，此确为高论。又如《跋草虫》"嘤嘤趯趯，蠢蠢螚
螚。谁之所为，自然而然"③，《题牧樵子草虫》"入机出机，走草飞草。真假俱
幻，玄造玄造"④，观画而似闻草虫嘤嘤之声，似见其跳跃蠕动之貌，足见画家
写出了其性中之天。同样，吴澄观赏鱼图时也常有一份静观其自得之乐的理趣
流露出来，如《跋鱼图》"荷枯水冷，万意俱秋，而围围洋洋，从容自得如此，知
此乐者其谁乎"⑤。通过画面似乎感受到了寒凉秋意，此时水中之鱼舒缓摇尾，
其乐融融。他认为画者水平之高正体现在能知鱼的自得之乐，并通过画笔传递
出这份自然天趣，其《题东溪周氏画鱼》也是此意。

　　总之，吴澄认为好画应得万物真实性情，如此方可进入真实之境。所以，
他在《题陈舜卿龙头》中说："龙有真有画，画无真无假。画好即为真，题字从
渠写。"⑥画好即是真，即可以假乱真，这就将绘画标准推进到更高层次，即不
仅绘万物之形，且显万物之情。

四、画家须与万物冥合为一

　　那么如何才能画好万物呢？吴澄在形神的基础上加入了性情这一要素，并
认为要想以画艺显出物情，关键要做到与所画之物冥会于心，这也是仁者与万
物浑然一体的共情境界。

　　以颇难的画龙为例，吴澄《题郑印心龙头》说："冬而沉冥，夫孰测其头角
峥嵘也；春而奋兴，又孰测其雷雨发生也。时止时行，初真后亨，吁嗟客乡，善

① 刘昼撰，袁孝政注：《刘子》卷三，明正统道藏本。
② 钱载：《箨石斋诗集》卷六，清乾隆刻本。
③ 吴澄：《吴文正集》卷一百，第918页。
④ 吴澄：《吴文正集》卷一百，第918页。
⑤ 吴澄：《吴文正集》卷五十五，第546页。
⑥ 吴澄：《吴文正集》卷九十一，第844页。

得其情。"①他称赞这位郑氏画家善写龙之行藏舒卷、杳冥难测的性情之真。宋元间画龙最著名者当数南宋的陈容，"前辈言陈所翁默坐潜思时，疑与神物冥会于混茫之间。或醉余余意到，忽然挥洒，虽在墙壁绢素之上，如是能飞跃，盖得龙之真也"②。陈所翁所画之龙似有在云气中翻腾游动之状，给人以从墙壁绢素之上飞跃而起的真实之感。在他看来之所以如此逼真，关键在于所翁能体会龙之性情，与其心灵感通。其默坐潜思以冥会于混茫之间，或许正是"以一心观万心，一身观万身"从而"上识天时，下尽地理，中尽物情"，以至"弥纶天地，出入造化"③的心理过程。画龙如此，画鱼和草虫等也莫不如此，他在《题画鱼图》中说："昔之达士有云'于鱼得计'，夫得计云者，以其潜于渊，泳于川，相忘于江湖，上下隐见，来去倏忽，自适其适，自乐其乐，而不自知其然也。"④所谓昔之达士者正指庄子而言，"于鱼得计"出自《庄子·徐无鬼》，他借题画的机会对此说法进行了阐释，只不过经他阐说，这种从容适性之乐明显多了一份"乾道变化，各正性命"的儒学意味。在结尾处，他对图画作者能"达斯趣"表示了称赞，认为能画出鱼的性命自得之乐，首要在于能感通无碍，识鱼之天。

与传统画论中强调画家的实践经历与经验工夫不同，吴澄以为画家应超越闻见之知而上升至德性之知，直至达到天人合一之境，如此作画才能使"万物无遁情"。他在《跋牧樵子草虫》中说：

> 维野有牧，见彼子于。维山有樵，见彼嘤嘤。子岂樵夫，子岂牧竖。子何见闻，深解虫趣。牧樵子言，此论未然。闻闻见见，得者浅浅。维虫能天，天固在我。非牧非樵，亦何不可。⑤

善画草虫的牧樵子其实并不是牧人，也不是樵夫，能写出山野草虫的性情天趣，正赖于他能尽心、知性而知天。《孟子集注》引程子之语曰："心也、性

---

① 吴澄：《吴文正集》卷一百，第 917—918 页。
② 吴澄：《赠西麓李云祥序》，《吴文正集》卷二十九，第 308 页。
③ 邵雍：《观物内篇·第二篇》，郭彧整理：《邵雍集》，第 7—8 页。
④ 吴澄：《吴文正集》卷五十八，第 579 页。
⑤ 吴澄：《吴文正集》卷一百，第 918 页。

也、天也，一理也。自理而言谓之天，自禀受而言谓之性，自存诸人而言谓之心。"① 牧樵子所言之"天"在物而言即为性，所谓"天所赋为命，物所受为性"（《程氏易传》）②。"天固在我"者即朱熹所言"天命之在我者"，如此则"巨细精粗，无毫发之不尽也。人物之性，亦我之性，但以所赋形气不同而有异耳"。③ 联系吴澄理气说观之，通天地一气流行化育而为万物，万物各具天地之性，故人与物可交感互通，这就是牧樵子非牧、非樵而能解虫之趣、得虫之天的思想根源。

此外，吴澄在题草木类画作时也推崇令观者"真以为宰物所生"的化工效果，而这造化生意正是画家生命精神的贯注。他在《跋牧樵子花卉》中说：

> 人与走飞草木之属，貌像姿态万之又万，莫可胜穷，而无一同者，画史乃能以笔拟之。清江牧樵子寄予卉实四小幅，远视真以为宰物所生也。

物之形貌有万不同，好的画家能够师法造化，写出各自的自然之性，绘画一技实不可小觑。他称赞牧樵子的四幅花卉远观竟能以假乱真，如造化所成，流露出生生之意。又如《跋牧樵子蒲萄》云："芸香楼上汗成珠，起趁清风为扫除。见此西凉甘露乳，冷然齿颊出寒酥。"④ 称赞画中的葡萄如真实之物，观者在视觉刺激之下竟会生出清凉的联觉体验。画中之物既然如同造化所生，亦当合造化之理，哪怕画中是"娇红久失六郎张，黛绿残妆更遇霜"的一片衰败荷花，也能令人产生"毕竟明年青不改，依然十里远闻香"⑤ 的美妙联想。

当然，理学家于植物的静观中常能体贴出天地生物气象，这在吴澄的题画诗中也有体现，如《题东坡古木图》"当年眉山孕三苏，曾闻眉山草木枯。长公拈笔作仙戏，老木槎枒动春意。信知造化在公手，一转豪端活枯朽。此木一春

---

① 朱熹：《四书章句集注》，中华书局1983年版，第349页。
② 朱熹、吕祖谦编，查洪德注译：《近思录》，中州古籍出版社2008年版，第22页。
③ 朱熹：《四书章句集注》，第33页。
④ 吴澄：《吴文正集》卷九十二，第848页。
⑤ 吴澄：《题败荷》，《吴文正集》卷九十六，第893页。

一秋一千年，与公雄文峭字永久同流传"① 称赞东坡的枯木图虽逸笔草草，出之以墨戏，却颇有盎然春意，夺造化生机。文人画中之物往往有所寄托，吴澄《题东坡所写墨竹》说："虽细稍低叶，下近尘土，而巨竿老节，惯傲雪霜。于时坡翁居多竹之地三年矣。"② 画中竹子的坚韧气节彰显出的正是苏轼无所不适的性情。赵孟頫的竹石图也是如此："匪竹匪石，伊松伊雪，作如是观，奇绝奇绝。"③ 与其说是图形写意，倒不如说是人与物冥合为一，借物之性，写己之情。图绘出万物形神，而又赋予其性情，画中之物即具有了生命精神，也就更贴近真实之境了。

受宋代尚意美学的影响，元代文人画之风大盛。有学者指出："较之宋代画论崇尚传神也承认形似，元人似乎在重神轻形的道路上走得更远。"④ 其实元人画论也并非全然如此，理学家刘因、吴澄等人论画时均反对轻视形似。刘因将形似视为下学工夫，将神似视为上达境界，唯有下学才能上达，所以绘画的神似不可离形似而求之。⑤ 吴澄重神似而不薄形似的绘画美学理念主要从其具体的题画作品中反映出来。难得的是，在观赏和题写不同题材画作时，他懂得采取差异性的评价话语，又在前人形似、神似与意似之上，进一步深入到性情之似的层面。能写出人物的性情之真与世间万物的自然之天，是其评画的最高标准。"画好即为真"这一境界并不易达到，这对画家素养提出了更高要求，即不仅要掌握高超的技法，还须具备格物穷理的工夫，只有这样才能以心所聚之理去静观万物自得之性，以画笔写出万物的真实性情。也就是说，游艺之学的根基仍在志于道、据于德和依于仁。总之，吴澄等理学家通过哲学思维来品评绘画，为绘画领域的审美机制和评价原则带来更为严谨的理论思辨，既复归形似之真又升格至性情之真的审美追求，有助于绘画艺术的繁荣发展和守正拓新。

① 吴澄：《吴文正集》卷九十八，第 903 页。
② 吴澄：《吴文正集》卷六十三，第 615 页。
③ 吴澄：《题子昂竹石》，《吴文正集》卷一百，第 918 页。
④ 祁志祥：《中国美学全史》第三卷《隋唐宋元美学》，上海人民出版社 2018 年版，第 182 页。
⑤ 刘因：《田景延写真诗序》，《静修先生文集》卷十九，《四部丛刊》影元本。

"Painting Well Is True": Wu Cheng's Painting Aesthetics Thought

Yang Wanli

Abstract: Wu Cheng, who was famous for his achievements in Neo-Confucianism, also paid much attention to the entertainment of painting and calligraphy. Under the influence of the prosperity of painting art in the Yuan Dynasty and the trend of literati painting, he created a large number of poems and essays inscribed paintings, in which he expressed many painting views. Wu Cheng was well versed in the rich functions and criticism of painting art. He not only clearly put forward the general principle that "painting well is true", but also had an obvious difference in the appreciation and writing of paintings with different themes. In particular, he further went deep into the level of similarity of temperament, and believed that the highest realm of painting was to be able to write the true temperament of characters and the natural genius of all things in the world. This requires that painters not only master superb professional skills, but also have the time to cultivate themselves in a reasonable way. Wu Cheng appraised painting with the thought of Neo-Confucianism, intending to return to the truth of similar shape and upgrade to the truth of temperament, promoting the development of painting aesthetics

Key words: Wu Cheng, Painting, Painting poems, Temperament, Neo-Confucianism

生生之理与意境观念的转化

——禅宗空观对儒家诗论的挑战及唐宋儒学的回应[*]

刘　顺　张笑雷^{**}

摘　要：唐代意境观念的生成虽有本土思想资源的影响，但禅宗的作用却更为直接。其有关色空、无相之我、刹那的观念为意境说的生成提供了认识论的基础。儒学对于佛教挑战的回应，自诗论而言，即为在新的认识论的基础上转化意境说的内涵。相较于中晚唐儒学依赖于现实经验及回眸传统的回应路径，理学以生生之理的阐明为新意境说提供了认识论条件，也使得宋型的意境说具有了对于宇宙万物新的识见与体悟，生命的安顿与历史的价值亦有了稳定的基础。意境说在"唐—宋"间的转化或扩容，则提醒自"意"之视角考量意境的必要，由此意象、意境、境界方能得到较贯通的理解。

关键词：意境　禅宗　生生之理　认识论基础　理学

佛教对中国思想与日常生活的影响，自然并不以诗及诗论为其主要路径，"意境"观念的生成亦不乏本土思想的助缘，但禅宗空观却是李唐诗学"意境"观念生成的认识论的基础。^①而佛教的本土化及其传法方式变化过程中对于诗歌体式的借用，在提升"意境"文本呈现度的同时，也借助诗歌的易于传播的特性，强化了佛家基本理论参与构成时代文化风习的力度，并由此形成对于

---

*　基金项目：本文系 2023 年度黑龙江省哲学社会科学研究规划一般项目"儒学转型及汉语演变与中晚唐文学之关系研究"(项目编号：23ZWB345)阶段性成果。

**　作者简介：刘顺(1978—　)，男，安徽定远人，文学博士，黑龙江大学文学院教授，博士生导师，主要从事中古思想与文学研究；张笑雷(1983—　)，女，黑龙江哈尔滨人，黑龙江大学文学院博士生。

①　参见张节末：《意境的古代发生与近现代理论展开》，《学术月刊》2005 年第 7 期。

原有的认知传统与社会心理的挑战。禅之空观与中晚唐人生存体验的叠加，加剧了时人的空幻感，改造了士人认知世界与日常生活的知识结构。空幻、如梦之感，不再只是个体诗人的美学趣味与生命体悟而成为一个时代流行的群体情绪。世界的实有与空幻、价值的有据与无据以及历史与人生之意义的确然与虚无，已不再是仅依赖于经验与传统即可得到有效解答的难题。但在挑战来临时，借助经验与传统，却是最为常见的回应方式。故而，中晚唐儒家对于"意境"的回应，更多体现出对于经验与传统的倚重，宋儒则在此脉络之下，走向对于深层理据与逻辑的思考，并由此改造了禅宗的"意境"，形成了具有明确儒学性格的意境观念。

一、意境之"意"与中晚唐儒学回应的内在缺陷

"意境"及其相关问题，在自 20 世纪初至今的百余年中，形成了明确的学术史脉络，并被视为有关中国艺术之特性的重要判准。于此问题的讨论，多聚焦于情景关系、意象及意境与境界及意境之同异以及意境之溯源，百年来虽成果丰硕，但亦难掩分歧。即使某一时期所形成的似可视为共识的结论，也难以在意象、物境、情景、意境、境界等概念间形成贯通而明晰的解释。[①] 在诸多研究成果中，张节末、萧驰与黄景进的工作，因其对于中国诗学演进脉络的谙熟及对佛教义理的细密剖判，展现出极高的学理含量；而张、萧二人对于禅宗现象空观在意境生成中作用的强调，则更为意境的讨论标示了可行的路径。[②] 意境问题的讨论，需要具备明确的历史脉络感，亦需要对于"意—境"做清晰的语词考察。如此，方能对中晚唐儒家诗学对于禅宗的回应何以力度有限，有较为真切入里的理解。由于禅宗教义的绵密与繁杂，以及张、萧二人的实质贡献，本论题无意亦无力重构禅宗"意境"的生成过程，而是在学界已有研究的基础上，将焦点置于"意"之诠解及儒学对禅宗之影响的回应之上。

百余年来的有关"意境"语义的研究，以"境"之语义的阐发为理解焦点，

---

① 朱志荣：《论意象和意境的关系》，《社会科学战线》2016 年第 5 期；《再论意象与意境的关系》，《贵州社会科学》2020 年第 2 期。

② 张节末：《禅宗美学》，北京大学出版社 2006 年版；萧驰：《佛法与诗境》，中华书局 2005 年版；黄景进：《意境论的生成——唐代意境论研究》，台湾学生书局 2004 年版。

是极为明显的路径偏好。对其语义考察，大体既能注意到其历史语义的演进，自先秦至李唐有着细密的文本爬梳，同时也能言及"境"在精神层级与类型领域上的不同指称，允为详密。黄景进更是对"境"做了极为细致的区分，以之有外物、诗之景物、艺文作品所提供的经验范围、风格类型与造诣层级、人生体悟、诗法等六种语义。① 然对于"境"之语义的考察，虽有助于明了不同文本中的同一语词之语义，却似乎无力回应"意境"理解上的根本分歧。而据魏晋以来佛教文献，对于"境"之使用则常关联心、识诸语词，如僧肇《维摩诘所说经序·问疾品》"空虚其怀，冥心真境，妙存环中"②、吉藏《中观论疏》卷二《因缘品》"经中说诸法空者，欲令心体虚妄不执，故言无耳，不空外物，即万物之境不空"③。及玄奘译《成唯识论》，于识与境之关系有更为细密的论述。④ 唯识论主张"万法唯识"，以世间万物为阿赖耶识中种子变现之产物，乃人的心识之作用。外境由内识转化而出，因内识的虚妄分别作用而被认之为实有；内识之作用有其三分或四分的结构，即见分、相分、自证分及证自证分。虽然，唯识学因其忠实于原典本来面目，且注重概念思维、逻辑推论的思想方法而难以有效地在地化，但其对心识的细致分析，却极易以一种简洁流行的方式流布于一般的思想世界，进而成为日常生活中的基本共识。禅宗于唯识宗为别派，在禅宗史上有划时代影响、对其后禅宗史具有论题引导之力的马祖道一曰"诸法所生，唯心所现，凡所见境，唯是见心"⑤。《太平广记》所载录唐代各类释氏辅教之文中，对于"发心""转心""至心"等语词的高频使用⑥，唐代传奇中对于个体意志的称扬⑦，凡此，均可见出唐人对于"心""意"的关注。因而，以唐人在意境的理解上，注重"意"的影响，当非过于推论。但流行的有关意境的分析，却少有将"意"作为问题予以讨论者。而在 1922 年即出版印行的丁福保《佛学大辞典》中对"境"有如下释义："心之所游履攀缘者，谓之境。如色为眼识所游

---

① 黄景进：《意境论的生成——唐代意境论研究》，第 227—238 页。

② 僧肇等注：《注维摩诘所说经》，上海古籍出版社 1990 年版，第 98 页。

③ 高楠顺次郎等：《大正大藏经》第 42 册，台湾新文丰出版公司 1975 年版，第 29 页。

④ 玄奘译，韩廷杰校释：《成唯识论校释》，中华书局 1998 年版，第 2 页。

⑤ 藏经书院编：《续藏经》第 126 册，台北新文丰出版公司 1983 年版，第 386 页。土屋太祐认为马祖之后的禅宗史主要围绕着马祖思想而展开，可称之为"后马祖时代"。参见土屋太祐：《北宋禅宗思想及其渊源》，巴蜀书社 2008 年版，第 3—31 页。

⑥ 李昉等编：《太平广记》第一百〇二卷，中华书局 2003 年版，第 684—691 页。

⑦ 乐蘅军：《意志与命运——中国古典小说世界观综论》，台大出版中心 2021 年版，第 72 页。

履，谓之色境。乃至法为意识所游履，谓之法境。"①丁著曾多次印行，故"离心无境"应可视为"境"之理解上的基本认知。但百年来意境理论的讨论，却大多忽视了自"心"解"境"的可能。即使有所涉及，也多将"心"笼统理解为日常意义上的心理、心境、心态，极少留意"心"之结构与功能及其在"境"之生成中的影响。虽然心与意存有差异，然自具"了别"功能的意识活动的角度而言，两者却有高度的重合。故而离心无境亦可转化为离意无境，"意境"的分析需要转换视角，考量"意"之功能与影响。

意识活动有见分、相分、自证分与证自证分的四分结构，《成唯识论》曰："相分是所缘，见分名行相。相见所依，自体名事，即自证分。"②见分为意向活动，相分是意向对象，自证分是自身意识，而证自证分则是对自身意识的认识。自证分是意识活动发生时直觉的自身意识，无意向对象，见分与证自证分则有其意向对象。故而，"意境"之"意"，既可指意识活动的相关内容，亦可包含意识以自身为对象所形成的认知。另据《成唯识论》中"心所"之说，"了别"的意识行为必然有"心所"伴随。"心所"共五十一种，其中遍行心所五种，即触、作意、受、想、思。遍行心所伴随心识活动而必然发生。"触"与"作意"的分别源于意向活动的强度，而受、想、思则近于感受、感知（洞见、体悟）及意欲（意志）。无论"心所"是否为属于心识的意向行为③，遍行心所的存在，则无疑提示，作为意识内容的"意"必然包含主次有别、强弱不等的认知（洞见、体悟）、感受及意欲的成分。在此意义上，物境、情境、意境的分别，则是同一意向行为中"心所"之主次与强化差异所致。

王昌龄《诗格》言诗有"三境"：物境、情境与意境。④物境与情境自意向活动而言，均可称为意境。⑤然王昌龄于物境、情境而外，特别论及意境，则意境须相区别于物境、情境。物境以"处身于境"追求了见其象，此种意向活动以认知为主导而感受、意欲次之；情境以"处之于身"求"深得其情"，故以感受为主导，而意欲、认知次之；意境则"思之于心"，以"意"为意向对象，而

---

① 丁福保：《佛学大辞典》，文物出版社 1984 年版，第 1247 页。
② 玄奘译，韩廷杰校释：《成唯识论校释》，第 135 页。
③ 倪梁康：《关于事物感知与价值感受的奠基关系的再思考——以及对佛教"心—心所"说的再解释》，《哲学研究》2018 年第 4 期。
④ 张伯伟：《全唐五代诗格汇考》，凤凰出版社 2002 年版，第 172—173 页。
⑤ 王国维：《人间词话》，人民文学出版社 2005 年版，第 193 页。

指向对于自身意识的反思。因此，意境之"意"多有关于宇宙人生的洞见与体悟。同出王昌龄之手的《论文意》曰："意须出于万人之境，望古人于格下，攒天海于方寸。"① "意"含摄古今、收纳江海天地，无限包容，故"意"欲出万人之境，须见识、体悟超越流俗而后方始可能。在此意义上，意境作为区别于物境、情境的语词，已然是具有特定的语义内涵。

"意"之洞见、体悟，以意向对象的认知、感受、意欲为基础，但须经对自身意识的省察，方始可能；也即"意"的生成，依赖先天而有的"了别"之能，更决定于生命经验的厚薄与省思能力的高低。其洞见中必然包含宇宙的天机意趣，或历史人生的厚重苍茫；而其对于宇宙、历史与人生的体悟中，亦必然包含有关于前者的洞见。因为生命自我的不断省思，对于外境与内境的认识与体悟的能力遂有不断提升的可能，其理想的状态即是识见高卓而心手相应。故而，"意境"在特指的意义上，意味着精神已达成超越流俗的层次与高度。意境与境界在精神层级意义上的相通，既可指具体意境中的洞见与体悟，亦可指意境之生成本身所提示的精神层级。皎然《诗式》论"取境"曰"取境之时，须至难至险，始见其句"②，即其中必有个人苦心孤诣而达至的体悟与见识，方始能有气貌等闲的文本呈现。此与个体生命境界的提升，实为同一过程。故而诗歌之意境的生成，以诗人对于历史人生的洞察与体悟为基础。因洞察与体悟之别，于"意境"遂有不同理解与展现的可能。"意境"进入中国诗学，虽因佛教之力，然此观念产生之后，却有其自身的演变脉络。③

禅宗空观以色空、无住、刹那诸义为其生成的认识论条件。其影响下的"意境"由之也即是一种特定的对于宇宙人生的体验与观察之法。徐增《而庵说唐诗》评王维《鸟鸣涧》曰："心上无事人，浩然太虚，一切之物皆得自适其适。……人自云闲，花自去落，各有本位，互不侵犯。"④ 而庵的议论有着明显庄玄化的痕迹，对于"无事""心闲"的频频致意，也可见出祖师禅的影响。虽并不尽然合乎《鸟鸣涧》所欲传递的禅意⑤，然其以不识不知，色空俱泯，相忘

① 张伯伟：《全唐五代诗格汇考》，第172—173页。
② 张伯伟：《全唐五代诗格汇考》，第232页。
③ 萧驰：《佛法与诗境》，第287页。
④ 徐增：《而庵说唐诗》卷七，《四库全书存目丛书》第396册，齐鲁书社1997年版，第635—636页。
⑤ 张节末：《意境的古代发生与近现代理论展开》，《学术月刊》2005年第7期。

方得相亲，心闲方可"亲切"，却是对禅宗空观于中国诗学之贡献极为精彩的概括。诗中之人是于相而离相、于物于人非利害、无对待的无相自我；其"不识不知"故能闻见"亲切"，能得人、鸟、花、月之真昧，而此处之"真"，亦是禅宗空观在现量（现象直观）中心识的玲珑剔透；时间在此现象直观中，已不再是相续的世俗时间，而是于念而无念的刹那。[①]桂花之落，不是发生于生长周期的自然时刻，乃是在此直观的刹那，见此花落之相。虽然，在意境的生成中，本有心闲、无事的法喜禅悦及提示一种"观法"的意义，但当色空、无相、刹那等观念，借助诗歌的传播，成为一种简易而流行的知识形式与生命趣味时，却会产生对原有的诗学传统与社会心理的强势冲击。

观念的产生与流行虽然会受到社会生活的制约，但其并非仅为政治社会的心灵投影，而具有一种影响政治社会之现状与走向的能力。故而，当一种理论、观念或方法业已深植时人的心灵世界，动摇或改变了曾经的认知结构与认知惯习，便自然会产生对社会生活的形塑效应。禅宗意境观念的现象直观，以泯能所、弃判断的不识不知以及刹那直觉中对于时间之流的跳出，向以感物言志、取譬连类为特点儒家诗学提出了强势的挑战。虽然，儒家诗学并不必然需要回应此种挑战，但当意境理论的传播与中晚唐人的生存体验相叠加时，其所产生的影响，业已使得中晚唐人的知识结构与社会心理产生了巨大的变化。无论是否忠实于禅宗意境观念的原貌，受其影响者多难免在心境上产生对于无事、自了的认同倾向，对于人生、历史也常存如梦如幻之感。即使是出身显赫、仕途亦可称畅达的杜牧，其有关历史的认知，亦不免"鸟来鸟去山色里，人歌人哭水声中"的怅惘。后世论及中晚唐诗，每多慨叹其气象衰飒。至此，儒学展现出积极回应的姿态，已是时代的必然要求。虽然，禅宗由唐至宋有五花七叶之盛，教义缤纷各异，但在认识论及存在论上却并无根本变化。[②]儒学的回应若期待能够持久而有效力，即需要在认识论的层次上，于色空、无相、刹那等禅宗理念所相关诸问题有着深刻的学理应答。虽然意境观念的流行冲击了儒家感物言志的诗学传统，但儒学若要能够为社会人生提供稳定的支撑，却无法以政教诗学旧传统的再确认为首要选择。于此，也可见出中晚唐儒学的回应

---

① 萧驰：《佛法与诗境》，第 283—284 页。
② 土屋太祐：《北宋禅宗思想及其渊源》，第 247—248 页。

何以无法改变诗风衰飒的趋势。

韩愈是中唐坚定的辟佛者，其在主张"人其人、火其书、庐其居"的同时，也标举感物缘情的诗学传统。《送孟东野序》曰："大凡物不得其平而鸣……人之于言也亦然，有不得已者而后言。"[①] 人之假文辞而言其思、其怀，源自物感情迁的不得已。唯其能鸣，故有真实的关切而能承担延续与创造文明的责任。韩愈"不得其平则鸣"的主张与对"善鸣"者的标榜，自儒家感言志的诗学传统而言，乃是对已有观念的重申。但在中唐的思想与社会背景下，韩愈的努力无疑有着重新确立儒家政教诗学位置与影响的意图。而若回眸李唐自武德以来主流文论，主张风雅比兴的政教诗学一直是主调宏音。[②] 及中唐而后，政教诗学也依然是此时期政论、文论的常规表述。韩愈的观念在其前后的不同时期，均可寻得大体相近的同调者。独孤及曰："公之作本乎王道，大抵以五经为泉源，抒情性以托讽，然后有歌咏。"[③] 白居易曰："圣人感人心而天下和平。感人心者莫先乎情，莫始乎言，莫切乎声，莫深乎义。"[④] 皮日休《松陵集序》曰："诗有六艺，其一曰比。比者，定物之情状也。"[⑤] 但在此主张前后相继的声浪中，即使诗僧所做的诗格类著作中也可见到对于比兴传统的强调[⑥]，禅学影响的抬升及政治与社会生活保守格局的日趋明确，却更能影响诗歌的时代风格，中晚唐诗风趋于寒俭衰飒，对自我内心感受与体验的关注已取代家国天下成为诗歌书写的新风习。虽然，儒学对于诗教传统的重申并不仅为应对佛教的挑战，但无法遏制佛学的影响，却提示其应对思路所可能存在的缺陷。儒学需要在认识论层面为世界的实存提供理据、为生命的安顿提供稳定的根基、为历史认知提供更有效的观法，也需要在时间的理解上为"连续"提供超越于经验之上的可能。在中唐之后的文论中，"道"已广受关注，表现出回归经典并超越经典的学术新变。[⑦] 与之同时，儒家学人对于"心性"的关注，更为清晰地展现出

① 刘真伦、岳珍校注：《韩愈文集汇校笺注》，中华书局 2010 年版，第 982—983 页。
② 罗宗强：《隋唐五代文学思想史》，中华书局 2003 年版，第 170 页。
③ 董诰等：《全唐文》，中华书局 1983 年版，第 3946 页。
④ 朱金城笺校：《白居易集笺校》，上海古籍出版社 2016 年版，第 2790 页。
⑤ 董诰等：《全唐文》，第 8351 页。
⑥ 张伯伟：《全唐五代诗格汇考》，第 418 页。
⑦ 刘顺：《唐代中后期的"以理言道""言意之辨"与诗文观念》，《上海师范大学学报》2023 年第 5 期。

与佛道争衡的姿态。

在魏晋以来的思想格局中，儒学偏于社会治理，佛、老则重心性之学，三者间互补相成，形成外儒内道及外儒内佛的基本态势。[①] 虽然，内外两分的框架于日常生活之实际而言，或过于清晰；但若以思想之区分性的时代特点而言，却大体可信。刘禹锡曰："儒以中道御群生，罕言性命，故世衰而寝息。"[②] 李翱立志于心性之学，然"与人言之，未尝有是我者也"[③]，亦可见中唐儒学虽有复兴儒道的风气，于形上学的构建却并无明确的群体自觉。朱熹以"所谓灭情以复性者，又杂乎佛老而言之，则亦异于曾子、子思、孟子之所传矣"[④]。在儒家心性之学已然细致深密且成为士人思想格局之基本构成时，朱熹的评价多少忽视了李翱在中唐时期孤明独发的贡献。其对于《复性书》的批评，更在于李翱以"诚"言性，但对于如何确立"诚"的本体地位并无考量，故难以建立儒家的形上之学，而其灭情以复性的思路，也不足以支撑建立内圣外王贯通一体之学的思想意图。即使如此，李翱的《复性书》在中唐所开拓的路径，对于儒学复兴依然有着无可替代的贡献。

二、天理与生生之境

从经学向理学的过渡，在知识形态上表现出越趋明晰的，对于分析、批判式的论学方式的倚重。理学以对万物存在之理据、历史表相背后之逻辑、生命之安顿及良序社会达成之路径的考量，形成了区别于汉唐经学的明体达用之学。[⑤] 而在此思想进程中，佛学无疑扮演了极为重要的对话者的角色。理学自易学转出，以自然为其学说之基础，并由之建立形而上的本体之学，即有回应佛学色空之论的明确意图。儒学形上本体的建立，也为一种别异于禅宗有关宇宙人生之识见与体悟的生成，提供了认识论的基础。唐型的"意境"观念因新类型的产生而扩容生新，于中国诗学影响更为深远。

---

① 陈弱水：《唐代文士与中国思想的转型》，广西师范大学出版社 2009 年版，第 66—97 页。

② 瞿蜕园笺证：《刘禹锡集笺证》，上海古籍出版社 2018 年版，第 118 页。

③ 尹占华、杜学林校注：《李翱文集校注》，中华书局 2021 年版，第 15 页。

④ 朱熹：《〈中庸集解〉原序》，《中庸辑略》，影印文渊阁《四库全书》第 198 册，台湾商务印书馆 1986 年版，第 558 页。

⑤ 何俊：《从经学到理学》，上海人民出版社 2021 年版，第 1—11 页。

在被称为理学开山的周敦颐的《太极图说》中，"无极而太极""诚""立人极"已成为其学说的核心概念。濂溪由此建立其关于万物生化的宇宙论及为宇宙人生确立意义之根据的价值形上学，并在宇宙论及价值形上学之间形成圆融贯通的一体关系。相较于李翱以诚言性，周敦颐则尝试以太极与"诚"同质、同体的方式，赋予"诚"明确的本体意义。①然周敦颐"无极而太极"之说，有近于道家之处，易生"有生于无"的解读。故张载《正蒙·太和篇》即以"太极"为"太虚"②，以万物生化为气之聚散，气有有形无形之别，但无形之气亦属于有，故万物生化不能自无而有而实为自有而有，所谓有无实只是幽明而已。太虚为无形之气，气为有形之气，太虚聚而为气，气聚而为万物，气散复归于太虚。"神"是气本有的能动的本性，贯通阴阳两气，两气鼓荡相感化生万物。其聚其散皆因"神"而然，即"惟神为能变化，以其一天下之动也"③。万物各有客形但不碍其虚体，虚体常在亦不以众形为幻。老庄以有生于无，乃是未经批判、基于自然经验的论断；佛教以世间万象为幻相，则体与形相离。于张载而言，气贯通形上形下神化不测，化生万物，物有聚散，然世间万物非幻化之相，生化之过程恒久不息。"至诚，天性也；不息，天命也。"④"感"真实无妄而自不能已，人因气感而生，若能"真实无妄"，有德性之善，有智性之明则自然可尽性穷神，参天两地。如此，人之生命的价值遂奠基于生命生成之本身，即气聚而生即是天性的至诚不息，生命的生长应以符合生命生长的方向为原则，而以尽性穷神为其具体的展开。

张载以一气贯通力排佛学色空之说，但"聚散屈伸之说"却不免有陷入轮回的危险⑤，而难以与佛教的生死观念截然区分。程颐遂另立新说："屈伸往来只是理，不必将既屈之气，复为方伸之气。……有生便有死，有始便有终。"⑥在二程看来，张载的"形溃返原"之说，有将天地化生限于循环往复之气的解读可能，从而弱化了"生生"恒久不息的本然之性，而无法在逻辑上为新新不已、生生不穷奠定稳定的基础。故而，二程认可个体生命的死亡为往而不返，

① 陈来等:《中国儒学史·宋元卷》，北京大学出版社 2011 年版，第 106—129 页。
② 张载著，章锡琛点校:《张载集》，中华书局 2012 年版，第 8 页。
③ 张载著，章锡琛点校:《张载集》，第 18 页。
④ 张载著，章锡琛点校:《张载集》，第 63 页。
⑤ 黎靖德编，王星贤点校:《朱子语类》，中华书局 2004 年版，第 2537 页。
⑥ 程颢、程颐撰，王孝鱼点校:《二程集》，中华书局 2004 年版，第 167 页。

然个体的寂灭乃是天地生生之理充分实现自我的环节。[①] 相较于 "存，吾顺事；没，吾宁也" [②] 有着对存、没二分的表述，程颢则更强调知生与知死的一体，"死生存亡皆知所从来" [③]。生死一理，既是从一生命的终结是生生之理的必然环节言，亦是自具体之生命而言，死亡非生命要到往的终点，而是内在于生的过程，生中有死；死亡意味着别一生命形态出现的可能，故死中有生。生与死相对而互为条件并可相互转化，天地之间存在着作为普遍原理的互为条件的对立与分别。程颢对于 "天地万物之理，无独必有对，皆自然而然" [④] 的强调，确保了感应或相互作用的真实与普遍。普遍感应或相互作用的存在，使得生生不已的天理有了具体实现的可能，而这也构成了其自家体贴出来的 "天理" 的重要环节。"'生生之谓易'，是天之所以为道也。天只是以生为道，继此生理者，即是善也。" [⑤] 天之道即生生变易之道，也即生生之理。

程颢对于生生之理的体贴，既源于直接的生命经验，也是彻底的逻辑推论使然。生生之理即体即用，因其生生不已，"一定则不能常矣" [⑥]，故其在肯定的同时，必然同时持续的否定。[⑦] 对于具体事物而言，肯定（聚）为主导；于生生之化而言，则否定（散）为趋势。"有无动静终始之理，聚散而已。" [⑧] 万物有其始终，但生生之理恒久不息。至此儒家已在世界之实有的问题上，建立了系统而周密的学说，从而形成了对于佛学色空之论的强势回应。"《乐记》已有'灭天理而穷人欲'之语，至先生始发越大明于天下。盖吾儒与佛氏异者，全在此二字。吾儒之学，一本乎天理。……以'天理'二字立其宗也。" [⑨] 当一种有关宇宙人生的识见与体悟具有稳定认识论根基时，即有了成就新的 "意境" 观念的可能。而若对此进行分疏性的解读，则首先重在对于宇宙人生的识见之上。"明道书窗前有茂草覆砌，或劝之芟，曰：'不可！欲常见造物生意。'

---

① 陈来等：《中国儒学史·宋元卷》，第 189 页。
② 张载著，章锡琛点校：《张载集》，第 63 页。
③ 程颢、程颐撰，王孝鱼点校：《二程集》，第 17 页。
④ 程颢、程颐撰，王孝鱼点校：《二程集》，第 121 页。
⑤ 程颢、程颐撰，王孝鱼点校：《二程集》，第 29 页。
⑥ 程颢、程颐撰，王孝鱼点校：《二程集》，第 861 页。
⑦ 杨立华：《一本与生生》，生活·读书·新知三联书店 2018 年版，第 26 页。
⑧ 程颢、程颐撰，王孝鱼点校：《二程集》，第 931 页。
⑨ 黄宗羲：《宋元学案》，中华书局 2007 年版，第 569 页。

又置盆池蓄小鱼数尾，时时观之，或问其故，曰：'欲观万物自得意。'"① 在生机益然的天地间，观物以见生意，以悟生生之理，迥然有别于禅宗在现象直观的寂寥清净中，勘破我执与法执所追求的心灵的澄净。沩山灵佑禅师说法云："夫道人之心，质直无为，无背无面，无诈妄心。一切时中，视听寻常，更无委曲，亦不闭眼塞耳，但情不附物即得。"② 在禅宗的空观中，常见鉴、水、灯、月诸喻相，以水鉴之明表达心境的明净澄澈，虽于相而离相。若冲禅师有诗曰"碧落净无云，秋空明有月。长江莹如练，清风来不歇"③。然朱熹则认为，若以心物如镜影，"则性是一物，物是一物，以此照彼，以彼入此也"④，体用相离。而生生不已的世界却相感共生、体用一源。万物各有其态、各有其理，然万理归于一理，即生生之理。故有关宇宙人生的识见，要在于生意中体悟生生之理，体悟生生不已的大化流行。

生生不已的大化流行并无确定的目的亦无主宰，但生命的无尽萌生却是天地间的根本倾向。二程以"动之端"为天地之心⑤，乃是此一由至静而有动之萌生时刻最能体现天地生生的根本倾向。宇宙万物有始有终，生必有死，然生生之理无一刻止息，其能聚而有物之生，其必散而有物之可生，如此而成日新无已的大化流行。受此影响的诗歌意境生成，遂以见出"生意"为常规。"杜少陵绝句云：'迟日江山丽，春风花草香。泥融飞燕子，沙暖睡鸳鸯。'……上二句见两间莫非生意，下二句见万物莫不适性。"⑥ "生生之理"与现实世界显微无间。但正如生生之理中，肯定与否定、聚与散的相互内在，生生世界中并不尽为泥融沙暖、鸢飞鱼跃的生命图景。在万物的共生中，有着万物之间的相互限制以及不可避免的以他物之生命为养料的残酷。虽自生生之理观之，如此亦是理之必然；但对于弱小生命的怜悯，对相互救助的称许、对生命消亡的不忍，却正如"动之端"体现了天地生生的根本倾向，散为聚、为生命之日新提供了可能，但聚才是生命的根本。故而，诗歌中对于"生意"的书写与体悟，不尽是对生生之理无抉择的接受；而偏重对生命适性、和谐的感知，正是此倾向的

---

① 黄宗羲：《宋元学案》，第 578 页。
② 普济著，苏渊雷点校：《五灯会元》，中华书局 2006 年版，第 521 页。
③ 普济著，苏渊雷点校：《五灯会元》，第 1039 页。
④ 朱杰人等主编：《朱子全书》第 22 册，上海古籍出版社、安徽教育出版社 2002 年版，第 2079 页。
⑤ 程颢、程颐撰，王孝鱼点校：《二程集》，第 819 页。
⑥ 罗大经：《鹤林玉露》，齐鲁书社 2017 年版，第 267 页。

自然流露。

生生不已的世界"无独必有对"且有其根本倾向，故而在时间的理解上，同样别异于禅宗以当下（刹那）为表现的对于时间的分割。在禅宗的时间观念中，绵延的时间之流缘于心有所住而生的妄见，在纯粹直观中只有前后不相继的当下（刹那），所谓世间万有的成住坏空同样缘于心识的未能澄明。但在理学的思想体系中，并无前后可以断割的"当下"，"当下"只有具有自我肯定与否定的双重维度，方能成为当下，只有能够成为过去的、来自未来的才能成为当下。王夫之曰："有已往者焉，流之源也，而谓之曰过去，不知其未尝去也。有将来者焉，流之归也，而谓之未来，不知其必来也。其当前而谓之现在者，为名之曰刹那；不知通已往将来之在念中者，皆其现在而非仅刹那也。"[1] 在理学的世界中，时间是一个环环相续的链条，共同构成了生生之理自我实现的生命过程。元亨利贞既相区别，又相互内在。但亦正如生生之理以聚为根本倾向，环环相续的时间链条，亦以体现此倾向的"时刻"为其端要。元生于贞，贞下启元[2]，此一开启，即是生命的独特之"几"。人之识见自然体现于有知"几"之能。张栻《和宇文正甫探梅》曰："千林扫迹愁无那，一点横梢眼便亲。……几多生意冰霜里，说与夭桃自在春。""几"是生命萌生之初，将形未形的时刻，而非草长莺飞一片生机盎然的生长之时。故而，能在枯寂中见生意，在凝寒中见春意，方是能够见"几"知"几"。生命之生长有其"几"，生命体之相互感应影响亦有其"几"。然此"几"，与人事之善恶及兴亡治乱关联紧密，有着明确的价值意义，与生命的安顿及历史意义的确立相关，故将其讨论并置入下节。

活泼的世界是一个相感共生、生机无限的世界，而相感的世界即是一个异类万千的大生命体。"天地阴阳之变，便如二扇磨，升降盈亏刚柔，初未尝停息……便生出万变。故物之不齐，物之情也。"[3] 万物之不齐，物之本然，也是生生之理的恒久不息的运化使然：

　　　　理之在天下，犹元气之在万物也。一气之春，播于品物，其根其茎，

---

① 王夫之著，王孝鱼注解：《尚书引义》卷五，中华书局 2009 年版，第 132 页。
② 黎靖德编，王星贤点校：《朱子语类》，第 109 页。
③ 程颢、程颐撰，王孝鱼点校：《二程集》，第 32—33 页。

其枝其叶，其华其色，其芬其臭，虽有万而不同，然曷尝有二气哉！理之在天下……随一事而得一名，名虽至于千万，而理未尝不一也。①

世间万有虽然同源于生生之理，但其现实形态却有类际与同类之间的千差万别。自理、气而言，万物一体，感应相通；自物之性而言，则边界清晰各有其性。也即万物之生，各有其规则与原理，而物类之间各有边界，纷繁而不失秩序则有其条理。虽然生生之理并无明确的目的论指向，但现实的物类之间却有等级的差异。人因得天理之全与气之全而为万物之灵，并使自然世界由之具有明确的价值意味。此种等差基于血缘之近推廓而及不同物类，产生"事"上的次第与厚薄之别。

理一分殊，"事"变无穷，故欲于事上识见生生之理又谈何容易。唯其能够考量古今，体察物情，揆度人事，方能体悟生生之理，得其闲而为无事之人。②故闲人、无事人遂成为表达识见的常见意象。程颢《秋日》云："闲来无事不从容，睡觉东窗日已红。万物静观皆自得，四时佳兴与人同。"③"闲"之语义由"閑"与"閒"融贯而生，"閑"有规范与防闲之义；"閒"本指间隙，引申而为闲暇④，闲是忙的间隙，也应是对于事有真切之知的从容。然风习鼓荡之下，以闲、无事相标榜，却不免有导致"闲"成为另一种人生之"忙"的危险。⑤在此问题上两宋禅师对于"无事禅"的批判，无疑具有重要的参照价值。⑥于宇宙人生能有一定的识见已殊非易事，然人为万物之灵，其于宇宙人生的识见并不仅止步于天理与物理的体察，而必然会有其明确的价值诉求。这即意味着，新"意境"的生成，必然关联于生命的价值安顿并由此为人生与历史奠定稳定的基础。

三、生生之理与人生之乐及兴亡之运

在佛教中国化的进程中，以利他、入世为精神宗旨的大乘佛教，表现出更

① 吕祖谦：《左氏博议》，影印文渊阁《四库全书》第152册，台湾商务印书馆1986年版，第320—321页。
② 程颢、程颐撰，王孝鱼点校：《二程集》，第1191页。
③ 程颢、程颐撰，王孝鱼点校：《二程集》，第482页。
④ 贡华南：《论忙与闲——进入当代精神的一个路径》，《社会科学》2009年第11期。
⑤ 朱杰人等主编：《朱子全书》第13册，第354页。
⑥ 藏经书院编：《续藏经》第120册，第781—782页。

趋明确的入世化与人生化的倾向，肯定人生、主张自信自尊的同时，亦强调宗教修悟与克尽人伦的统一。虽然作为中国化的佛教宗派，禅宗教义与原始佛教时期以人生皆苦、人生处于轮回苦境的认知观念，业已保有明确的距离，但并未由之否定苦、空在认识论上的影响。① 故而宋儒在回应禅宗之挑战时，强调"佛学只是以生死恐动人"②，当是缘于应对策略而给予佛学标签式的简化。"苦""空"之说有其伦理教化之功，却无法为"有"与"善"提供稳定的根基。当以中道御当世的儒学只被视为一种世俗的社会治理之学时，"善"便成为根底不固的共识。如此，生命在现世的安顿将难以面对是否迷头认影、随俗乡愿的质疑；古往今来的历史，亦将被视为治乱更迭的不尽循环。当儒学面对佛学的挑战时，回眸传统与依赖经验，均无法达至回应挑战所要求的彻底性。③ 唯有儒学以生生之理的确认，为现实世界的实有提供超越的根基时，生命的安顿与历史的价值方始获得稳定的根基。

程颢在说明"何谓善"时曰："'生生之谓易'，是天之所以为道也。天只是以生为道，继此生理者，即是善也。"④ 而"继此生理者"需要对于生生之理有真切的体悟，同时于善之事有真诚的践履。"生生之理"虽不即是"事"中具体的"当然之理"，但却是当然之理超越的根据，也是理解与解决伦理纷争的至高判准。生生之理以"动之端"为根本倾向，万物以生命的维护、生长为根本倾向，合乎此倾向即为"善"。但万类共生而有不同"当然之理"之冲突。何以解决争端，须以"生生之理"为据寻求达成共识的可能。缘此生长倾向的先天之"善"，获取须有限度，反抗自然正当，遂形成对抗与合作一体的生命样态。人与万物均秉有此生长倾向，然人得气理之全，故于此倾向有更为深刻的认知与体悟，且能跨越形体与类别之限制而推廓及于天下万物。"天理"作为普遍而永恒的生生之理，"不为尧存，不为桀亡"⑤，必有其流行而呈现为具体的物之性理。人受此天理而有其性理。⑥ 个体之性源自天，作为实有，是道德伦理生发的条件，并为道德的客观与普遍提供了现实的支撑。然个体

---

① 王月清：《中国佛教伦理研究》，南京大学出版社1999年版，第1—7页。
② 程颢、程颐撰，王孝鱼点校：《二程集》，第3页。
③ 丁耘：《判摄与生生之本——对道体学的一种阐述》，《哲学动态》2020年第12期。
④ 程颢、程颐撰，王孝鱼点校：《二程集》，第29页。
⑤ 程颢、程颐撰，王孝鱼点校：《二程集》，第31页。
⑥ 程颢、程颐撰，王孝鱼点校：《二程集》，第54页。

之性须经心的作用方能有光辉盛大之显现。故人所以为天地之心，要在心之灵明。

邵雍《伊川击壤集自序》以器物之喻，建构了道、性、心、身、物之间的相互关系。[①] 虽然并未特别突出心的作用，然其对名教之乐及观物之乐的自得，却与周敦颐对于"寻孔颜之乐"的指点，共同形成了对佛教以"苦"论世的正面应对。邵雍所言之乐并非口体之乐的满足，而源于名教的认知、践行与制作以及在观中对于万物一理与物有其理的考量与体悟。一体与万殊中，有能然、必然、当然与自然的不同维度。人生欲达成"乐"之境界，即能化当然为自然，而尤赖"心"之作用。"学者须先识仁。仁者，浑然与物同体，义、礼、智、信皆仁也。识得此理，以诚敬存之而已，不须防检，不须穷索。"[②] "识"是心的作用，所谓识仁，首先在于对秉天命而有的生长倾向的直觉。此种内在于人心的生长倾向即为人所本有的道德之心，也即仁之端。道德之心会在道德境遇中，给予行动方向的指引，在面对万物时，道德之心同样会自我呈现，赋予万物以价值与意义。[③] 其次，心具有自我反思的能力，可以在日常生活中不断省察，以提升对道德伦理问题的认知与践行能力。

相较而言，程颢虽然认可读书、考史、行事在道德践履中的作用，然以理"存久自明，安得穷索"，不免稍觉简易。后世以大程近心学一系，当以其以易简工夫体万物一体之境有关，而朱熹则颇为注重后天经验的价值。在理学的内部分疏中，心学一系不以"生生之理"为善，而以"继此者善"，故"善"只就万物现实存在的维度而言。其工夫论的重心不在格物致知，而是通过对识痛痒的当下生机的体知达至"万物一体"，并由之使得"生生之理"显现于心，且在行动中呈现为不同的"当然之理"。理学一系则以生生之理为善，恶的来源为气质；其工夫论强调通过格物致知转化气质，从而使得作为所以然之根据的生生之理呈现于具体之"事"。[④] 因为对格物致知的强调，朱熹尤其注重"智"的作用。"智"作为心之能，可以在认知、省察中，提升对于物理、事理以及伦理、道德等批判分析的水准，从而在"仁"所指示的方向上行事而合乎"当然之

① 邵雍著，郭彧整理：《伊川击壤集》，中华书局2013年版，第2页。
② 程颢、程颐撰，王孝鱼点校：《二程集》，第16—17页。
③ 杨泽波：《儒家生生伦理学引论》，商务印书馆2020年版，第4页。
④ 段重阳：《"继之者善也"：万物一体与天理的发生机制》，《道德与文明》2022年第1期。

理"①。正因"智"的作用，故一旦豁然贯通，则物之表里精粗无不到，心之全体大用无不明。②虽然心学、理学间存有诸多认识上的分歧，但在化当然为自然的可能性上却有着一致的理解。

理学通过对于何谓善、如何实践善以及当然是否即为自然等问题的系统回应，为个体生命意义的安顿奠基了坚实的基础。人生之乐在于对于合乎生生之理的生长倾向的坚持，是成己成物的过程。此过程须依赖于后天颇为艰辛的明心养性与格物穷理，知与行的统一以及化当然为自然的实现，均非易于达成的人生目标。然因合理与正当所带来的安顿与愉悦，却足以使得生命在不同的境遇中，不随俗而迁。至此，理学已通过理论的回应与生命的践履，以人生之"乐"的能然与实然回应了佛教对于世间皆苦的认定。而理学之乐，乐在成己成物的人生践履，亦不同于禅宗追求自心清净或随缘洒脱的开悟与解脱。禅宗于相而离相的无相之我，也被理学以圣贤气象相标榜的无私之我的光芒所掩盖。中晚唐诗歌中常见的自性清净之境或随缘自在之境，其流行度已逐步让位于新的在生命大化之流中，体认生生之理的人生之境。船子和尚偈云："千尺丝纶直下垂，一波才动万波随。夜静水寒鱼不食，满船空载月明归。"③栖白《寄南山景禅师》云："至今寂寞禅心在，任起桃花柳絮风。"④船子和尚的空寂与栖白的心无所住，将在思想的新变中成为诗学的旧传统。程颢《偶成》云："旁人不识余心乐，将谓偷闲学少年。"⑤杨万里《闲居初夏午睡起》云："日长睡起无情思，闲看儿童捉柳花。"⑥类似程明道、杨诚斋心胸透脱，于万物一体有真切体认的诗作，两宋儒者所在多有，然其风格多以清新淡雅为主。此外，能于生命的困境之中转悲为健则尤为宋诗之特色。无论是在观物之生意中体悟天理而得其从容之闲趣；还是以此安顿内心，面对生命的困境而犹豁达通透，理学无疑树立了一种全新的诗歌之境。随着理学在知识领域影响的拓展，其所建立的有关宇宙人生的思想体系，亦会以更简洁而流行的方式进入日常生活，从而改变受色空观念所影响的知识风习与社会心理。

---

① 朱熹：《四书章句集注》，中华书局1983年版，第349页。
② 朱熹：《四书章句集注》，第7页。
③ 普济著，苏渊雷点校：《五灯会元》卷五，第275页。
④ 彭定求编：《全唐诗》卷八百二十三，中华书局1999年版，第9362页。
⑤ 程颢、程颐撰，王孝鱼点校：《二程集》，第16—17页。
⑥ 辛更儒笺校：《杨万里集笺校》，中华书局2007年版，第189页。

个体的生命安顿，虽依赖于个体的格物致知、明心见性，但作为与他人共在的生命，必然涉及对于群体生活的考量。而若群体生活有其明确价值，则过往的历史即不只是生生死死、世代相替的无尽轮回。若历史无价值，个体即无法建立有意义的现实生活，其所谓生命的安顿亦不过是将人之生命与木石同等。在理学对生生之理的体认中，有着明确的对于历史价值予以确认的理论思考。

> 凡读史，不徒要记事迹，须要识治乱安危兴废存亡之理。且如高帝一纪，便识得汉家四百年终始治乱当如何，是亦学也。①
>
> 读史须见圣贤所存治乱之机，贤人君子出处进退，便是格物。②

二程强调对于"治乱之际"与"出处进退"的认知，在汉唐而来强大的史学传统中并无太多突出之处。即以中唐史学而言，对于历史兴亡的认知，如杜佑等人已将焦点转向典章制度，而非初唐史学中尚较为流行的对于政治人物德性的关注。二程的零星表述，并无越出传统之处。但历史兴亡更替的文本及现实经验与色空观念的叠加，则常会使得世人对于历史的感怀中，有着无法驱散的空幻如梦之感，即使识见高超如杜牧亦不能免之。"六朝文物草连空，天淡云闲今古同。鸟来鸟去山色里，人歌人哭水声中"③，杜牧的咏史深邃而浑茫，动人心魄。然无论给出多少关于历史人物的评价，或有关于历史兴亡的解读，如若无法给予一个超越于历史之上的解读，历史的价值即使在经验上有效也无法获得稳定的依据。理学重分析、批评的思维方式，使宋人的咏史有明显的好议论、好翻案的特点。但对于人物及德性的关注，却多少影响了其史观的深度。

理学所面对的挑战，在朱熹的历史观念中，始有更见深度的回应。朱熹论述历史有邵雍"元会运世"影响的痕迹，但其常自"势"之体察立论，言事势、时势而以"理势"最为关键。"理势"既包含了事势与时势所包含的事件发展的现实与必然，也明确了连接事实与价值的诉求。④ 历史的兴亡有非人类所能彻底

---

① 程颢、程颐撰，王孝鱼点校：《二程集》，第232页。
② 程颢、程颐撰，王孝鱼点校：《二程集》，第285页。
③ 吴在庆校注：《杜牧集系年校注》，第352页。
④ 赵金刚：《朱熹的历史观》，生活·读书·新知三联书店2018年版，第178—179页。

明了的"气运"影响的因素，但无论历史展现出何种形态，道（理）则亘古如新，仁义礼智之性、君臣夫妇之伦无一日或歇。[①] 故而，历史不只是人来人去的流转与治乱兴亡的更替，而是人对于道的承续。虽然道的呈现有晦暗之分，然历史却由之有了明确的价值。对于道的承续，意味着人生存于古往今来的传统，生活于以家庭为中心的关系结构中，历史是时间的承续，也是空间的展开。[②] 历史因圣贤、经典、礼乐的存在，而具有明确的价值即文明创造的意味，人生于天地与世代之间，当学为圣贤，尽仁尽智，知几识几，以理成势，使得历史朝向符合价值的方向演进。"胡马无端莫四驰，汉家元有中兴期。旄裘喋血淮山寺，天命人心合自知。"[③] 天命人心即是历史承续的依据所在，天道不亡、人心不灭，历史则必以拨乱归治为其根本趋向——"今朝试卷孤篷看，依旧青山绿树多"[④]。

结　语

禅宗有关色空、无相之我、刹那的观念，为唐诗意境说的生成提供了认识论的基础。意境说的流布与中晚唐人生命体验的叠加，形成了此一时段气象衰飒的诗风，亦改造了时代的知识风气与认知惯习。故而儒学对于佛教挑战的回应，自诗学领域而言，即为在新的认识论的基础上转化意境说的内涵。相较于中晚唐儒学依赖于现实经验与回眸传统的路径不同，理学则以天理的体贴为新的意境说的生成提供了认识论条件，也使得宋型的意境说具有了对于宇宙万物新的识见与体悟，生命的安顿与历史的价值亦有了稳定的基础。而意境说在"唐—宋"间的转化或扩容，则提醒自"意"的视角考量意境理论的必要，由此意象、意境、境界方能得到较贯通的理解。

---

① 朱杰人等主编：《朱子全书》第 22 册，第 3739—3740 页。
② 孙向晨：《生生：在世代之中存在》，《哲学研究》2018 年第 9 期。
③ 朱杰人等主编：《朱子全书》第 20 册，第 289 页。
④ 朱杰人等主编：《朱子全书》第 20 册，第 553 页。

The Challenge of Zen's Concept of Artistic Conception to Confucian Poetics and the Response of Neo-Confucianism

Liu Shun   Zhang Xiaolei

Abstract: Although the generation of artistic conception in the Tang Dynasty is influenced by local ideological resources, the role of Zen Buddhism is more direct. Zen's concepts of nothingness, animitta and ksana provide a epistemology basis for the generation of artistic conception theory of Tang poetry. The response of Confucianism to the challenge of Buddhism, from the perspective of poetics, is that transforming the Connotation of artistic conception on the basis of new epistemology. Compared with Confucianism in the Middle and Late Tang Dynasty relying on practical experience and tradition, Song-Confucians provide epistemology conditions for the generation of the new artistic conception theory with the consideration of the heavenly principle, that is, the living principle. It makes the theory of artistic conception in the Song Dynasty gain a new understanding and insight into the whole creation, and the settlement of life and the value of history have also established a stable foundation. The transformation or expansion of the theory of artistic conception between the Tang and Song dynasties reminds us of the necessity of considering artistic conception from the perspective of meaning, from which imagery, artistic conception, and realm can be understood more comprehensively.

Key words: Artistic conception, Zen Buddhism, The living principle, Epistemological foundation, Neo-Confucianism

渔樵文化意象的存在论解读

王海涛　梁　宇*

摘　要：渔樵是中国特有的、蕴含丰富的文化意象。渔樵的真实生存境遇与文人想象不同，并非全然诗意的。渔樵是自然而然地栖身于大地的存在者，其自由超脱体现在日常生活中。渔樵是出世的道家，但熟悉儒家文化，其言江山兴废指向天地大道，是对存在的敞开和去蔽。山水选择了渔樵，渔樵照亮山水。渔樵在山水时空中遨游悟道，与山水时空和合共生而成就生命共感的时空哲学。

关键词：渔樵　生存境遇　历史　言说　山水时空

渔樵作为中国独有的传统文化意象被研究者关注是晚近的事，但其源流可追溯到上古时期，其文字记载则见于《周易》《诗经》《楚辞》等先秦著作。渔樵之所以重要是因其与中国文化乃至人类生存的深刻关联。张文江指出："中国文化有所谓天地人三才，渔是依靠水的，樵是依靠山的，山模仿天，水模仿地，天地山水的合一于人就是渔樵，所以不能单单是渔，也不能单单是樵。从生存根源上，渔樵既是远古的，也是未来的。只要人类存在，渔樵总是缺少不了的。"[1] 赵汀阳则从哲学角度将历史、山水和渔樵统一分析，深入挖掘了渔樵的哲理内涵。但渔樵意象的意蕴尚有一些待阐述之处，本文即接续研究之。文化视野中的渔樵不是某个人，而是一类人，是得道高人。渔樵不是文学虚构的形象，而是中国文化史上的特殊存在者，是传统文化的言说者和传承者，已成为

---

* 作者简介：王海涛，男，1976 年生，山东高唐人，文学博士，湖州学院人文学院教授，硕士生导师，主要研究方向为中国美学与文化。梁宇，女，1995 年生，河南信阳人，上海师范大学人文学院博士，主要研究方向为中国现当代文学。

① 张文江：《古典学术讲要》，上海古籍出版社 2010 年版，第 190 页。

传统文化中蕴含丰富的意象，具有不容忽视的文化价值。就渔樵的存在价值而言，从生命哲学角度切入研究是合适的，本文即从渔樵的生存境遇、言说内容、山水时空等方面阐释其作为自由存在者的文化内涵。

一、渔樵之生存境遇

且跳出后世的种种想象性解读或再度塑造，仅将渔樵作为现实的存在者审视，最初的渔樵并不是文人们想象中的逍遥自在者，只是同农夫一样的普通劳动者。这样的渔樵身上并没有多少值得探究的哲理意蕴，而这一劳动者身份在后世文人化的渔樵那里延续着，否则就是另外的存在者了。因而，问题首先是为什么是渔樵而不是其他劳动者被赋予了那么多内涵，渔樵的身份到底有何特殊性？历代田园诗有不少是书写农耕生活的，这是自《诗经》以来的传统。以农耕为代表的田园生活自然淳朴，当然会激发人们对原始朴拙生活的向往，但其明显与渔樵不同。传统中国是农耕社会，农业是根本，渔樵是辅助。但不应过于执着主次之分，因为劳动有分工，生活也有多种需求。一个人不能只吃粮食，更不能不生火。何况渔樵和农夫在最初也并不是截然分明的，而是身份重叠的。一个农夫既会种地，也会打鱼砍柴。只是随着文明进步和社会分工，渔樵才和农夫分离而成为从事单一活动的劳动者，而且即使如此仍不妨碍渔樵间或也会从事其他活动。因此，渔樵身份演化中的关键是其获得相对独立性存在之后，后世感兴趣的也是此一点。由此才可以再来讨论渔樵身份的特殊性。

与农夫相比，渔樵似乎没有那么辛劳，而且出入山水之间，多了几分诗情画意。但这多半出自后世文人的想象，或曰文人们倾向于将渔樵想象为他们喜欢的样子。事实上，渔樵的劳动强度并不见得小，而且长期游走于山水之中也未免单调。当然，也有文人有不同的描摹："浪淘淘，看渔翁举网趁春潮，林间又见樵夫闹。伐木声高，比功名客更劳。虽然道，他终是心中乐。知他是渔樵笑我，我笑渔樵？"（薛昂夫《殿前欢·春据危阑》）渔樵并不是看上去那么逍遥自在的，其心中乐与表面劳是一体的。这样的认识庶几接近渔樵的本来面目。再者，与农夫一样，渔樵也是底层劳动者，要忙于生计，并不是可以随便乐逍遥的。他们即使有空余时间谈今论古，也是闲暇时的生活点缀，并非生活常态。而且，有能力谈今论古的渔樵毕竟是少数。当然，不能以时间和人数多寡否定渔樵的特殊性。问题正在于，文人们为何没有把谈今论古和逍遥自在的期许赋予农夫，而是赋予了渔樵？归根结底，渔樵还是具有农夫所不具有的身份表征，即与山水为伴，与自然为邻。自然向为中国传统文化所重，老庄思想更是对传统自然哲学的传布影响深远。一个有意味的例证是《桃花源诗并序》。桃花源里"阡陌交通，鸡犬相闻"，一派农耕景象，而发现桃花源的却是一个以捕鱼为业的武陵人。陶渊明所欣赏的是桃花源里"怡然有余乐，于何劳智慧"的自然生活，而其前提则是"奇踪隐五百"之"隐"。没有"隐"就没有桃花源。那个渔夫再去找也找不到了，因为它"一朝敞神界"后"旋复还幽蔽"了。如果能找到，桃花源就不成其为"世外"桃源了。渔樵身份的特殊性也正在与"隐"的关联。这当然不是说渔樵都是隐士，而是说渔樵的身份特征更容易让人把他们和隐逸生活联系起来，而隐逸生活是许多文人所向往的。因为"名利秋霜，荣华朝露，富贵浮云"，所以"厌听喧嚣，甘心寂寥，抛却功名，管领渔樵。想英雄四海为家，楚尾吴头，海角天涯"（汪元亨《折桂令·归隐》）。有些渔樵的确可能是隐居的世外高人，这自然是后人追慕的主要对象。即使是作为普通劳动者的渔樵，即那些没有多少文化，甚至不识字的渔樵，也是后人思虑的对象。后人的思维逻辑是渔樵—山水—隐逸—自由，而自由正是人类共通的价值追求。不论是饱读诗书的文化人，还是生活艰辛的普通百姓，在此一点上概莫能外。这也是渔樵意象经由士大夫的塑形而被民间社会广为接受的缘由，各种版本的"渔樵耕读"题材的民间创作就是代表，只是将耕读与渔樵并陈则可见普通百姓显明的功利诉求。

渔樵的具体生存境遇又如何呢？其真实生存境遇应与文人的想象存在差异，必定不是全然诗意的。这就如同佛教徒的生活，在俗世之人看来是清心寡欲的、淡泊宁静的，但也有孤灯清影的悲苦寂寥，只有高僧能不以苦为苦。这也是文人们大多只能旁观仰慕，而不能化身渔樵的原因。尽管如此，不论是得志的、失意的或得志后又失意的，又或者失意后重又得志的，文人墨客心中多有渔樵情结，愿与渔樵为侣，浪迹江湖两相忘，其心绪书之诗词意皆近之，如"石湖烟浪渔樵侣"（范成大《惜分飞》）、"青山人独自，早不侣渔樵"（张炎《临江仙》）、"我是渔樵侣，已趁白鸥归，长江自在飞"（邓肃《菩萨蛮》）等。尽管如此，普通文人的可悲之处在于待到仕功不成方念渔樵，俨有追悔之意，所谓"问渔樵、学作老生涯，从今日"（杨炎正《满江红》），可见心有渔樵身难近。明代中后期的山人群体大多如是。纵有天赋如苏子者，"渔樵于江渚之上，侣鱼虾而友麋鹿"（苏轼《前赤壁赋》）亦偶得之，非长久也。而渔樵则平时打鱼砍柴，闲来谈天说地。谈天说地对渔樵来说是逸兴，看似是生活的点缀，实则不可或缺。这是渔樵不同于其他劳动者的标志。之所以是渔樵，是因为渔樵似乎有更多的业余时间，其生活至少看上去没那么艰辛，尽管实际情形并非如此。渔樵常独来独往，但也有师友交游。他们的谈今论古总有诉说的对象，而且这对象可以多元。当然，渔樵隐没于山水之间，独与天地精神相往来时就不需要倾听者了，那应该是他们弃绝俗世、息心遨游的时刻，也是其遗世独立的常态，其种种感悟大多来自此时。渔樵必有所思所悟方能有所言说，而其所思所悟或由读书而来，或为纯思。

渔樵的生活是有诗意的，他们诗意地栖居在大地上。依海德格尔，人的栖居就其本源而言就是诗意的，而所谓诗意正是归属于大地，而非超出大地。渔樵与大地（山水）的关联是源始的，不是投身大地，而是本就在大地之上。选择离弃大地的必非真渔樵，如某些借栖隐而沽名钓誉者。渔樵忘情于山水之间，是自然而然地存在于大地上的存在者。但渔樵的家在哪里？难道他不需要一个住所吗？在传统诗文中极少涉及渔樵的家。当然，我们可以想见渔夫以船为家，樵夫也有自己的茅屋。不过，海德格尔认为这个现实的家不是最重要的，因为"栖居的真正困境并不只在于住房匮乏。……（而）在于：终有一死者总是重新去寻求栖居的本质，他们首先必须学会栖居"[1]。诗意地栖居才是最重要的，大地就是家园。海德格尔有些理想化了，有些刻意回避谈论现实之家。故张祥龙指出："海德格尔在讨论人的栖居时，回避正面阐发栖居与家居的关系，是一个重大缺陷，反映出他的'存在论的区分'中隐藏的一个根本性问题，即缺少判断什么样的存在者与存在本身有血脉关联的能力，因而在这个问题上带有较强的任意性。"[2] 栖居离不开家居，二者本为一体。从中国哲学看，这就是体用一源、道器不离。失去家居，栖居将无处安放。栖的本义是太阳落山，鸟类归巢。正如巢是鸟的家，屋舍是渔樵的家。渔樵的自由超迈就体现在其日常生活中，这当然也包括其家居生活。但家居生活属于私密空间，旁人无法真切了解，只能推

---

① 海德格尔著，孙周兴译：《海德格尔选集》，上海三联书店1996年版，第1204页。
② 张祥龙：《复见天地心——儒家再临的蕴意与道路》，东方出版社2014年版，第150页。

想。后世之描摹对于渔樵的家庭、家人等具体情形，同样付之阙如。人们能够通过各种文艺形式间接观照的是渔樵的家园，能够感受的是渔樵的家国情怀。渔樵的家园自然是山水田园，而其家国情怀则体现于其谈古论今之中。渔樵或许为消灾避祸才选择以山水为邻，远离尘世纷扰，特别是权力倾轧。他们或许远离政治，脱离主流，但仍不妨碍其心怀天下，其谈古论今即是表征。"古今多少事都付笑谈中"，渔樵笑谈古今、品藻人物，但实难完全置身事外。身处江湖之远而忧庙堂之高或许是一部分渔樵的真实写照。严格来说，这部分渔樵算不得真渔樵，因为他们不是真超脱。但问题是，渔樵既要谈今论古，就难免与外部世界发生关联，甚至纠葛和祸殃。难道作为智者的渔樵会不知道祸从口出的道理吗？他们是明知而故言，因为他们处身江湖，心存沟壑，仍有意难平之处，不吐不快。渔樵毕竟不是出家的僧人，也不是炼丹服药的道士。他们的生活环境与普通人没什么不同，只是心态不同，见识有异。他们身上仍有烟火气，不遗世以独立，而是就在朴素无常的生活中悟道、言道。"砍柴担水无非妙道""百姓日用即道""平常心是道"等等道理，想来他们是懂的，但他们并不刻意于此。

二、渔樵之所言说

"多少六朝兴废事，尽入渔樵闲话。"（张昇《离亭燕·一带江山如画》）渔樵之所思未必都在与人交流时吐露于外，更多的是隐而不宣。这倒不是渔樵不想有所说，而可能是意识到言不尽意或有所禁忌，故不便付诸言说。秘而不宣不是所有渔樵的选择，总有渔樵热衷言说。实际上，正是言说而非全然隐没才成就了渔樵的似隐非隐的独特魅力。不论是屈原还是孔子所见的渔樵都有所言说。而就言说而言，渔樵之间的机锋对答是最具意蕴的。正是二者之间的交流使他们抵近生活状态的至高境界，这可从邵雍的《渔樵问对》中想见，尽管那也是文人化的情境预设。高山流水遇知音，渔樵二者互为理想的倾诉者和倾听者。但作为前提的一个问题是渔樵为何想要言说？然后才是他们所言说者以及如何言说？渔樵想要言说或许有要说的理由，但并非一定需要理由。若渔樵是得道高人，以他们的识见，必定言于所当言，止于所不得不止，断然不会喋喋不休。当然，他们自有畅谈之时。"月底花间酒壶，水边林下茅庐。避虎狼，盟鸥鹭，是个识字的渔夫。蓑笠纶竿钓今古，一任他斜风细雨。渔得鱼心满愿足,樵得樵眼笑眉舒。一个罢了钓竿,一个收了斤斧。林泉下偶然相遇,是两个不识字渔樵士大夫,他两个笑加加的谈今论古。"(胡祗遹《沉醉东风·渔得鱼心满愿足》)这或许是对渔樵生存状态和言谈举止的最到位的描绘了。这里值得注意的是诗人所描画的渔樵有识字的,有不识字的,然皆处事淡然,随机应化。其实,不识字并不妨碍渔樵成为别样士大夫,谈今论古也不一定需要识字,不识字的民间高士代不乏人。人类文化在相当长的一段时间之内是以口耳相传的形式传承的,至今仍有许多民间技艺采取这种形式。而且,思想的深度和广度也并非总是取决于读万卷书,行万里路、听百家言同样重要,且或许更重要,因其尤能补文字记载之不足。或许有好事者将渔樵闲话整理成文,以便传布久远,这会成为民间野史资料。但更多的渔樵对答必定因其私密性、随意性、间隔性而湮没无闻。书之简帛尚且难免散失,口头表达就更难传之久远。不过,这或许正是渔樵之福。

可以想见,渔樵的言说内容应该宽泛得多。或许会说说家长里短、柴米油盐,或许会谈谈亲朋故旧、夏雨冬寒,又或如陶渊明那样"相见无杂言,但道桑麻长"。他们的生存环境的原始决定了其生活状态的淳朴,进而决定了其言说内容和言说方式的自然。当然,后人感兴趣的还是渔樵们谈今论古所显示出的智慧之光和快意人生。其缘由在于智慧是难得的而快乐自得的人生更为难寻。每个人都有人生感悟,但多数人远谈不上有智慧。因为那需要高度、深度和广度。而快意人生、臧否古今就更为常人所难以企及。那不是随便说说,聊供一哂,而是要发旷古之幽思,论当下之是非。前者已属难能,后者尤为可贵。可贵在于不仅能言之切理,还要敢言他人所不敢言。正是这后者非一般人所敢为。古往今来饱学之士多矣,能逆鳞劝谏者凤毛麟角,个中缘由自不必多说。渔樵的能说敢言正是吸引众多文人之隐秘所在。文人们在诗画中塑造渔樵,也是借以浇自己胸中之块垒。己固不能,但可寄望于渔樵模样的能者。只是如此一来,渔樵的本来面目就被或多或少地遮蔽了。

从后人的描摹来看,渔樵好谈兴亡故事,特别是三国故事。"墓田鸦,故宫花,愁烟恨水丹青画。峻宇雕墙宰相家,夕阳芳草渔樵话,百年之下。"(张可久《拨不断·会稽道中》)此与"西风残照,汉家陵阙"(李白《忆秦娥》)、"伤心秦汉经行处,宫阙万间都做了土"(张养浩《山坡羊·潼关怀古》)同一机杼。渔樵的兴亡之感正是源自盛极必衰和浮名易逝的历史感悟。有兴必有亡,有亡必有兴，此番道理寻常人亦明了，但功成身退、兴时言亡却非常人所及。常人并非不明就里，而是为执念所困、为浮名所累难以释然。海德格尔所批判的流俗的死亡观及鲁迅所揭示的世人讳言亡故就是这种观念的代表。渔樵的可贵之处正在于置身事外，笑看沉浮，冷眼观史。为何三国故事成为渔樵的常说话题？因为三国时期兴废转换急剧、故事性强、民间广泛传播有群众基础。值得注意的是，宋代既是渔樵书写的高峰期，也是转变期，即由前代对三国人物的称颂转为揶揄，以三国人物的劳碌不觉反衬自身的超脱达观。这与宋代的积弱和思想领域的三教合流紧密相关。渔樵之被广泛关注，正是契合了宋代文人的思想旨趣。元代延续了这一书写理路。这主要与汉族诗人身份认同的缺失和对异族统治无力抗争的无奈有关。"周公瑾，曹孟德，果何为？都打入渔樵话里。"（宋方壶《梧叶儿·怀古》）浮生若寄，功名尘土，难觅踪迹。"辅汉室功成卧龙，钓磻溪兆入飞熊。世事秋蓬，惟有渔樵，跳出樊笼。"（王举之《折桂令·鹤骨笛洗闲》）这是想要"跳出樊笼"，不为功名所扰，不再汲汲于建功立业，而淡然处世。在宋元士人对渔樵和历代英豪的一褒一贬之间可以略窥时代文化风尚的迁移。这并不是要以偏概全，只是意在指出文脉变迁之大略。人们尽可以举出相反的例证，比如豪气干云的辛弃疾。但即便是幼安先生也有一些歌咏渔樵的诗作，比如"问斜阳犹照，渔樵故里，长桥谁记，今故期思"（辛弃疾《沁园春·有美人兮》），亦有"是非成败转头空"之慨；相近的还有："关将军美形状，张将军猛势况，再何时得相访？英雄归九泉壤，则落的河边堤土坡上钉下个缆桩，坐着条担杖，则落的村酒渔樵话儿讲"（关汉卿《关张双赴西蜀梦》）、"江山如画，茅檐低厦，妇蚕缲、婢织红、奴耕稼。务桑麻，捕鱼虾，渔樵见了无别话，三国鼎分牛继马。兴，休羡他；亡，休羡他"（陈草庵《山坡羊·江山如画》）等。这正是山河兴废有时移，闲卧笑谈了无迹。这并非是说渔樵看破红尘、六根清净，而是说渔樵言说但不耽于言说。真渔樵必定不是入世的儒家，而是出世的道家。"看一卷道德经，讲一会渔樵话，闭上槿树篱，醉卧在葫芦架，尽清闲自在煞。"（乔吉《玉交枝·闲适》）渔樵是受道家思想滋润的，他们与道家的关联是天然的。所以，渔樵历史观与主流历史观的冲突体现的是儒道两种思想的殊途。这倒不是说渔樵不了解儒家，而是相反，渔樵正因了解儒家而不谈儒家之道。儒家固然关注古今兴废，因为他们要以史为鉴治乱安邦。渔樵之言兴废不是关注兴废本身，他们在意的是兴亡之道及其指向的天地大道。"金玉满堂，莫之能守；富贵而骄，自遗其咎。功遂身退，天之道也。"（《老子》第九章）这个"天道"才是他们在意并寻求彻悟的。"天地之间，其犹橐籥乎？"（《老子》第五章）这才是他们深刻反思所获得的历史之道。在渔樵那里，历史变迁之道指向天地运行之道并最终合二为一。所以，渔樵说古今就是话沧桑，就是言正道。渔樵谈天说地本就是分内事，本就是存在的敞开和去蔽。这也是他们之为智者的根由。老庄自然不是后世所谓渔樵，但已有与渔樵相关之处。主张"治大国若烹小鲜"的老子应该对捕鱼并不陌生，《庄子·秋水》中则有"庄子钓于濮水"的记载。庄子"临渊羡鱼"引发与惠施的"濠梁之辩"、《庄子·山木》所载他与樵夫的对话等更是表明他与渔樵生活是亲近的。循此推想，渔樵不仅会接受老庄的思想，而且可能会追摹其言谈举止。对此，我们既可在后世诗文描述中想见之，也可在历代绘画中直观之。如此一来，老庄所论话题就自然会出现在渔樵的言说之中。于是乎，老子说"功遂身退"，渔樵有之；庄子说"无用之用"，渔樵有之。只是渔樵言说的归结之点是天地之道，其他方面的言说皆环绕于此。这样看来，渔樵的闲说就不是无谓的闲话了，而是得道真言。但与老庄（特别是老子）不同的是，渔樵谈论天地之道却出之以寻常百姓言，带有浓厚的生活气息。这自然与其身份相关，更与其对言说方式的选择有关。须谨记，渔樵生活在底层，其所言说是民间之发声。这一方面为民间言说开辟了通路，另一方面也使社会分层有所弱化。这大概也是失意文人们爱慕渔樵并诉之笔端的原因之一。百姓并非皆草莽，博学鸿儒看不穿。老庄之言说当然也常取譬日常事物，但其与普通百姓还是多少有些隔膜的。渔樵则不然，他们本就是普通百姓，本就与底层民众相得无间，故其所言说及言说方式均为百姓所喜闻乐见。事实上，渔樵最惯常的听众是普通百姓，这也就决定了渔樵之所言说并非题材固定的，更不是主题先行的。这倒不是说渔樵不得已而迁就听众，而是他们本就有所言说，而其所说也是普通百姓所乐意接受的。这也决定了渔樵之言说不能莫测高深，而是要采取雅俗共赏的方式。之所以说雅俗共赏，而非通俗易懂，是因为渔樵的听众中或有民间高士，而吸引高士们倾听则更要言之有物、鞭辟入里。

　　如此看来，渔樵必是言谈高手，必深谙言说艺术。但他们与说唱艺人不同，后者大多是托古演义，而渔樵则是通古今之变、成一家之言，其或会借古讽今，但切要之处则在推阐天地之道。渔樵之为得道高人之"道"在此。我们联系屈原《渔父》中的渔父所言当更能明乎此。司马迁将之写入《屈原列传》，可见对其真实性是确认的。屈原认为"举世皆浊我独清，众人皆醉我独醒"是自己忠而见放的原因，而渔父主张"世人皆浊，何不淈其泥而扬其波？众人皆醉，何不哺其糟而歠其醨"。渔父所表达的是典型的老子"和其光，同其尘"（《老子》第五十六章）的思想，与屈原迥然不同。老子所谓"俗人昭昭，我独昏昏；众人察察，我独闷闷"（《老子》第二十章）亦与屈原所谓"安能以身之察察，受物之汶汶者乎"针锋相对。渔父跟屈原谈的是处世智慧，是如何在浊世中自我开解。易言之，渔父是要解除屈原思想上的障蔽，但没有成功，因为二者的思想分歧太大了。后世景仰屈原的高洁，而拒斥渔父的圆滑。但究极而言此一论题实难解，故太史公才会慨叹"及见贾生吊之，又怪屈原以彼其材游诸侯，何国不容，而自令若是！读《鵩鸟赋》，同死生，轻去就，又爽然自失矣"。我们这里要说的是，渔父的处世之道是以其天地大道为依归的，与老子思想相符。于此可见，渔樵虽极超悟，但还是难以劝解他人。这大概是渔樵所困惑的，但仍不妨碍其继续言说。这并非好为人师，而是不得不发，是渔樵存在价值的体现之一，而这正彰显出他们介乎入世与出世之间的存在维度。前文所论及的渔樵之"隐"亦当作如是观，绝非可与一般所谓隐士等同者。真渔樵之"真"即此意。《庄子·渔父》中的渔父正是这样的真渔樵。他批评孔子"仁则仁矣，恐不免其身；苦心劳形以危其真"，为孔子讲解"人有八疵，事有四患"，最终提出"法天贵真，不拘于俗"的哲理。依渔父，礼与真背离，"礼者，世俗之所为也；真者，所以受于天也，自然不可易也"。"真"是天赋自然，违之必失。这从渔父的姿态亦可见出。"杖挈逆立"，看似骄慢，实则自然，这与后世诗画中所描绘的渔父形貌正相符合。不为礼法所拘，不被世俗所乱，这方是真渔樵的品性。不拘礼法，并非不谙礼法，更非不言礼法。渔父对孔子剖示"天子诸侯大夫庶人，此四者自正，治之美也，四者离位而乱莫大焉"，透辟入理，非真知者不能言此。在这一点上，渔樵与老庄是一致的，都熟悉儒家思想，但并不认同，而是通过批判借以确立自身思想。但应明确，儒道思想同是渔樵的思想资源。从儒道思想的共生（互补是建立在共生基础上的）角度看，渔樵同时出现在儒道著作中就不足为奇了。比如，《孟子·离娄上》就引用了先秦的《孺子歌》，并借孔子之口说"清斯濯缨，浊斯濯足矣，自取之也"，表达了善恶咸由自取、反求诸己的思想。

三、渔樵之山水时空

山水在中国文化中不仅是自然景象，更是蕴含丰富的哲学意象。渔樵与山水为邻，以山水为伴，自然会感悟到山水的哲理内涵，也自然会在山水时空中遨游悟道。姑不论其怎样悟道，但可明确非王羲之所谓"从山阴道上行，如在镜中游"那样的纯粹审美感悟所能限隔。"落叶下萧萧，幽居远市朝。偶成投辖饮，不待致书招。塞雁冲寒过，山云傍槛飘。此身何所似，天地一渔樵。"（殷尧藩《过雍陶博士邸中饮》）自在天地间，纵横宇宙中，正是渔樵的真实生活场景。此当可与陶渊明所谓"纵浪大化中，不喜亦不惧"（《形影神》）相仿佛。"十室对河岸，渔樵祇在兹。青郊香杜若，白水映茅茨。昼景彻云树，夕阴澄古逵。渚花独开晚，田鹤静飞迟。"（李颀《不调归东川别业》）此番种种虽为文人所怀想，但其朴拙自然当与渔樵为近。

或许不应说渔樵选择了山水，而应说山水选择了渔樵。山水需要一个敞开自身的通路，而渔樵是最佳人选。这不只是因为渔樵本就栖身于山水之间，与山水有着天然的关联，更因为渔樵对山水有超出自然物象的形而上感悟。"怀往事，渔樵侣。曾共醉，松江渚。算今年依旧，一杯沧浦。宇宙此身元是客，不须怅望家何许。但中秋、时节好溪山，皆吾土。"（范成大《满江红·罨画溪山》）人被抛入世界，虽在世界中存在，但元是客居，本非恒久。想来这也是渔樵对人生的基本认识。这自然不是对所有渔樵而言，而是仅指向得道的真渔樵。渔樵之所以能借山水以悟道是以山水的品性为前提的。山水是实存与超越的统一，它在世界中又远离人间烟火，它亘古如斯又变化万千，它通联大地又指向苍穹。"只有山水既是超越的，又在社会生活的近处，所以山水是人能够借得超越角度去观察历史的最优选项。山水也因此被识别为形而上之道的显形，具有可经验的超越性，因而暗喻面对社会和历史变迁的不动心见证者和旁观者，也就是以道的无限尺度纵览万事百世的观察者，在这个意义上，山水在中国历史中成为了历史之道的观察坐标，也成为以历史为本的精神世界的一个超越视野标识。"①现代人向往生活在别处，无非是要摆脱俗世纷扰，而渔樵本就生活在别

---

① 赵汀阳：《历史·山水·渔樵》，生活·读书·新知三联书店 2019 年版，第 69—70 页。

处。这个别处就是在世又超世的山水时空。山水的哲理化在《周易》里就有体现，坎为水，艮为山，是《周易》宇宙观的一部分。孔子所谓"仁者乐山，智者乐水"、老子所谓"上善若水"则在继承传统的基础上将山水进一步人格化、哲理化。深受传统文化影响的渔樵在山水中开启哲思实出自本然。但对山水的更自觉的观照则要到魏晋时期，如宗白华所说，"晋人向外发现了自然，向内发现了自己的深情。山水虚灵化了，也情致化了"①。这在山水画中表现为山水风物成为主导，包括渔樵在内的人物隐没，退居为千里江山中的微小存在者或全然消隐。虽然如此，人依然是山水的观照者，"美不自美，因人而彰"，渔樵就是照亮山水的典型代表。首先是渔樵而非文人墨客，才是山水的最早发现者和思考者。

还是让我们回到渔樵所身处的最原初的山水时空。山水与风景不同，风景带有明显的人化色彩，而山水首先是自在的存在物。古代有许多山水诗，有山水田园诗派，但多半都是把山水作为风景观赏的，或者说山水成了诗人们借以书写自身情感的对象。这是《诗经》以来的比兴传统，与楚辞的香草美人隐喻共同成为古典文学的主要书写方式。"行到水穷处，坐看云起时"，一个"看"字就隐然有观照者在，不能与山水融合为一。"相看两不厌，只有敬亭山"是"相看"，境界极高，有突破主客对立的取向，但考虑到是失意的李白一抒愁绪，就不那么超逸了。对于绝大多数文人墨客而言，山水只是暂时的休憩之所，而非交融共在的生命之场。这个生命之场是开放的，也是闭锁的；是无界的，也是有限的。对渔樵而言，山水始终是开放的、无界的。山水的此种特质内化为渔樵的心胸并通过渔樵的言行表现出来。渔樵心有沟壑是因为山水本有沟壑，渔樵慷慨多气是因为山水本自云气氤氲。渔樵智而善言，但并非知无不言，亦因山水钟灵毓秀又深藏内敛。即使是渔樵也未必尽览山水形胜，也仍被山水所环绕，诚所谓"不识庐山真面目，只缘身在此山中"，这正是山水之超越性的形象显现。山水的超越性不仅体现为现实时空的延展，映衬出人类的渺小——"只在此山中，云深不知处"，更体现为抽象时空的无垠——"人生代代无穷已，江月年年望相似"。

在中国哲学中，山水不仅指向无垠的时空，而且形而上化指向道。以山水喻道是儒道的共通传统，只是二者所言之道有别。"譬道之在天下，犹川谷之于江海"（《老子》第三十二章），这是道家的山水之道；"夫水……其洸洸乎

①　宗白华：《美学散步》，上海人民出版社1981年版，第183页。

不渴尽，似道"(《荀子·宥坐》)，这是儒家的山水之道。就山水可通联大道而言，儒道有相近的认知。"夫圣人以神法道，而贤者通；山水以形媚道，而仁者乐"(宗炳《画山水序》)则与儒家山水之道为近。一个"媚"字显现出山水的灵动可爱，即"山水质有而趣灵"。渔樵最熟悉山水的灵动之处，并将之内化于心。山有四时荣枯，水有五方盈虚。"真山水之烟岚四时不同，春山淡冶而如笑，夏山苍翠而如滴，秋山明净如妆，冬山惨淡而如睡。"(郭熙《林泉高致·山水训》)山水自然灵动，令人应接不暇。"夫玄黄色杂，方圆体分，日月叠璧，以垂丽天之象；山川焕绮，以铺理地之形：此盖道之文也。"(《文心雕龙·原道》)山水与道的关联是天然的，山水正是道之文，渔樵因以缘山水以悟道。"若乃山林皋壤，实文思之奥府，略语则阙，详说则繁。然屈平所以能洞监风骚之情者，抑亦江山之助乎！"(《文心雕龙·物色》)山水助屈子，亦助渔樵。渔樵之情采文思得之山水多矣。渔樵与山水是双向敞开的关系，但山水最终需要渔樵照亮和开显。有渔樵的山水是灵秀的，有山水的渔樵是通脱的。

　　但山水与渔樵并非总是诗情画意的关系，还有霜风雪雨、歧途荆棘。这在塑造渔樵坚忍品格的同时，也会引发他们对人世坎坷、世事无常的慨叹。"行路难，行路难，多歧路，今安在？"(李白《行路难》其一)这应该是渔樵常有的感触，这也是我们不能仅以闲逸目的的因由之一。还有更重要的另一面，"叹西风卷尽豪华，往事大江东去。彻如今话说渔樵，算也是英雄了处"(冯子振《鹦鹉曲·赤壁怀古》)。此曲与杨慎的《临江仙·滚滚长江东逝水》均取法苏轼，同将渔樵置于博大的历史时空中展现其旷古胸襟。渔樵对大道的理解当于"林中路"获益良多，进而由道路跃升到大道。渔樵将道路与大道融合为一，由道路悟大道，依大道行道路，如陈嘉映所说"行之于途而应于心"。依大道而行是渔樵的信念，也是他们的精神支撑，否则渔樵或难在山水之间安之若素。渔樵从栖身山水到寄情山水乃至忘情山水必然要经过复杂曲折的历程，得道之路永非坦途。其间的艰辛自然不足为外人道，个中况味也难于言说。后人对得道之人的描述往往只看到其超越群伦之处，而忽略其得道的过程，因而实难由之获得证悟。宗门中人总有师承，哪怕只是棒喝也是开悟的重要凭借。而渔樵独来独往，没有可资凭借之人。他们或曾读书，甚或手不释卷，但更多的是从山水灵气直接获致哲思，对于不读书的渔樵就更是如此。山水本是一部大书，是宇宙这部大书的缩略版。渔樵立足山水，可以仰观天象、俯察迷津，可以由山水贯通宇宙。山水更迭、星河轮转是渔樵讲说历史的博大参照系，也是他们自身生命感悟的源泉。渔樵懂得"天地不仁以万物为刍狗"，因而忘怀得失、泯除物我。他们之讲说历史不在乎事实，而着意历史之道，而历史之道上接宇宙之道。他们的人生观、历史观、宇宙观是一体的，均是道之表显。山厚重不迁，水周流无滞，渔樵在时空交织中坚守且随顺。山水之气氤氲升腾，清者升、浊者降，渔樵在升降之间呼吸天地之气，了悟气通万物之理。山水滋养万物，万物复归山水，渔樵游走在生死之间通晓方死方生、方生方死的生命哲学。"夫物芸芸，各复归其根，归根曰静，是谓复命"（《老子》第十六章），渔樵由山水"以观其复"，洞明宇宙消长盈虚之常。山水时空中的渔樵和渔樵栖身的山水时空和合共生、了无间隔，成就一种生命共感的时空哲学。

The Ontological Interpretation of the Cultural Image of Yu Qiao

Wang Haitao   Liang Yu

Abstract: Yu Qiao is a unique and rich cultural image in China. The real living situation of Yu Qiao is different from the imagination of the literati, which is not entirely poetic. Yu Qiao is a being who naturally resides in the earth, and its freedom is embodied in daily life. Yu Qiao is a born Taoist, but he is familiar with Confucian culture, and his words point to the road of heaven and earth, which is the opening and unmasking of existence. Landscape chose Yu Qiao, Yu Qiao light landscape. Yu Qiao travels in the landscape time and space to understand the way, and the landscape time and space and symbiosis to achieve the life of the common sense of time and space philosophy.

Key words: Yu Qiao, Living circumstances, History, Put into words, Landscape and space

论中国传统山水画的审美功能

——以"畅神"考释为中心

赵以保*

摘　要：南朝宋宗炳对山水画"畅神"功能的发现，开启了中国山水画作为独立审美对象所具有的本己价值的探讨。其一，山水画具有"以形体道"功能。山水画以形象可感的"形色"呈现抽象玄妙的"道"。其二，山水画具有"澄怀味象"功能。山水画以似无实有的"象"为审美本体，感召观照者超越有限，纵身大化。其三，山水画具有"身份标识"功能。山水画自创作至欣赏要求物我交融、神超理得，非一般画工所能胜任，成为"士人"彰显身份的符号表征。经由宗炳对山水画审美价值的洞见，极大地提升了山水画的画科地位，山水画创作或欣赏成为"士人"自我安顿生命的特殊方式。深入研究中国传统山水画的审美功能，对于弘扬中华传统美学智慧具有启示意义。

关键词：中国传统山水画　审美功能　畅神　美学考释

现有资料表明，"畅神"作为一个词连用最早出现于宗炳的《画山水序》。"畅神"作为美学范畴，是宗炳在为山水画功能辩护中提出的，对"畅神"内涵的准确把握，关系到对中国传统山水画美学特质的深刻理解。宗炳生活的时代，山水画还没有成为独立的画科，一般是作为人物画的陪衬物而存在。从传为顾恺之的《洛神赋图》大致可以了解当时的山水画还非常稚拙，普遍观点认为山水画不过是"案城域，辩方州，标镇阜，划浸流"[①]的实用地理图。因此，

---

　*　作者简介：赵以保，三峡大学艺术学院副教授，文学博士，硕士生导师，主要研究方向为中国美学、艺术学。

　①　王微：《叙画》，卢辅圣主编：《中国书画全书》卷一，上海书画出版社 2009 年版，第 144 页。

在山水画初创阶段，宗炳开始撰文为山水画功能进行辩护，创造性地提出"畅神"概念，在中国山水画美学史上具有开创性意义。

一、"畅神"范畴提出的语境

在宗炳生活的时代，提出山水画具有"畅神"功能，可以说是"洞见"，也因此，张彦远在《历代名画记》中对宗炳评价极高，"谢赫之评，固不足采也。且宗公高士也，飘然物外情，不可以俗画传其意旨"[1]。显然，张彦远不满谢赫对宗炳山水画艺术水平的评价，谢赫在《古画品录》中将其列为第六品，称其画"迹非准的，意可师效"[2]。谢赫生活的时代稍晚于宗炳，所以谢赫的评价是可以参考的。如前文所述，魏晋南北朝时期的山水画简单稚拙，张彦远本人对其也有论断，"魏晋以降，名迹在人间者，皆见之矣。其画山水，则群峰之势，若钿饰犀栉，或水不容泛，或人大于山，率皆附以树石，映带其地，列植之状，则若伸臂布指"[3]。可见，张彦远更多的是对宗炳绘画思想的服膺，进而对其绘画实践也评价偏高。宗炳发现山水画具有"畅神"价值，应该才是张彦远高度评价宗炳的原因所在。

然而，"畅神"虽出自宗炳的《画山水序》，但宗炳并没有对其内涵做进一步说明，加上历代文人对画论文献不够重视，也没有像对"四书五经"一样展开考注。因此，关于宗炳的《画山水序》美学思想的阐发，直至现代学者如宗白华、徐复观、陈传席、葛路、樊波等在各自美学理论著作中才有所涉及。现代学者的《画山水序》美学研究，可以作为阐释"畅神"美学内涵的重要参考，但"畅神"范畴美学内涵的深入理析，还是应立足于宗炳的论证逻辑和《画山水序》文献本身。

宗炳在为山水画价值辩护时，论证逻辑性极为缜密，诚如《宋书·宗炳传》评价其"精于言理"。宗炳在论证山水画"畅神"价值时，逻辑上层层推进，先阐述自然山水具有"体道"功能，进而论证实游自然山水的困境，引申出"卧游"山水画作为替代实游真山真水的权宜之计。为使山水画价值辩护更有说服

---

① 张彦远：《历代名画记》，卢辅圣主编：《中国书画全书》卷一，第 144 页。
② 谢赫：《古画品录》，卢辅圣主编：《中国书画全书》卷一，第 2 页。
③ 张彦远：《历代名画记》，卢辅圣主编：《中国书画全书》卷一，第 124—125 页。

力，宗炳论证山水画不仅如自然山水一样可以"体道"，而且在诱发主体精神自由上，更无可替代，"神之所畅，孰有先焉？"[1] 因此，在深入考释"畅神"范畴美学内涵之前，首先要理清宗炳的论证逻辑。

（一）自然山水具有"与道相通"的"体道"功能。宗炳在为山水画价值辩护之前，从形而上的高度论证山水画的表现对象自然山水的价值。他说："圣人含道映物，贤者澄怀味像。至于山水，质有而趣灵。是以轩辕、尧、孔、广成、大隗、许由、孤竹之流，必有崆峒、具茨、藐姑、箕、首、大蒙之游焉，又称仁智之乐焉。夫圣人以神法道而贤者通，山水以形媚道而仁者乐，不亦几乎？"[2] 陈传席认为此段材料中的"孔"，可能是"舜"之误，将孔子置于道家和神仙家之中，确实突兀。[3] 陈传席也主张宗炳《画山水序》主要继承的还是道家思想，认为自然山水具有表征抽象的宇宙本体"道"的媒介功能。

在道家哲学上的"道"，一方面无形而超验，另一方面又具有形象可感性，通过一定的"形象"显现于现象界。这里的"道"，类似于"天""帝"，圣人之所以为圣人，正在于发现了这一抽象的形而上的"道"，诚如老子所说的，"有物混成，先天地生。寂兮廖兮，独立不改，周行而不殆，可以为天下母。吾不知其名，强字曰'道'"[4]。道家哲学中的"道"，虽为万物母、先天地生，但是它又不同于西方不可认知的"先验存在"，而是在现象界有所显现。在宗炳看来，自然山水之所以备受圣人青睐，正在于其中蕴含"道"，即"山水以形媚道"。

儒家哲学也谈形而上的"道"，如孔子曾说："朝闻'道'，夕死可也。"[5] 儒家的"道"，含有道德伦理含义。儒家经典同样认为"道"也是可以认知的，诚如孟子所说的，"充实之谓美"，在孟子看来，将本体意义上的"道"，内化为个体的自觉行为，就是"美"。[6] 这也就是宗炳所谓的"圣人含道映物"。因此，中国传统哲学认为"道"就蕴含在万物之中，圣人在万物中体察到了宇宙运行的几微，通过"贤者澄怀味像"，"道"是可以被认知的。儒道两家均认为主体通过一定的修为可以达到"道"的境界。儒家强调通过"学"、通过"礼乐"教化

① 宗炳：《画山水序》，卢辅圣主编：《中国书画全书》卷一，第144页。
② 宗炳：《画山水序》，卢辅圣主编：《中国书画全书》卷一，第143页。
③ 陈传席：《六朝画论研究》，天津人民美术出版社2006年版，第102页。
④ 陈鼓应：《老子注译及评介》，中华书局2007年版，第163页。
⑤ 朱熹：《四书章句集注》，中华书局2011年版，第70页。
⑥ 朱熹：《四书章句集注》，第346页。

达到"道"的境界；道家强调"心斋""坐忘"，达到纵身大化、与物推移的"无待"境界。

儒道两家都注意到"道"就在现象界中，通过现象界的具体事物呈现出端倪。自然山水正是可以呈现"道"端倪的具体事物之一，例如孔子说"知者乐水，仁者乐山"①，因为在山水中可以体察出"仁""智"的道德品格。老庄也有大量以"水""婴儿""枯木"喻道。因此，宗炳在《画山水序》开篇，重申传统观念认为的自然山水具有"体道"媒介功能，有力地增加了其论证自然山水价值的历史依据与不可辩驳的说服力。

（二）山水画具有"替代"自然山水的功能。诚如葛路所说的，宗炳在《画山水序》开篇延续传统观念，指出自然山水具有"与道相通"的"体道"功能，不过是迫于传统观念的压力，宗炳的真正目的在于引申出自然山水表现形式的山水画具有的价值。②可见，宗炳的论证逻辑在于，首先延续传统的观念阐述自然山水具有"体道"价值，其次更进一步论证自然山水本身存在审美价值，而非仅仅作为"体道"媒介。

宗炳生活的时代，玄学成为时代主流意识形态，玄学的旨趣以道家思想为主导，诚如汤用彤指出的，魏晋士人虽极力调和儒道，而实际上是"崇道卑儒"③。道家以悠游山林为根本志趣，以自然而然的"天籁"为终极之美。因此，在魏晋南北朝时期，在玄学成为整个社会主流意识形态的背景下，这引发了当时的士人崇尚山野、歌咏自然的热潮。诚如刘勰所说的，"老庄告退，而山水方滋"④。这里的"老庄"指重思辨言理的"玄学"，刘勰这句话的意思显然是指倾向于抽象思辨的"玄言诗"，让位于直接歌咏真山水的"山水诗"。

根据《世说新语》的记载，可知当时"士人"已经从自然山水中体察到山水本己的美，在魏晋士人看来，观照山水所获得的愉悦，并非因为它具有"与道相通"的工具价值，类似于康德的纯粹理性认知，也不是"知神奸""助人伦"的实践理性认知，而是一种纯粹的、本己的形色美。《世说新语》中关于魏晋时期士人对自然山水流连忘返的记载，不胜枚举，如"顾长康从会稽还，人问山川

---

① 朱熹：《四书章句集注》，第 87 页。
② 葛路：《中国绘画理论史》，北京大学出版社 2009 年版，第 42 页。
③ 汤用彤：《魏晋玄学论稿》，上海古籍出版社 2001 年版，第 32 页。
④ 王云熙、周锋译注：《文心雕龙译注》，上海古籍出版社 2010 年版，第 23 页。

之美，顾曰：'千岩竞秀，万壑争流，草木蒙笼其上，若云兴霞蔚'"①。诚如宗白华指出的，"晋人向外发现了自然，向内发现了自己的深情"②，"发现自然"正是从自然山水中发现了山水自身的美。因此，宗炳得出结论说"至于山水，质有而趣灵"，有学者认为"趣灵是就山水的内蕴和韵味而言"③，显然，这里的"趣灵"正是山水本身具有的美学价值，而非作为"体道"的媒介。

从表面上看，宗炳是在肯定自然山水的价值。然而，宗炳进一步阐述实游自然山水的困境，"余眷恋庐、衡，契阔荆、巫，不知老之将至，愧不能凝气怡身，伤跕石门之流，于是画象布色，构兹云岭"④。宗炳指出实游真山真水存在主客观条件上的限制，并非每个人都有条件悠游山林。沈约在《宗炳传》中，记载宗炳提出通过"卧游"山水画的方式替代实游自然山水，通过"卧游"山水画作为感通山水美的权宜之计，"老疾俱至，名山恐难遍睹，唯当澄怀观道，卧以游之。凡所游履，皆图之于室，谓人曰：'抚琴动操，欲令众山皆响'"⑤。由此可见，宗炳在逻辑上越是肯定自然山水的重要性，就越有力地渲染不能实游自然山水的遗憾，进而引申出可以通过"卧游"山水画替代实游自然山水，从侧面为山水画独特价值辩护。

（三）山水画具有"超越"自然山水的功能。宗炳进一步阐述，"卧游"山水画绝非是实游自然山水的权宜之计，而是更佳选择，进而从正面为山水画价值展开辩护。宗炳从实游自然山水的经验出发，得出近距离观赏自然山水，反而不能观其全貌，"且夫昆仑山之大，瞳子之小，迫目以寸，则其形莫睹；迥以数里，则可围于寸眸。诚由去之稍阔，则其见弥小"⑥。实际上，宗炳已经注意到"近大远小"的透视原理，也因此影响到中国传统山水画空间布局"三远法"特色的形成，即画家通过将观照对象的视角拉远，可以让形体庞大的对象入画。他说："今张绡素以远映，则昆、阆之形，可围于方寸之内。"⑦宗炳通过将对象拉远的方式，让山水形胜得以入画。

---

① 刘义庆著，张㧑之译注：《世说新语》，上海古籍出版社 2007 年版，第 62 页。
② 宗白华：《美学散步》，上海人民出版社 1981 年版，第 215 页。
③ 朱良志：《中国美学名著导读》，北京大学出版社 2004 年版，第 65 页。
④ 宗炳：《画山水序》，卢辅圣主编：《中国书画全书》卷一，第 143 页。
⑤ 沈约：《宋书》，中华书局 1974 年版，第 2278 页。
⑥ 宗炳：《画山水序》，卢辅圣主编：《中国书画全书》卷一，第 144 页。
⑦ 宗炳：《画山水序》，卢辅圣主编：《中国书画全书》卷一，第 143 页。

山水画之所以具有价值，也绝非如按照比例缩小的地理图。宗炳进一步论证，山水画作为独立对象的价值所在，提出山水画是对宇宙本真的形象呈现，既抽象超验又形象可感。宗炳从山水画创作过程犹如"道"创化万物，是画家将物我适然相遇后的神会心得，呈现于画面，他说"身所盘桓，目所绸缪"，进入画面的是经过画家取舍的，是与画家主体有感兴触动的对象。因此，山水画作品不是比例缩小版的地理图，而是自然山水的内蕴、灵妙的自然而然的形态呈现，也蕴含有圣贤对宇宙端倪的洞见，以及画家自我的想象、创构。也就是说，山水画不仅如自然山水一样可以"体道"，而且超越自然山水，是一种通过更加灵动的"美"的形式"体道"。因此，宗炳从根本上完成了对山水画有别于地理图以及在美学价值上也优越于自然山水本身的论证逻辑。

持类似观点还有比宗炳稍晚的王微，他明确区别山水画与实用地理图的差异。山水画之所以为山水画，在王微看来，是因为山水画面本身具有生动的"横变纵化"的形式美。他说："本乎形者，融灵而动，变者心也。"① 这里的"灵"，按照徐复观的解释为"与道相通之谓灵"②，这正是山水画不是地理图的原因所在。因此，山水画的价值，经由艺术家的创造，已经超越自然山水，是一种更加具有可感性与生动性的形式体道。王微进一步描述画家创作山水画过程，"曲以为嵩高，趣以为方丈。以叐之画，齐乎太华；以枉之点，表夫隆准。眉额颊辅，若晏笑兮；孤岩郁秀，若吐云兮。横变纵化，故动生焉；前矩后方出焉。然后宫观舟车，器以类聚；犬马禽鱼，物以状分，此画之致也"③。在王微看来，山水画是自然山水最本质的呈现。诚如亚里士多德所说的，"写诗这种活动比写历史更富于哲学意味，更被严肃对待，因为诗所描述的事带有普遍性，历史则叙述个别的事"④。亚里士多德所说的"诗"，虽不是宗炳、王微所说的"山水画"，但作为模仿对象的模仿者反而比模仿对象本身更加呈现出对象的本真这一点上，具有类似性。

宗炳、王微详细描述了山水画创作并非真实再现对象，而是在不违背基本情势的基础上，存在大量的自由创造。这才是绘画区别与地理图的根本所在，

① 王微：《叙画》，卢辅圣主编：《中国书画全书》卷一，第144页。
② 徐复观：《中国艺术精神》，广西师范大学出版社2007年版，第175页。
③ 王微：《叙画》，卢辅圣主编：《中国书画全书》卷一，第144页。
④ 亚里士多德著，罗念生译：《诗学》，人民文学出版社1982年版，第29页。

也形象地说明了中国传统山水画在初创阶段，在宗炳、王微最早一批理论家阐发下，形成了既强调画家主观能动性的"写意"，又没有走向超现实的纯粹"抽象"。由此可见，在宗炳、王微看来，山水画虽然作为自然山水的表现物，却具有超越自然山水的本己价值。

二、"畅神"范畴的美学考释

"畅神"范畴，正是宗炳在为山水画价值辩护过程中，用于论证山水画具有超越自然山水的自身所具有的独特价值之一。因此，"畅神"美学内涵的准确揭示，成为理解山水画审美功能的核心。理解"畅神"美学内涵，关键在于如何准确理解"神"。"畅"比较容易理解，正是"舒畅""悦适""畅快"等具有轻松愉悦的情感内涵。持类似使用的还有王羲之在《兰亭集序》中有"惠风和畅"，同样是形容自然景物对人的快适愉悦。因此，准确解读"神"，成为把握"畅神"美学内涵的关键所在，结合宗炳生活的时代哲学思潮，可以从以下把握"神"，进而管窥"畅神"美学内涵。

（一）客体之"神"畅。魏晋南北朝时期，经由玄学和佛教思想洗礼，士人看待世界崇尚"无""神""灵"等形而上的本体义。不论玄学还是佛教均有超脱现实，崇尚"玄远"的意味，这是魏晋时期不同于两汉"经学"的显著时代特征，诚如汤用彤所说的"玄学"即为"本体之学，为本末有无之辨"[1]。佛教强调生命轮回，由现实界超升到极乐世界。因此，从客体角度理解"神"，指的是通过对现实物质界的观照，去捕捉现实界背后的本体、根源。所以，宗炳这里的"畅神"正是指通过山水画这一具体的"有""形"去把握、体悟抽象的"无""灵"，经由山水画观照，观照者超越现实有限，达到无限自由的极乐境界。

从这一角度来阐发"畅神"的"神"，类似于张彦远在《叙画之源流》中认为中国书画起源于圣人对宇宙运行的探赜与揭示，"夫画者：成教化，助人伦，穷神变，测幽微，与六籍同功，四时并运，发于天然，非繇述作。古先圣王受命应箓，则有龟字效灵，龙图呈宝"[2]。张彦远阐述了中国文字与图画起源于古圣

---

[1] 汤用彤：《魏晋玄学论稿》，第4页。
[2] 张彦远：《历代名画记》，卢辅圣主编：《中国书画全书》卷一，第120页。

人对宇宙几微、端倪的形象化呈现。因此，观照绘画正是对画面中体现的宇宙运化的心领神会。

在宗炳之前，顾恺之已经提出"传神写照"命题，"顾长康画人，或数年不点目。人问其故。顾曰：'四体妍蚩本不关妙处，传神写照正在阿堵中'"①。顾恺之这里的"神"，正是指最能体现一个人的风采、情调。② 也就是说，体现一个人的风采、情调的关键在于"神"，也是画家需要表现的精髓所在，至于"四体妍蚩"，都是不关紧要的"言""象"，即便是"阿堵"也不过是呈现一个人的"神"的途径、手段而已。顾恺之谈的是人物画中的"神"，宗炳将其引入山水画之中，同样是指山水画呈现出的宇宙端倪、本质、神采等内蕴、本体。所以，从客体角度来说，所谓的"畅神"正是指将对象的"神采""本真"被畅快淋漓地呈现出来。

因此，宗炳所谓的"画象布色，构兹云岭"，这里的"象""色"正是客体对象，宗炳也进一步提出山水画创作是"身所盘桓，目所绸缪，以形写形，以色貌色"③。可见，宗炳认为画山水还是从山水本身的形色入手，诚如陈传席指出的，宗炳的"以形写形，以色貌色"观是我国山水画创作"外师造化"观的先声，"实际上就是倡导写生"。④ 宗炳还要求画家应深入真实的山水场景，做到"身所盘桓，目所绸缪"，才能"以形写形，以色貌色"，所以，从客体角度来说，所谓的"畅神"是指作为观赏山水画的欣赏者从画面中感知、领会到了山水最灵动、最本真的所在，也就是宗炳所谓的"嵩华之秀，玄牝之灵"。在宗炳看来，这些抽象的类似于"道"的山水本真可以具体呈现于画面中，观画者之所以由衷感到快适、愉悦，正是通过山水画观照活动体悟到"道"的境界，所以，他才说："余复何为哉，畅神而已。神之所畅，孰有先焉？"⑤ 观画者获得"与道相通"的快适、愉悦，还用得着去计较、区分是来自真山水，还是山水画吗？这也从最根本上为山水画价值进行了辩护，得出山水画与真山水在呈现"道"，以及给观照者的"体道"愉悦上，具有同一性。

---

① 刘义庆著，张㧑之译注：《世说新语》，第341页。
② 叶朗：《中国美学史大纲》，上海人民出版社1985年版，第200页。
③ 宗炳：《画山水序》，卢辅圣主编：《中国书画全书》卷一，第143页。
④ 陈传席：《六朝画论研究》，第94页。
⑤ 宗炳：《画山水序》，卢辅圣主编：《中国书画全书》卷一，第144页。

（二）主体之"神"畅。魏晋南北朝在哲学上的另一特征体现为"人的自觉"，诚如吴功正指出的，"六朝士人不再像两汉经学家那样标榜学问，而是以自身的风度、辩才无碍的思想、智慧来确证自己的存在和价值"①。"神"早在先秦时期，文献中多有出现，多是指客体意义，如《周易·系辞》描述宇宙本体的不可形诘的状态，"阴阳不测之谓神"②。经由魏晋玄学影响，"神"由客体义，发展出魏晋时代独特的主体义，更多是指主体自身的生命情调、风度神采。从主体角度阐释"神"，宗炳提出的"畅神"内涵又会有另一番景象。

在魏晋南北朝时期，士人在东汉末年黄巾起义以来的残酷现实的夹缝中生存，对时代、生命都有着痛切的感受，希望逃避残酷的现实，在精神上得到安顿与超脱。在这一时代背景下，倡导生命轮回的印度佛教盛行，诚如李泽厚指出，"既然现实世界毫无公平和合理可言，于是把因果寄托于轮回，把合理委之于'来生'和'天国'"③。佛教结合中国传统的鬼神思想，迅速成为士人超脱现实，安顿心灵的救命稻草。宗炳本人也是虔诚的佛教徒，并远赴庐山追随当时的佛教高僧慧远从事佛教活动，还著有《明佛论》，对佛教推崇备至，"彼佛经也，包《五典》之德，深加远大之实；含老、庄之虚，而重增皆空之尽"④。因此，有学者认为宗炳的《画山水序》根本主旨在于佛教修身，即如何将凡夫肉身通过观照山水画修行达到涅槃法身。⑤

再从《画山水序》文本来看，文中多次出现"神"，其中"圣人以神法道""神本亡端""万趣融其神思"，这几处"神"，从佛教修身角度理解，也不无道理。此几处"神"应是主体方面某种特质，宗炳在《明佛论》中有所阐述，"况今以情贯神，一身死坏，安得不复受一身，生死无量乎？识能澄不灭之本，禀日损之学，损之又损，必至无为，无欲欲情，唯神独照，则无当于生矣。无身而有神，法身之谓也"⑥。"神"指可以脱离"身相"而独立存在的"法身"，是一

---

① 吴功正：《六朝美学史》，江苏美术出版社 1994 年版，第 253 页。

② 黄寿祺、张善文：《周易译注》，上海古籍出版社 2007 年版，381 页。

③ 李泽厚：《美的历程》，文物出版社 1981 年版，第 111 页。

④ 刘立夫等译注：《弘明集》，中华书局 2013 年版，第 92 页。

⑤ 李泽厚、刘刚纪阐释宗炳在《画山水序》中开篇的"圣人澄怀味象"时，认为"味象"指玩味"佛"呈现于现象界的"神明"，领悟佛理，达到解脱。参见李泽厚、刘刚纪：《中国美学史》，中国社会科学出版社 1987 年版，第 511 页。

⑥ 刘立夫等译注：《弘明集》，第 92 页。

种绝对性、超越性的存在。宗炳深受佛教思想影响，从佛教"法身"角度来理解"畅神"中的"神"正是指主体肉身之外的"法身"（精神）。宗炳的老师慧远更有直接将"神"视为"情根"，"情为化之母，神为情之根，情有会物之道，神有冥移之功"[1]。慧远所谓"神"，即通过特殊的宗教修持将身相、欲念、事功、物象虚无化，最后超升入精神境界，在此自由超脱的境界中，万物显现如其所是的本来面目，主体获得最充实与本真的自我，这一精神状态就是"畅神"所达至的境界。[2]

从主体修持视角阐释"畅神"内涵，也可以从老庄哲学得到思想支撑，传统道家思想同样强调人的"精神"，"人之生，气之聚也；聚则为生，散则为死"[3]。庄子为了突出人的精神，通过寓言的形式塑造了大量得道高人，他们多是些驼背、跛足、耳聋等形体残缺之人，以此刻意贬低"形"而凸显"神"的地位。徐复观先生的《中国艺术精神》正是以庄子哲学阐释中国艺术特质，在阐释宗炳的《画山水序》时，认为"神"的全称就是"精神"，他说："作为一个人的存在本质，在老子、庄子称之为德，又将德落实于人之心。后期庄学，又将德称之为性。而人伦鉴识作为艺术性的转换后，便称为神。"[4] 因此，"神"是指透过形貌所体现出的人的本质。从传统道家思想出发，来阐发"畅神"范畴内涵，是指通过山水画观照来求得观照者自我精神超越，"自喻适志"，达到"游于物之初"的自由境界。

因此，不论从佛教思想，还是从老庄思想来看，从主体修身超升来阐发"畅神"，均具有合理性，从《弘明集》收集的宗炳文献来看，宗炳儒释道思想都有所涉及，"仁之至也，亦佛经说菩萨之行矣。老子明'无为'，无为之至也，即泥洹之极也"[5]。宗炳类似说法，比比皆是。今天很难去理清宗炳受某一家思想影响最深，或者说，《画山水序》中的"圣人""道"是某一家的"圣人"和"道"，直接将《画山水序》武断地界定为受某一家思想影响，都有失片面性，引发不

---

① 刘立夫等译注：《弘明集》，第329页。
② 吕澂：《中国佛学源流略讲》，中华书局1979年版，第83页。
③ 王先谦：《庄子集解》，中华书局1961年版，第733页。
④ 徐复观：《中国艺术精神》，第114页。
⑤ 刘立夫等译注：《弘明集》，第121页。

必要的学术纷争。采用多维度阐发"畅神"美学内涵，可以更好地呈现其美学内涵的丰富性与全面性。

（三）主客冥合之"神"畅。 宗炳"畅神"范畴美学内涵阐发，也有学者认为是一种"物我两忘""天人合一"的超越境界，很难区分是主体之"神"，还是客体之"神"，事实上是一种主客冥合之"神"。诚如宗白华认为的，中国传统山水画是最空灵的精神表现，是心灵与自然合一。宗白华概括中国传统山水画艺术最核心的特征为"最超越自然而又最切近自然，是世界最心灵化的艺术，而同时是自然本身"[①]。宗白华对中国传统山水画艺术总体概括，同样适合用来描述宗炳的"畅神"。宗炳的老师慧远也有将佛教修行称之为"冥神绝境"，"凡在有方，同禀生于大化，虽群品万殊，精粗异贯，统极而言，唯有灵与无灵耳。有灵则有情于化"。[②] 慧远将佛教中国化，认为不为外物所累，纵身大化流行，就是"冥神绝境"，也就是"涅槃之境"。因此，从主客冥合、物我合一的视角阐发"畅神"美学内涵，也有合理性。

从宗炳生活的时代思想来看，魏晋玄学以老庄道家思想为旨趣，而道家哲学正是追求"无己""无功""无为"，以期达到"齐物""物我两忘"，诚如方东美指出，"人的精神与宇宙的全体精神贯成为一体"[③]，即为道家的一贯之"道"。以庄子为代表的道家学派，旨在将主体通过"心斋""坐忘"，达到纵身大化、与物推移的"天人合一"的"无待"至境。宗炳在《画山水序》开篇就有"贤者澄怀味像"，显然是延用老庄哲学关于主体"观道""体道"的心灵修持要求，在老庄哲学看来，形而上的"道"，是可以认知和体验的，得道之人，需要超脱尘俗羁绊，由"物我两忘"到"物我同一"。因此，从这一角度阐述"畅神"内涵，就是指观照者在观照山水画时，"闲居理气，拂觞鸣琴"，主体以无功利性的澄澈心境，让生命本真得以释放与敞开，达到超越时空的有限，诚如朱光潜所说的，"在刹那中见中古，在微尘中显大千，在有限中寓无限"[④]。主体在观照山水画过程中，物我同一，主客之神冥合无垠，进入瞬间即永恒的自由

---

① 宗白华：《美学与意境》，人民出版社 2009 年版，第 93 页。
② 刘立夫等译注：《弘明集》，第 320 页。
③ 方东美：《原始儒家道家哲学》，中华书局 2012 年版，第 26 页。
④ 朱光潜：《朱光潜全集（第三卷）》，安徽教育出版社 1987 年版，第 50 页。

境界。

再如宗炳在《画山水序》中，多次提到"应目会心""心亦俱会""应会感神""神超理得"等概念，这些表述明显带有主客适然相遇后的感兴触动的内涵。早在宗炳时期，对审美活动，已经有了非常深刻的认识，宗炳的这些阐述，与康德的美是无目的的合目的性的纯粹形式判断，具有契合之处。宗炳这里的"会心"，正如康德的"无目的的合目的性"，是一种不期然而然的心灵愉悦，其所谓的"澄怀味像""闲居理气"，也类似于康德说的审美"无利害"。因此，魏晋时代中国美学进入自然美的自觉，宗炳的"畅神"观可以作为突出的标志。宗炳在《画山水序》中，描绘了画家将经过"身所盘桓，目以稠缪"的真山水呈现于绘画中，以"卧游"山水画替代"实游"自然山水，以悠然自得的澄澈之心观照山水画，将自我精神融于山水之中，与山水之灵妙、神理相交融，物我同一，超越现实功名利禄纷扰，精神得以自由解放，主体精神与客体本真水乳交融，主客一体，达到"畅神"境界。

三、"畅神"与士人身份表征

众所周知，中国古代在儒家思想影响下，文人士大夫实现自我生命价值的理想途径就是"入世"，"士志于道，据于得，依于仁，游于艺"[①]，从事"艺"被视为不务正业的"小道"。魏晋南北时期，开始有大量文人自觉加入了绘画队伍，诚如有学者指出的，"文人士大夫是不愿和工匠平列的，他们既要掌握这门由工匠发展起来的技术，又要和工匠相区别"[②]。研究发现，宗炳提出的"畅神"范畴，一方面直接为山水画具有本己价值进行辩护，另一方面也间接为文人士大夫从事山水画活动展开辩护，通过论证山水画蕴含"与道相通"的独特价值，文人从事山水画活动也相应具有了正当性。

正如前文所述，感知山水画"畅神"审美功能，需要主体与对象的物我冥合。能否发现山水画的"畅神"之美，在宗炳看来，需要主体性分修养上的储备："闲居理气，拂觞鸣琴，批图幽对，坐究四荒，不违天励之藂，独应无人之

---

① 朱熹：《四书章句集注》，第91页。
② 陈传席：《六朝画论研究》，第115页。

野。峰岫峣嶷，云林森眇，圣贤映于绝代，万趣融其神思，余复何为哉？畅神而已。神之所畅，孰有先焉！"① 宗炳这段材料非常清晰地描述了山水画的美，需要主体在虚静澄澈的状态下观照，诚如朱光潜指出的，"凝神观照之际，心中只有一个完整的孤立的意象，无比较，无分析，无旁涉，结果常致物我由两忘而同一，我的情趣与物的意态遂往复交流，不知不觉之中，人情与物理相互渗透"②。这一类似现代审美意义上的情感体验，不是因为山水画蕴含着伦理道德（儒家比德），也不是来自作为"体道"媒介（道家、佛教），而是来自山水画本身（峰岫峣嶷，云林森眇），可以说，宗炳完成了对山水画作为独立审美对象具有本己价值的论证。

因此，我们才可以理解中国传统绘画美学对画家胸次修养的强调，例如自唐代张彦远已注重画家身份修养与绘画创作之间的关联，"自古善画者，莫匪衣冠贵胄、逸士高人，振秒一时，传芳千祀，非闾阎鄙贱之所能为也"③。诚如郭若虚所说的，"人品既已高矣，气韵不得不高，气韵既已高矣，生动不得不至，所谓神之又神而能精焉。凡画，必周气韵，方号世珍；不尔虽竭巧思，止同众工之事，虽曰画而非画"④。由此可见，绘画活动绝非一般工匠所能从事，需要主体"澄怀味象"，超越尘嚣纷扰。

持类似观点的还有董其昌，直接以画家的胸次修养作为划分"南北宗"的重要标准，他说："气韵不可学，此生而知之，自然天授。然亦有学得处，读万卷书，行万里路，胸中脱去尘浊，自然丘壑内营。"⑤ 可以看出，董其昌同样认为画家本身的人品修养是从事绘画的重要条件，极大地提升从事绘画活动的门槛，诚如陈传席指出的，"'南宗'画家皆是'清高不俗'之士，在他们心目中皆具有完整高尚的人格"⑥。中国传统绘画美学如此强调画家修养，从宗炳的"畅神"观中可以找到理论源头，山水画自创作至欣赏，表现为世界本真与主体性灵的冥合同一，是主体感发于对象又不滞于对象的神超理得，需要主体超脱现

① 宗炳：《画山水序》，卢辅圣主编：《中国书画全书》卷一，第 144 页。
② 朱光潜：《朱光潜全集（第三卷）》，安徽教育出版社 1987 年版，第 53 页。
③ 张彦远：《历代名画记》，卢辅圣主编：《中国书画全书》卷一，第 124 页。
④ 郭若虚著，俞建华校注：《图画见闻志》，江苏美术出版社 2007 年版，第 23 页。
⑤ 董其昌著，毛建波校注：《画旨》，西泠印社出版社 2008 年版，第 17 页。
⑥ 陈传席：《中国绘画美学史》，人民美术出版社 1998 年版，第 430 页。

实纷扰，以悠然自得的澄澈之心，观照山水画，才能达到物我两忘的超越之境。也诚如朱志荣指出的，"主体基于感性生命，又不滞于感性生命本身，从而释形以凝心，以身心合一的整体生命去体悟对象，获得感悟的欣悦，并最终与对象达到契合状态，以便觉天以尽性"[①]。从中国古代艺术家感悟世界的方式特征来看，对艺术家自身的修养要求是极高的，艺术在感悟世界的过程中，物我是双向交流的。

可见，早在宗炳提出山水画具有"畅神"功能起，已经认识到山水画创构是物我由两忘到同一的交融冥合过程，从事绘画活动绝非对外在对象的形色描摹，而是一种意象创构，"立万象于胸怀，传千祀于毫端"[②]，也成为文人士大夫阶层特殊的文化身份表征。从事山水画活动表现为对无形而超验的"道"的本然呈现，如同"圣人"对宇宙本真的探赜、洞微。自此，宗炳也完成了对文人士大夫从事绘画活动同样具有"神圣性"的辩护，也为文人士大夫广泛开展绘画活动做了理论铺垫。

综上所述，由于宗炳对山水画"畅神"功能的洞见，对中国山水画美学传统的形成产生了深刻影响。首先，拓展了山水画的功能价值。由传统观念认为的山水画作为实用图经、"体道"媒介，发展到山水画具有作为独立审美对象的本己价值。其次，开启了传统"士人"超脱现实、安顿生命的审美化路径。观照山水画可以使主体进入到"自由无待"玄冥至境，山水画成为中国传统文人士大夫怡悦性情、超脱现实的重要方式。再次，促进了中国山水画崇尚自然美观念的形成。认为山水画是宇宙本真与画家性灵适然相遇后的创构，是主体与对象物我冥合后的本然呈现，从事山水画创作或欣赏，如同"道"创化万物，极大地提升了山水画的画科地位。通过深入理析"畅神"范畴美学内涵，对于理解中国传统山水画审美特质、激活中华传统美学资源、贡献中华传统美学智慧，具有积极意义。

---

① 朱志荣：《中国艺术哲学》，华东师范大学出版社 2012 年版，第 4 页。
② 李嗣真：《续画品录》，卢辅圣主编：《中国书画全书》卷一，第 159 页。

On the Aesthetic Function of Traditional Chinese Landscape Painting—Centered on the Examination and Interpretation of "Changshen"

Zhao Yibao

Abstract: Song Zong Bing's discovery of the "Changshen" function of landscape painting in the Southern Dynasty opened the discussion on the intrinsic value of Chinese landscape painting as an independent aesthetic object. First, landscape painting has the function of "embodiment Tao". It presents the abstract and mysterious "Tao" with the "shape and color" that can be felt. Second, landscape painting has the function of "clear mind and taste image (xiang)". It takes the seemingly unreal "image" (xiang) as the aesthetic noumenon, which inspires the viewer to go beyond the usual limits and leap into the universe. Third, landscape painting has the function of "identity identification". From creation to appreciation, landscape painting requires the integration of objects and others, and the transcendence of spirit, which is beyond the ability of ordinary painters. Therefore, landscape painting has become a symbolic representation of the identity of "scholars". Through Zong Bing's elucidations of the aesthetic value of landscape painting, the status of landscape painting has been greatly improved. The creation or appreciation of landscape painting has become a special way for "scholars" to settle down their lives. A thorough study of the aesthetic function of traditional Chinese landscape painting is of enlightening significance for promoting the spirit of traditional Chinese aesthetics.

Key words: Traditional Chinese landscape painting, Aesthetic function, Changshen, Aesthetic examination and interpretation

当代美学

"诗"与"戏"

——考察朱光潜"人生的艺术化"思想的新视角

金子涵[*]

摘　要：朱光潜的美学思想通过归纳艺术的欣赏与创造的经验而得出关于美的艺术的基本原理，具有艺术美学的品质，他著名的"人生的艺术化"命题也与这种艺术美学的思想忻合无间。因此，本文试循着"个别艺术问题"—"一般艺术问题"—"人生艺术问题"的梯径，根据"诗"与"戏"这两种艺术的审美特质，联系其对艺术的欣赏与创造问题的说明，得出朱光潜是把人生在心灵中创造为一种"诗化的戏"来观演而实现"人生的艺术化"。"看戏"与"演戏"又是一对涉及了"出世"与"入世"、"知"与"行"等问题的概念，它解释了审美如何借"看戏"达于"知"，又如何指导着"行"，说明了"人生的艺术化"的深层含蕴——审美价值是一种向着善与真打开的价值；也说明了"人生的艺术化"的理想状态虽不止于欣赏，但必须由欣赏打开。

关键词："诗化的戏"　人生的艺术化　朱光潜　艺术美学

引　论

作为中国现代美学的代表人物之一，朱光潜进入美学研究的路径是一条有意选择的艺术美学的研究方法。他在其美学代表作《文艺心理学》中如是说道："美学是从哲学分支出来的，以往的美学家大半心中先存有一种哲学系统，以它为根据，演绎出一些美学原理来。本书所采的是另一种方法。它丢开一切哲学的成见，把文艺的创造和欣赏当作心理的事实去研究，从事实中归纳得一

＊　作者简介：金子涵，东北大学艺术学院艺术学理论专业 2021 级博士研究生，研究方向为美育与艺术教育。

些可适用于文艺批评的原理。"①

"人生的艺术化"是朱光潜美学的一个重要命题。可以说，朱光潜关于美的艺术的创造与欣赏的观点也都寄托在其中。"人生的艺术化"之目的在净化心灵、美化人生，追求一种超功利性的人格与人生理想；而"人生的艺术化"之路径在"艺术"，在于把人生作为一种艺术来经营。

朱光潜在《谈美》最后一章谈论"人生的艺术化"问题时，在文章的开头就展示了他要把这一命题铸成人生至高理想的决心和野心。"'实际人生'比整个人生的意义较为窄狭。一般人的错误在把它们认为相等，以为艺术对于'实际人生'既是隔着一层，它在整个人生中也就没有什么价值。有些人为维护艺术的地位，又想把它硬纳到'实际人生'的小范围里去。这般人不但是误解艺术，而且也没有认识人生。"②对于一种将艺术视作人生以外的避风港的观点，他的批评是足够严厉的。他不仅不赞同把以实用为态度的"实际人生"当作全部的人生，更是要把"艺术"和"人生"契合无间、水乳交融，也就是说，艺术化了的人生才是真正的完全的人生。"严格地说，离开人生便无所谓艺术，因为艺术是情趣的表现，而情趣的根源就在人生；反之，离开艺术也便无所谓人生，因为凡是创造和欣赏都是艺术的活动，无创造、无欣赏的人生是一个自相矛盾的名词。"③

至于如何经营这样一种人生，朱光潜给出的方法还是来自艺术。无论是从趣味偏好还是理论建构上来看，朱光潜都似乎格外偏好"戏剧"与"诗歌"这两种艺术类型（专有《诗论》和《悲剧心理学》两种著作）。艺术化的人生，在他看来就是把人生作为一种"诗化的戏"来进行观演。本文以朱光潜对"看戏"与"演戏"这两种人生态度的观点在二十年间的变化为引线，揭开在"人生的艺术化"问题背后朱光潜如何在其思想内部弥合化解了有关"看"与"演"、"知"与"行"、"出世"与"入世"的矛盾，确定了"旁观者"身份是实现"人生的艺术化"首要而关键的一步。朱光潜认为，就"欣赏"的特性而言，没有离开艺术而孤立存在的美，因而，审美价值的实现必须依赖欣赏与创造。实现审美价值的"人生的艺术化"无法寄望于在抽象概念中获得，朱光潜为此所寻出的

---

① 朱光潜：《朱光潜全集（第一卷）》，安徽教育出版社 1987 年版，第 197 页。
② 朱光潜：《朱光潜全集（第二卷）》，安徽教育出版社 1987 年版，第 90 页。
③ 朱光潜：《朱光潜全集（第二卷）》，第 90—91 页。

路径是把人生在心灵中创造为一种"诗化的戏"进行观演。做人生的"旁观者"去欣赏人生，通过审美扩大对人生的认识，这种认识向上接通了宇宙人生的哲思，向下指导着伦理的实践。也就是说，借艺术与美而攀缘上升，在终极的意义上与真和善的价值联结起来了，这是"人生的艺术化"的最后目的。

一、人生"看"与"演"的矛盾

"看戏"还是"演戏"？这是一对纠缠朱光潜二十年的问题。夏中义教授指出，"看"与"演"的问题，在根子上是"出世—入世"的命题，并认为"后者靠前者才促成了作者的价值奠基"①。事实是，无论在《谈人生与我》（1928年发表）中，还是约二十年后的《看戏与演戏——两种人生理想》（撰于1947年，后文以《看戏与演戏》代之），朱光潜都表达了做看戏的"旁观者"的倾向："我平时很欢喜站在后台看人生"（《谈人生与我》）②、"我们这批袖手旁观的人们"（《看戏与演戏》）③。夏中义教授点拨此处，指出《看戏与演戏》原是朱光潜用于安顿自我，求得自适心安的。也就是说，对"看戏"的辩护，并非向着外来的批评，而是向着他自己内心的矛盾。我们来细解这矛盾是什么以及它是如何产生的。

在《谈人生与我》中，朱光潜还未提出"看戏"与"演戏"这一对概念，而是说站在人生的"前台"与"后台"，实际意指并无分别。站在前台的"我"，虽与旁人一样在"玩把戏"，却不与他们同流，因为"人类比其他物类痛苦，就因为人类把自己看得比其他物类重要。……我把自己看作草木虫鱼的侪辈……我不在生活以外别求生活方法，不在生活以外别求生活目的"④。然而这种站在前台的生活态度，更像是朱光潜在哲学思考中得出的一种抽象的感悟，所描绘出的那种站在前台的人生也带着空中楼阁的色彩，以至于在前台演的人生似与站在后台看的人生并无本质区别。它们都要求超越功利心来应对人世；区别

---

① 夏中义：《论朱光潜的"出世"与"入世"——兼论朱光潜在民国时期的人格角色变奏》，《文学评论》2009年第3期，第173页。
② 朱光潜：《朱光潜全集（第一卷）》，第59页。
③ 朱光潜：《朱光潜全集（第九卷）》，安徽教育出版社1993年版，第271页。
④ 朱光潜：《朱光潜全集（第一卷）》，第57—58页。

是后者强调在"看"的动作。

这篇收入《给青年的十二封信》的文章虽已初步显示出朱光潜此后的思想主脉络，但他自己在之后承认，"这部处女作现在看来不免有些幼稚可笑，不能表现我的成年的面目"①。朱光潜在 1925 年至 1933 年，辗转英法两国求学，最终在斯特拉斯堡大学取得文学博士学位。这一期的留学生涯是他此后十余年的美学研究的基础，最负盛名的美学著作《文艺心理学》的初稿也诞生于这个时期。从《文艺心理学》出版的创作谈来看，朱光潜在出洋留学及其后几年的美学授课中基本形成了他美学研究的方法路径——要丢开以往从哲学中演绎美学原理的做法，而从创造与欣赏的心理的事实中归纳出文艺批评的原理。他在应付人生的方法论上，也体现了这种从经验出发的思维方式，他看待人生的态度正是在人生中经过反复省思又反复实践的。因此，变迁是理所当然，但其思想正是经过淘澄而醇熟，显示了某种连贯性。

经过学理化和体系化的训练，朱光潜在关于美与人生的问题上，逐渐显示出一种追求平衡调和的思想特征。1932 年出版的《谈美》一书较能代表从《谈人生与我》到《看戏与演戏》中间一段时期朱光潜的思想特质，也显示了朱光潜思想业已成型。同时，从人生经历上看，朱光潜刚留学归国，担任教职，从心境上说，他是刚毅奋勇、充满信心的，这种心境使他的作品也往往带着些许理想化的色彩。

在《谈美》的最后一章《"慢慢走，欣赏啊！"——人生的艺术化》，他托举出那个他在美的问题上最高的理想：把人生当作一件艺术品去经营。在这里，朱光潜也找到了"看戏"与"演戏"间微妙的平衡，较之前一时期对"演戏"的感悟式略带玄虚气的发言，朱光潜对于"演戏"有了更透彻也更具实践性的看法。首先，是用有机人格观说明生活就是其人人格应世接物的表现，人格的完整表现使人生具备一种艺术性的完整。其次，要以本色真诚去应对生活。最后，要在人生中适时地认真或洒脱。这三点就是在以艺术创作的态度用一种可实施的理论具体地对人生进行指导。在这篇文章中，朱光潜只在文章的末尾克制地表示，人生的艺术化就是人生的情趣化，也就是对生活的许多事物都能以欣赏的态度应之，说白了还是做"旁观者"。

---

① 朱光潜：《朱光潜全集（第四卷）》，安徽教育出版社 1988 年版，第 3 页。

以艺术的人格演绎艺术的人生，这是朱光潜在《谈美》成稿的 1932 年至 1947 年《诗论》增订版付梓的十五年间一以贯之的观点。这点从诗论最后一章《陶渊明》可以看出来。"大诗人先在生活中把自己的人格涵养成一首完美的诗，充实而有光辉，写下来的诗是人格的焕发。"① 在评价丰子恺的一篇文章中，他也表示："一个人须先是一个艺术家，才能创造真正的艺术。子恺从顶至踵是一个艺术家，他的胸襟，他的言动笑貌，全都是艺术的。"② 当然，这并不表示朱光潜只是在延续一种"文如其人"的艺术批评方法，而是说明朱光潜此时已发展起他的"有机论"思想，从人生的整体来看待艺术化问题，没有比从人格出发更为根本的了。③

既将行为艺术化，去把人生的戏演成美的，又以情趣化的方式看人生，把人生看作美的戏，这是"人生的艺术化"这一命题提出之时就确定下来的。它要求做到"看"与"演"的平衡，"出世"与"入世"的平衡，既是朱光潜用以约束自身的一种理想，也是向社会大众发出的精神召唤。

然而既看戏又演戏的人生终究是一种难以实现的理想，"以出世的精神，做入世的事业"，知其易，行其难。"能入与能出，'得其圜中'与'超以象外'，是势难兼顾的。"④ 一个人对同一问题的想法有时是随境而变的，朱光潜并不总是在乐观地描述看戏与演戏的和谐平衡，他也时时透露出能入者常不能跳出当局的想法，以为"演戏者"往往功利心过重，是最受物所累的那批人。这种想法向外部寻求是他对风气腐朽的社会现状的憎恶，向内寻求是其自我在入世中

① 朱光潜:《朱光潜全集(第三卷)》，安徽教育出版社 1987 年版，第 249 页。
② 朱光潜:《朱光潜全集(第九卷)》，第 154 页。
③ 在出版于 1936 年的《文艺心理学》的《作者自白》中，朱光潜表示从此书的做成到付梓的中间四年，其思想经过了"重要的变迁"："从前，我受从康德到克罗齐一线相传的形式派美学的束缚，以为美感经验纯粹地是形象的直觉，在聚精会神中我们观赏一个孤立绝缘的意象，不旁迁他涉，所以抽象的思考、联想、道德观念等等都是美感范围以外的事。现在，我觉察人生是有机体；科学的、伦理的和美感的种种活动在理论上虽可分辨，在事实上却不可分割开来，使彼此互相绝缘。"说明《文艺心理学》的出版正是朱光潜"有机论"思想形成的重要标志。这种"有机不可分割"的观点，在其《谈修养》(成稿于 1942 年)的《自序》中也有体现："我的先天的资禀与后天的陶冶所组成的人格是一个完整的有机体，我的每篇文章都是这有机体所放射的花花絮絮。"从这里可以见出，朱光潜对于"有机体"的认识是基于对"人格"与"人生"的自然不可拆分性的认识出发的。在他的美育观里，人格就是美育的对象，"人生的艺术化"与人格的审美化是一个硬币的两面，而后者正是通过"看戏"这类艺术活动来进行修养的。人格修养是另一个大问题，本文为保证内容的连贯性不再作展开说明。参见《朱光潜全集(第一卷)》，第 197—198 页；《朱光潜全集(第四卷)》，第 4 页。
④ 朱光潜:《朱光潜全集(第九卷)》，第 257 页。

的挫折。

这种内心的分裂感便可以从《看戏与演戏》一文中察觉出。在这里，行动者与旁观者的行为及身份选择的逻辑因"看戏"与"演戏"这组概念的明确提出而彻底有了明晰的分别。"演戏"的人就是行动者，持入世的态度，总要凭自己的行动在人间社会造成些什么；"看戏"的人就是旁观者，持出世的态度，他是"坐在房子里眺望的人们"。这里的"旁观者"及其"出世"，承续了之前"站在后台看"的态度，依然要注视人间，将人生世相当作一种审美的"形象"进行观照。将之与《谈人生与我》比照，发现一个问题，后者还是"我有两种看待人生的方法"，全文只从"我"出发进行"看"与"演"，而前者虽以持正的态度肯定了演戏的人生价值，却直用"他们"指演戏的人，"我们"指看戏的人，显示出一种自我身份认同上的区分。

朱光潜的这种向出世偏移的心态有现实的原因。在发表于1944年的《回忆二十五年前的香港大学》（下文简称《回忆》）的篇末，他怀念哲学教师奥穆先生时，说道："我教了十年的诗，还没有碰见一个人真正在诗里找到一个安顿身心的世界，最难除的是腓力斯人（庸俗市民）的根性。我很惭愧我的无能，我也开始了解到你当时的寂寞。"① 这极尽落寞之语从将知天命的朱光潜口中说出，不由令人感慨。在1942年成稿的《谈修养》的首篇《一番语重心长的话——给现代中国青年》，同样反映了十年教书生涯给朱光潜带来的心境之变化。"想到这点，我感觉到很烦闷。就个人设想，像我这样教书的人把生命断送在粉笔屑中，眼巴巴地希望造就几个人才出来，得一点精神上的安慰，而年复一年地见到出学校门的学生们都朝一条平凡而暗淡的路径走，毫无补于文化的进展和社会的改善。这种生活有何意义？岂不是自误误人？"② 朱光潜从自己的青年时期开始，就俨然扮演了"教导者"身份，他在大学里任教职，在报纸、杂志上发表对教育、文学、政治等多领域的观点以及对青年人的劝诫与忠告。"入世"的失败，甚至使他发出"自误误人"的疑问，可见其心境苦闷与动荡。

然而，朱光潜从不久留于苦闷之中，虽不免发牢骚之语，却总是尽最大

① 朱光潜：《朱光潜全集（第九卷）》，第187页。
② 朱光潜：《朱光潜全集（第四卷）》，第7—8页。

努力地扮演着知识分子的角色笔耕不辍，从未显示出行动上的出世愿望。在与《回忆》同年的一篇文章中显示了他这种个性特征："本人在几个国立大学里任教供职多年，心力俱瘁而无补毫末，在山穷水尽之中仍不免存着柳暗花明的希望，现在姑就实际经验中所深切感到的提出一些关于改革高等教育的意见。"①朱光潜秉性顽强，从年少起就有"往抵抗力最大的路径走"的志向和意志力。这一重人格特质，也造成了他在面对人生困境时，不仅表现于行动上的不放弃，也表现在思想上的穷思苦究。此外，他内心敏感，喜于通过在自我精神中的反思去化解苦闷，成为思想家亦是此种天性的选择。他的自我解脱是去做一个冷眼看戏的"旁观者"。以旁观者的姿态看人生世相，现实人生便成了一部悲喜剧，看戏的人虽也会被剧中人的喜怒哀乐所打动，但他已不再把现实人生上演的情节当作于己利害有关的事情，而是一幕可宣泄审美的情感的戏。"静坐着默想……对一切事物和一切地方有同情的了解，而却安心留在你所在的地方和身分。"②这种观美而生的幸福，弥合了现实的挫败感，使他的心灵重归于和谐之中。这正应了朱光潜自己对美的价值的判断之一：美能使人超脱现实到理想界求安慰。

"旁观者"有时意味着对人性来说高不可攀的一种理想，这却是一个现实的理想并非美化的现实。这里必须把《谈美》第一章的末尾朱光潜对"旁观者"毫不吝惜的赞美提出来："悠悠的过去只是一片漆黑的天空，我们所以还能认识出来这漆黑的天空者，全赖思想家和艺术家所散布的几点星光。"③可见，"旁观者"虽是在一旁看戏的人，却并非全然不参与到社会人生中，甚至会对社会造成更重大的影响，但这种参与和影响往往是细水长流，不能见迁于当时的。因此，朱光潜理想中的思想之伟大、其影响之深远与教育事业只结出苦果这样现实的残酷的歧路，也即理想与现实的不匹配、割裂感，才是朱光潜内心真正的矛盾所在。虽然在《看戏与演戏》中，朱光潜轻松地表达了做旁观者的心意，可他并不能安稳地处在那个如此超脱的位置。"出世"还是为了"入世"，为世界造成些什么是朱光潜回避不了的人生冲动，把结果寄托于未来有时显得太虚幻，求索于现在却又总是失望。"入世"的心愿仿佛难以驯服的"心

---

① 朱光潜：《朱光潜全集（第九卷）》，第 189 页。

② 朱光潜：《朱光潜全集（第九卷）》，第 271 页。

③ 朱光潜：《朱光潜全集（第二卷）》，第 13 页。

猿"，要让它乖顺地受"出世"的精神的驾驭，而不去用"我执"来摇荡心灵，并不是件易事。朱光潜所常常发出的感慨，也许正是自问自答：我是否也真正"免俗"了？

是否"免俗"，是朱光潜审美价值论里的另一要义。在《谈美》开场话中，他表示："人心之坏，由于'未能免俗'。……总而言之，'俗'无非是缺乏美感的修养。"①人心的"坏"，从朱光潜批判的语境里说，指的是受功利心驱使做蝇营狗苟的坏事，而站在内省的角度上，使其自我怀疑而苦闷消沉的正是那颗功利的"坏"心。可见朱光潜在他这种人格个性以及人生理想下必然要去做"入世的事业"，在《看戏与演戏》中的倒向"出世"，一面是"事不关己"的美化的解脱，一面是寄望于未来、超越此在的解脱。不过，朱光潜的"出世"从不是避世不问，他只是要把自己的功利心悬搁起来，他要在一旁冷观的还是那个"世"。所以，必须还要再进一步说明，他依然没有放弃去弥合这种割裂与矛盾，并找到了方法，"看戏"并不仅是他用以超脱现实人生的一种术，更是他用以进取人生的一种道。

对于反思的偏好使得朱光潜在"看戏—演戏""出世—入世""知—行"这三组一一对应的成对概念内部是存在先后关系的。"看戏"即"知"的认识世界的活动，朱光潜以为不认识人生是无法过好人生的，而最好的认识人生的方式是要跳出当局，以"出世"的态度冷静旁观。因此，在入世的演戏中遭受了挫折，他便退回到精神中重新通过反思来认识人生。可以说，朱光潜所展露出的"出世"情绪也往往并非要遁世，而是一种"知"与"行"的循环，认识的上升将重新指导于行动。所以，"旁观者"只是一个暂时的身份，又是一个最必要的身份。"看戏"既将人暂时从俗世中解脱，又使人更了解自我与世界；既得到片刻精神的休息，又获得更深刻的领悟。"看戏与演戏的分别就是《中庸》一再提起的知与行的分别。"②"在西方，古代及中世纪的哲学家大半以为人生最高目的在观照，就是我们所说的以看戏人的态度体验事物的真相与真理。"③"理想的人生是由知而行，由看而演，由观照而行动。"④"生命对我们还有问题，就因为

① 朱光潜：《朱光潜全集（第二卷）》，第6页。
② 朱光潜：《朱光潜全集（第九卷）》，第258页。
③ 朱光潜：《朱光潜全集（第九卷）》，第259页。
④ 朱光潜：《朱光潜全集（第九卷）》，第268页。

我们对它还没有了解。既没有了解生命，我们凭什么对付生命呢?" ①

　　综上我们可以得出这样的思考:"看戏"与"演戏"从字面来看，分别代表着"观"与"做"而形成一种区隔和张力，但从朱光潜思想的语境来看，"看戏"是借助"出世"将自我暂时悬置于现实生活之外而"知"世界的手段，"演戏"则是"知"而后的"行"。有些人止于"看戏"，他们是思想家，有些人止于"演戏"，他们是活动家。由此，"看戏"与"演戏"化入人生整体中形成一种关系链路，即"出世—入世"的理想，也即"人生的艺术化"的至境。而朱光潜同时亦在多处指出，许多人是未经"看"便去"演"的，虽然在行动，却算不上知行合一，更与"人生的艺术化"背道而驰。"看戏"与"演戏"在朱光潜的人生经历上固然时时有相龃龉之处，但在他的思想体系中是一种在和谐中流动的关系，二者在有机调和下构成了"人生的艺术化"命题，但落脚的重点(也是起点)却在"看戏"上。

二、"诗化的戏"：情趣的寄托及审美的认识

　　朱光潜既把人生分为"看戏"和"演戏"的两种生活方式，人生根本上就是以"戏"为喻。戏剧是一种艺术类型，要了解这种"如戏的人生"，必然关涉艺术美学的知识。而"看戏"既又被作为获得事物之真理的方式，那么其路径和结果亦是值得探究的。

　　所谓"看戏"就是欣赏的活动，"演戏"就是创造的活动。朱光潜认为，欣赏活动其实就是一种艺术创造。美感起于形象的直觉。"直觉就是凭着自己情趣性格突然间在事物中见出形象，其实就是创造;形象是情趣性格的返照，其实就是艺术。形象的直觉就是艺术的创造。因此，欣赏也寓有创造性。" ②在艺术的欣赏与创造中，美感的获得是关键，欣赏者无需将他脑海中的形象付诸材料，但他与创造者在心灵层面上必须经历同一个过程——直觉出形象。因此，要进行创造，先要懂得欣赏;要"演戏"先要会"看戏"。

　　在"直觉形象"这一审美心理活动发生的过程中，欣赏者把自己和外物的

---

　　① 朱光潜:《朱光潜全集(第九卷)》，第 279 页。
　　② 朱光潜:《朱光潜全集(第一卷)》，第 270 页。

联系暂时隔断，而与所观照物发生一种超脱实用态度而"切身的"关系，只"聚精会神地观赏一个孤立绝缘的意象"，这个"意象"来自被观照物，却已投射了"你"的情趣与性格，所以这时"我的情趣与物的情趣往复回流"，心灵也从"物我两忘"走向"物我同一"。欣赏者所获得的这个形象是"性格和情趣的返照"，所以因人而异，随境而迁，"深人所见于物者深，浅人所见于物者浅"。①

这种情趣往复回流于物的心理现象叫作"审美的移情"。朱光潜特别辨析道，移情并非美感经验的必要条件，"有些艺术趣味很高的人常愈冷静愈见出形象的美"②。这里便浮现一个问题。联系朱光潜对"形式主义美学"的批评来看，他并不认可后者对艺术作为"表现"的否定。艺术的"表现"就是艺术所包含的打动情感的内容。而作为纯粹形式的艺术，追求一种"纯粹的美"，在品格上表示出与善和真的价值追求的划清界限。朱光潜考量到，艺术是与人生发生着密切关系的，以形式主义者的观点来看艺术与艺术中的美，那么艺术就成了与人生割裂开的一个孤立绝缘的空间，美只是人偶然刹那跳进去的一种陌生体验。所以，朱光潜坚决反对纯粹的形式主义对艺术的窄化，认为艺术的形式与内容是同等重要并和谐互生的。朱光潜始终持的是"文艺是情趣与意象的融合"的观点，这在他看来是艺术的理想状态。③ 于是，艺术及美便在形式与内容的平衡上与人生发生更为深广的联系，"人生"也由此具备成为审美欣赏的对象的资质。

继续进一步地说明"看戏"作为一种艺术活动。④ 朱光潜以戏喻人生，首先，这是因为人生是由人的活动组成的，人的活动的内容被戏剧作为来源材料所汲取并借助演员的表演艺术化为戏剧作品，因此人生易于被比拟为戏。

---

① 朱光潜：《朱光潜全集（第一卷）》，第238页。
② 朱光潜：《朱光潜全集（第一卷）》，第270页。
③ 关于这一点，相较于《文艺心理学》中较为暧昧的表述，朱光潜在较早的作品《悲剧心理学》传达地更加明确。"当然，以上描述的分享者和旁观者这两种类型代表着两个极端。他们当中没有哪一种可以取得理想的审美经验。……理想的审美经验既需要分享，又需要旁观。"正如前一节中特别强调的那样，朱光潜在美学思想和审美趣味上都有一种"中庸"之美的偏好，"在艺术中和在生活中一样，'中庸'是一个理想"。但他在《悲剧心理学》之后的作品里几乎都放弃了"中庸"的用法，而选择以"和谐"来说明。（当然，这也许与张隆溪先生在翻译该作品时的判断更有关系）
④ 在朱光潜艺术美学思想中，审美活动——欣赏，就是"形象的直觉"，就是一种艺术的创造。也就是说，美是艺术欣赏的产物，离开艺术无法谈论美，同时，离开美感经验也无所谓艺术。所以，在此我们称呼"看戏"为一种艺术活动时，并不与其作为审美活动绝然区分，但是保留了艺术的活动所具备的更丰富的内涵。

　　"看戏",最重要的是懂得"看"。关于"看",我们又不得不在此暂时转向另一种朱光潜格外注意的艺术类型——诗。他在《诗论》中这样说明对于诗的欣赏与创造:"无论是作者或是读者,在心领神会一首好诗时,都必有一幅画境或是一幕戏景,很新鲜生动地突现于眼前,使他神魂为之钩摄……","无论是欣赏或是创造,都必须见到一种诗的境界。这里'见'字最紧要"。① "见",或者说"看",抑或是"观照",是朱光潜关于艺术欣赏问题的题眼。在《诗论》的第四章中,朱光潜就"表现"问题(即"情感思想与语言文字的关系"的问题)从他的"有机整体观"出发,说明了情感与语言(或线条色彩等材料)在发出上的连贯一致,换言之,饱含情趣的形象的创造(表现)是先在心灵中完成的一个不可还原(化约)的过程,而向外付诸现实的材料不过是外达的步骤,不依据它艺术创造也已经实现了,所得到的是没有艺术品产生的艺术活动,即艺术欣赏的活动(实际上这里人生已经在观念里被创造成艺术品)。② 这一观点来自克罗齐的"直觉即表现",克罗齐对于直觉与表现的关系有如下的判断:"每一个真直觉或表象同时也是表现","心灵只有借造作、赋形、表现才能直觉。若把直觉和表现分开,就永远没有办法把它们再联合起来"③,"直觉是表现,而且只是表现"④。克罗齐认为能传达出来的完备的直觉必然已经在心灵中是完备的,因而表现的过程并非是与外达不能分离的,而是与直觉不能分离。不过,克罗齐的局限在于,他虽然指出过往对于表现的狭隘,要把线条、颜色、声音的表现也纳入表现的范围中,但他言尽于此,只模模糊糊地说出"每个人都经验过,在把自己的印象和感觉抓住而且表达出来时,心中都有一种光辉焕发"⑤。朱光潜把传达媒介作为想象中的材料纳入艺术想象的过程,是对克罗齐的一种必要的补充。

　　如此,我们更加清楚了欣赏是如何作为创造的,"见"(或说"看""观照")所创造的"形象"是完整的艺术形象,在诗歌是经过语言材料的组织的,在绘画是经过线条色彩的组织的。朱光潜谈论诗歌与戏剧问题,素来爱用"图

① 朱光潜:《朱光潜全集(第三卷)》,第49、51页。
② 朱光潜:《朱光潜全集(第三卷)》,第87—97页。
③ 克罗齐著,朱光潜等译:《美学原理　美学纲要》,人民文学出版社1983年版,第16页。
④ 克罗齐著,朱光潜等译:《美学原理　美学纲要》,第13页。
⑤ 克罗齐著,朱光潜等译:《美学原理　美学纲要》,第16页。

画""戏景"来描述那种创造的心理过程，都是做一种"形象的直觉"的艺术想象活动的说明。

通过对朱光潜关于一般艺术的欣赏与创造的观点的说明，我们已经大致清楚，欣赏的过程也是一种心灵中的创造的过程，因此，人生中的事件、场景、人物都有可能凭我们自己的心灵进行一种创造而生成审美的形象。朱光潜常把人生中的这种欣赏活动比作"看戏"，但是人生中的场景、事件、人物是比戏剧中的舞美、情节、角色要生糙太多的材料，凭"直觉"是如何能将其加工为可欣赏的一场戏呢？

这里通过朱光潜对悲剧艺术的解说来整合人生的艺术化问题。朱光潜在《悲剧心理学》中说道："在保持距离这一点上，作为一种戏剧形式的悲剧与音乐和造型艺术相比，有一些先天的不利条件。"[1] 戏剧的表现形式与内容相对其他艺术类型来说，离我们的日常经验更近，因此往往要采取一些特殊的艺术手法来实现"距离化"。朱光潜所列举的几种手法，都是就悲剧作为一种在舞台上演出的形式来说可实行且有效果的，对于常人眼前所直观到的生活场面来说并不适用。唯有借助"抒情成分"这一条是有价值的。它是从抒情诗中的借取："它那庄重华美的词藻、和谐悦耳的节奏和韵律、丰富的意象和辉煌的色彩——这一切都使悲剧情节大大高于平凡的人生，而且减弱我们可能感到的悲剧的恐怖。"[2] "抒情成分"是利用诗歌的形式美化戏剧，虽然对于人生而言，诗歌中可利用的成分只有"丰富的意象和辉煌的色彩"，但这亦足以点铁成金。

我们再来看朱光潜在文章中分享的他的"看戏"经验，作为一些具体的实例："老实说，假如这个世界中没有曹雪芹所描写的刘姥姥，没有吴敬梓所描写的严贡生，没有莫里哀所描写的达尔杜弗和阿尔巴贡，生命更不值得留恋了。"[3] 这些艺术作品中的形象是取材自人生中某类人的生活轨迹和性格特质，能运用谐趣在心灵中把生活中这些生糙的片段点化成有趣的画面情景，就是一种欣赏的创造，人生的艺术化。而人生的苦难则有时在心灵中形成一种悲剧情节，"悲剧也就是人生一种缺陷。它好比洪涛巨浪，令人在平凡中见出庄严，在

---

① 朱光潜：《朱光潜全集（第二卷）》，第 242 页。
② 朱光潜：《朱光潜全集（第二卷）》，第 245 页。
③ 朱光潜：《朱光潜全集（第一卷）》，第 60 页。

黑暗中见出光彩"①。悲剧精神本身就是一种诗化了的要素,它包含着对无常的恐惧而激发的崇高感和生命活力,以及对充斥着人生、难以回避的苦难和毁灭的一种普遍的惋惜。从这些例子可以看出,将生活中的事件、人物点铁成金为戏剧性的情节和人物形象的关键在于情趣的投射。这正是前文描述欣赏的心理过程时所述的,形象是欣赏者"情趣与性格的返照"。主体自身对适合的材料投射谐趣,就能使人生呈现出喜剧的情节,投射惋惜、崇高感和生命力,则使人生的苦难变化为一种悲剧的情节。

艺术化的人生首先就是能"见"出与生糙的人生材料不一样的图景,就是凭心灵去创造充满情趣的形象。过往学者谈论"人生的艺术化",都能注意到朱光潜《谈美》的最后那篇专门议论了这个问题的文章里所强调的"艺术是情趣的活动,艺术的生活也就是情趣丰富的生活。……所谓人生的艺术化就是人生的情趣化"②。因此都能把握住"情趣"这个概念。但须注意的是从朱光潜的艺术思想来看,情趣对欣赏来说虽然极重要(它是主体能进行欣赏活动的关键),情趣却非欣赏的全部,只谈情趣,不谈形象的产生、不谈产生了何种形象,情趣就还只是模糊地蕴含在人心灵中未经表现的。欣赏即表现,情趣与形象的创造在心灵中是不可化约的,所以,当我们谈论人生的艺术化时,要了解到情趣必然在欣赏的过程中寄托在某种形式之中,有必要去分析这种形式。

按照各人的趣味与修养的不同,对人生材料在主观里加工的结果应该是不同的。也就是说,对图画更能欣赏的人偏好在直觉里运用色彩与线条创作属于他的形象,而对音乐更敏感的人对于人生的情趣投射往往是依托旋律、节奏来完成的,后者并不倾向于在眼前生出一幕新鲜的戏景,他们或许更常见的是把从人生中体味到的情趣化作一支乐曲,而非把人生当作一出"诗化的戏"。因此,需了解朱光潜对人生艺术化常做的那种"图画""戏景"的视觉化、意象化的判断是带有其主观趣味的倾向性的。

以上说明了"人生的艺术化"就是将人生作为一种"诗化的戏"在欣赏中创造的原理,我们最后再通过朱光潜对尼采的"日神精神"与"酒神精神"的吸收与发挥解释"看戏"作为对人生进行艺术欣赏的活动,人从中所获得怎样的"知"。

---

① 朱光潜:《朱光潜全集(第一卷)》,第60页。
② 朱光潜:《朱光潜全集(第二卷)》,第96页。

《悲剧的诞生》是尼采早期代表作，基本展露了尼采早期艺术形而上学的思想面貌。"日神精神"与"酒神精神"这一对概念，作为两种艺术的本能表现为一种"连续不断的斗争和只是间发性的和解"。日神精神体现为制造美的外观的幻觉；酒神精神体现为"一种具有形而上深度的悲剧情绪的放纵"。它们分别代表着两种艺术形而上学的追求，日神精神达成了一种"形而上的美化目的"，实现的是自我肯定，酒神精神达成了一种"形而上的慰藉"，实现的是自我否定而复归世界本体。尼采要假托于艺术建构一种生命的形而上活动，实际上是要用审美的价值取代基督教道德的价值和科学与功利的价值对人生的指导。在这里，审美活动也就是艺术活动对于伦理与科学的活动而言是对抗、反叛的姿态，与它们形成一种张力，而这种张力的目的是为了破除后者导致的人的浅薄空虚、生命力的衰弱。①

以《看戏与演戏》一文为例。为辩护"看戏"的人生，朱光潜多次使用了"阿波罗的观照"这一短语。他把酒神视为行动的象征，日神则是观照的象征，因此这种解脱必须借助日神"从形象得解脱"，"使灾祸罪孽成为惊心动魄的图画"。② 因为人生不能未经看便去演。"所以我们尽管有丰富的人生经验，有深刻的情感，若是止于此，我们还是站在艺术的门外，要升堂入室，这些经验与情感必须经过阿波罗的光辉照耀，必须成为观照的对象。由于这个道理，观照（这其实就是想象，也就是直觉）是文艺的灵魂；也由于这个道理，诗人和艺术家们也往往以观照为人生的归宿。"③

可见，朱光潜其实选择了日神精神，而舍弃了酒神精神。原因是他并不持一种"审美形而上学"观点，并不着意于把世界本体看作一种"醉"的生命意志。朱光潜并不服膺于"表象—意志"对世界的认识的二元框架，或者说他根本不着意于关于世界本体的辩论。对于外在世界，他有时流露出一种科学的认识倾向，但最常见的还是一种体验的认识态度。体验、认识外在世界的目的是为了对付内在自我，协调内在自我一方面是为自我的发展与个体生命的伸张，另一方面暗含了以美化的方式改造世界的目的。只是这种美化的方式落脚于

---

① 尼采著，周国平译：《悲剧的诞生》，生活·读书·新知三联书店1986年版，第2、28、105页。

② 朱光潜：《朱光潜全集（第九卷）》，第261页。

③ 朱光潜：《朱光潜全集（第九卷）》，第265页。

主观人格与心灵，所以显得有"唯心气"。可见，虽然朱光潜说自己"实在是尼采式的唯心主义信徒"①，我们也只能说朱光潜在坚持审美的人生态度上才是一名尼采的信徒。

进一步说，"日神精神"的"形而上的美化目的"在去除"表象—意志"的二元框架后，显示出与实用、伦理态度的折中调和的空间。朱光潜要完成的就是这种"折衷"，或者说，某种程度上他通过消解形而上而消除了形上与形下的割裂，使审美的无功利性成为朝向功利性开放的，使审美与实际人生达成一种和谐。这种折中调和体现在，他认为止于"看戏"是一种人生的归宿，但也可以利用从"看戏"获得的对人生真相的认识、审美无功利心境、对人生世相的深广同情指导于"演戏"。简言之，"看戏"（也就是"观照"）是人生境界打开的必经的起点，艺术与美带来的精神上的超越打开的是人通往美与真与善的和谐的至高境界的门。另一处他对"日神—酒神"的典型发挥亦可证明："'感'是能入，'想'是能出；'感'是认真，'想'是玩索；'感'是狄俄倪索斯的精神，'想'是阿波罗的精神；'感'是严肃，'想'是幽默。"②这里无疑把行动和感受、反思与观照分别统一了起来，由此可以更显明地得见他的思想有把儒家知行合一的修养论与西方审美自律论化为一炉的迹象。以上所反映的正是朱光潜从早年到后来一以贯之的人生论基本原则："我不在生活以外别求生活方法，不在生活以外别求生活目的。"③朱光潜抛弃了尼采，皈依了中国古典哲学思想。

回到生活的每一个瞬间而永恒的此刻，观照其中的美。这大概可以成为对朱光潜的人生论艺术美学思想的一个基本概括。他的美学是从艺术中归纳来的，表达了对本体论从哲学演绎美学的反叛，也由此明晰了他的哲学的修养论气质。经过分析，我们知道朱光潜的人生观与艺术美学思想之间有着比想象中更紧密深刻的联系。他对欣赏与创造的解释与说明以及对诗歌和戏剧艺术的美的说明，使我们可以了解到"人生的艺术化"的命题并不简单地与"人生的情趣化"画等号，也并不止于一种人生的美化，而是借助具体的形象的创造打开人生由美至真与善的境界。"所谓艺术家的胸襟就是在有限世界中做自由人的本领；有了这副本领，我们才能在急忙流转中偶尔驻足作一番静观默索，作

---

① 朱光潜：《朱光潜全集（第二卷）》，第210页。
② 朱光潜：《朱光潜全集（第九卷）》，第313页。
③ 朱光潜：《朱光潜全集（第一卷）》，第58页。

一番反省回味，朝外可以看出世相的壮严，朝内可以看出人心的伟大。并且不仅看，我们还能创造出许多庄严的世相，伟大的人心。"①通过对人生世相的观照，所获得的"知"是一种智慧之知，一种"审美意识形态"②。美的价值对于人生来说是一种开放性的价值，它是朝着真与善打开的。"看"是美的根据，因此是人生的艺术化的开始，而由"看"到"演"是人生的艺术化的至境。综上，本文姑且使用"人生论艺术美学"来为朱光潜的思想冠上一个标签。

"Poetry" and "Drama": A New Perspective on Zhu Guangqian's Theory of "The Artistic of Life"

Jin Zihan

Abstract: Zhu Guangqian's aesthetic thought derives the basic principles of beauty art by summarizing the experience of art appreciation and creation, which has the quality of artistic aesthetics, and his famous proposition of "the artistic of life" is also in harmony with this artistic aesthetic thought. Therefore, this paper tries to follow the ladder of "individual art problems"—"general art problems"—"life art problems", according to the aesthetic characteristics of the two arts of "poetry" and "drama", and in connection with their explanation of the appreciation and creation of art, it is concluded that Zhu Guangqian creates life in the soul as a kind of "poetic drama" to watch and perform, and realizes the "artistic of life".

---

① 朱光潜:《朱光潜全集（第九卷）》，第 160 页。

② 杜卫教授在《美育三义》中指出，美育作为一种"感性教育"，所发展的其中一个方面就是"体现于直观形式中的观念意识"，"观念意识并不仅仅体现于概念之中，还体现于形象、话语等直观形式，从而有别于理论形态。这种感性的观念意识又被称作'审美意识形态'"。参见杜卫:《美育三义》，《文艺研究》2016 年第 11 期，第 12 页。

"Watching a drama" and "acting" are a pair of concepts involving "detachment" and "involvement", "knowing" and "practice", which explains how aesthetics can achieve "knowing" through "watching drama", and how it guides "practice", and explains the deep connotation of "the artistic of life"—aesthetic value is a value that opens to goodness and truth; It also shows that the ideal state of "the artistic of life" is not only appreciation, but must be opened by appreciation.

Key words: Poetic drama, The artistic of life, Zhu Guangqian, Artistic aesthetic

"宇宙大美"与"玄览透视":
方东美的审美形上学及其方法[*]

张泽鸿[**]

摘　要：从中国文化的妙性价值视域出发，方东美将中国人的生活世界视为一个普遍生命流行的全幅图景，应以哲学形上学、道德形上学和审美形上学分别加以观照和透视，以获得真智、善性和美感。面对人性被贬低和人文精神日益消散的现代世界，方东美用价值理想重塑这个世界，使其"复魅"。方东美认为中国宇宙观是艺术化的宇宙观，是一个充满美感价值的"意境空间"，因此中国哲学家追求圣者气象，提升生命主体的精神境界，能以整合的心灵"直透"宇宙天地之大美，将宇宙与人生的真正价值都显现出来。中国哲学对全整宇宙的总体透视，也深刻影响了中国美学对自然的观感方式。

关键词：审美形上学　妙性文化　一个世界　宇宙大美　玄览透视　双回向

方东美认为中国哲学是一种有别于西方超绝形上学的"内在超越形上学"[①]，中国哲学力求把"形而上"与"形而下"贯穿起来，将"超越形上学"点化为在于人类精神、人类生活的"内在形上学"。按照他设计的文化哲学蓝图，艺术、哲学和宗教都是属于"形上文化"的领域，艺术领域是"形而上世界的开

---

　　* 基金项目：本文系国家社科基金重大项目"朱光潜、宗白华、方东美美学思想形成与桐城文化关系研究"（17ZDA018）、国家社科基金一般项目"中国美学域外传播中的方东美经验及其意义研究"（15BZX124）阶段性成果。

　　** 作者简介：张泽鸿，男，文学博士，淮阴师范学院文学院教授，泰国格乐大学国际学院客座教授，博士生导师。研究方向为中西现代美学、艺术哲学。

　　① 笔者认为，所谓"审美形上学"是对超越形上学的一种比拟，因为方东美哲学本体论即是一种内在超越形上学，也是以美善圣诸价值为中心的价值形上学，因此从他将宇宙大全视为艺术意境的层面来看，所构建的是一种审美价值形上学。龚鹏程也认为，方东美、唐君毅等新儒家从宇宙生命本体开出的审美价值维度的思想可称为"生命美学"或"形上美学"。

始"①，也就是说，中国内在超越形上学包括艺术（审美）、宗教和哲学三个层次。方东美是从比较文化形态学的视域，将中国文化视为一种"妙性文化"，也就是一种具有高度美感价值的文化，这种文化美感的根源在于普遍的生命；从审美形上学层面将中国人的宇宙视为一个"艺术意境"并加以总体透视（直透）。

韦政通曾指出，中国两千多年哲学传统始终保持了一种"有情的宇宙观"②，这种"有情宇宙观"将人与人、人与万物、物与物之间看作不隔的，由于"情"（生命）的存在，人与天地万物统统被联系在"情的交光网中"，成为相互感通的世界。"情"出自生命，"有情"宇宙观本质上就是"生命"宇宙观，因此方东美说："整个宇宙是一个生命秩序。"③ 在《生命情调与美感》（1931）一文中，方东美以审美形上学的宏大视野，透视了中、希、欧三种不同的宇宙观，"了悟生命情蕴之神奇，契会宇宙法象之奥妙"④，这篇文章通过对宇宙生命情蕴之观赏，讨论的是"宇宙美感"如何可能的问题，而非一般的艺术审美问题。各民族文化以其不同的心灵去面对宇宙："希腊人与欧洲人据科学之理趣，以思量宇宙，故其宇宙之构造，常呈形体著名之理路，或定律严肃之系统。中国人播艺术之神思以经纬宇宙，故其宇宙之景象顿显芳菲蓊勃之意境。"⑤ 西方哲人是以科学理性之准绳丈量宇宙，视宇宙为一价值中立的定律系统，而在中国文化看来，宇宙是一充满生香活意的价值园地，中国哲人是以"同情交感"的方式来体验宇宙，以艺术之神奇创意来"经纬"宇宙，使宇宙成为一个雄伟壮观、灿溢美感的"艺术意境"。在方东美的审美形上学中，宇宙是普遍生命流行的整体世界，我们要以"整合的心灵"来对宇宙做总体透视，以彰显其蕴涵的多重价值。

一、中国文化的"妙性知化"品格

方东美认为中国文化有三大特点，一是没有"本位的宗教"。中国文化是

---

① 方东美：《方东美先生演讲集》，黎明文化事业有限公司 1978 年版，第 12 页。
② 刘志琴编：《文化危机与展望——台港学者论中国文化（下）》，中国青年出版社 1989 年版，第 44 页。
③ 方东美：《原始儒家道家哲学》，中华书局 2012 年版，第 147 页。
④ 方东美：《生生之德：哲学论文集》，中华书局 2013 年版，第 87 页。
⑤ 方东美：《生生之德：哲学论文集》，第 100—101 页。

一种宗教意识相对淡漠的世俗文化，在这种世俗文化中产生了以道德伦理和艺术审美为主流的文化精神。二是没有形成"两重世界"的看法。在中国文化中，"形而上"（道）与"形而下"（器）的概念并未将世界划分为两重，而是上下沟通成一体的，所谓"理一分殊""万川一月"即是此意。中国人认为"道器不隔"，形而上与形而下可以沟通，其沟通之道即在"生命哲学"。[1]三是中国文化以性善论为道德哲学和伦理学的基础，故中国文化是一种非常重视价值理想之实现的文化。

中国文化秉持"一个世界"的理念，注重"此世"的价值实现，不另求一个彼岸的世界，因此，"中国人的生活兴趣是寄托在'此世'，认为在这现实的人间世中，就可以充分完成人类所追求的一切价值。假使在宇宙中有一个可能设想的最好世界，那么就是此世，因为凭藉人类通力合作的创造性生命，不难点石成金，将此现实世界点化超升，臻于理想"[2]。在中国文化中，超越世界与现实世界是"互相交涉"的，而并非泾渭分明的，正如余英时所说，中国人"无法真正把价值之源的超越世界清楚而具体地展示出来"，中国哲学不会在两个世界之间划下一道"不可逾越的鸿沟"。如果我们用"道"来指代理想的超越世界或"最高价值"，用"人伦日用"来表示现实的人间世界，那么"道"就在"人伦日用"之中，"人伦日用"也不能须臾离开"道"。[3]方东美认为，与中国文化的"道器合一"相反，希腊、欧洲、印度文化中都有鲜明的"二分法"，二分法源于宗教性的身心分裂思想，由此导致不断分化的"二元世界"：（1）宇宙的二分法，印度有生灭变化界与永恒法界之分，欧洲亦有天国与人世之分；（2）人生的二分法，人有精神性与躯壳性之分，即所谓身心或灵肉的二分法；（3）价值的二分法，他们认为形下的现实世界是"无价值"的，价值只属于形上的本体世界。中国哲学认为人性是本善的、身心是合一的，因此也没有产生宇宙、人生与价值的三种"二分论"，也没有"先天性恶论"，只有后天的"情恶论"。站在中国文化的道器合一和价值理想的基础上，方东美批判了近代西方文化中的唯科学主义，工业革命以来，"近代的欧洲是守着道德中立、美学中立、宗教中立的立场，在科学型态的文化当中整个宇宙是一个价值中立的世界，一切从希

① 方东美：《人生哲学讲义》，中华书局 2013 年版，第 79 页。
② 方东美：《中国人生哲学》，中华书局 2012 年版，第 217 页。
③ 刘志琴编：《文化危机与展望——台湾学者论中国文化（下）》，第 347 页。

腊以来讲的价值一洗而尽"①，所剩下的只有实用主义哲学以及讲究实用价值的文化，将道德、美学和其他价值理想拒于科学之门外。

哲学是民族文化的精华，中国哲学所表现的"高尚道德、美学及价值学"②的思想，也体现在中国文化精神中，即中国文化注重对价值理想的追求。从比较文化哲学看，希腊、欧洲、中国三种文化精神是各有不同的，古代希腊文化是追求真理的"契理文化"，近代欧洲文化是追求"驰情入幻"的"尚能文化"，而中国文化兼摄希腊和欧洲之长，以"妙性知化，依如实慧，运方便巧，成平等智"，演变为"挈幻归真"的"妙性文化"。③按照方东美的逻辑，中国文化的"挈幻归真"具有审美的意蕴，即通过艺术形象、艺术意境等（虚象）来表征真理，通过审美化的途径来体悟宇宙妙道，这是方东美对中国文化的基本定性。这种人我两忘、物我均调的"妙性文化"在西方很难找到，但却是中国文化的独具特色。方东美并未详解"妙性文化"的具体含义，我们根据他的文化哲学思想可以对之做出诠释，具体而言，所谓"妙性文化"盖有四层含义：一是尊崇生命的文化，妙性之"性"源自普遍生命；二是美感型的文化，妙性之"妙"即有"美妙、美感"之义；三是伦理型的文化，"妙性"亦有"美好之人性"的意思；四是追求"内外相孚"的和谐文化。妙性体现在"知化"，即知宇宙生命之大化流衍，从而与天地参，浃而俱化，一体和谐。从否定的意义上来说，妙性文化不是希腊的契理文化（崇理爱智的文化），也不是欧洲的尚能文化（崇权尚能的文化），更不是提倡对立和斗争的文化，这与西方文化相比可以见出，欧洲智慧之弱点即在于"一切思想之探讨，义取二元或多端树敌，如复音对谱，纷披杂陈，不尚谐和"④，而中国人以一往平等的人性论为基础，发展出"妙性知化"、广大和谐的文化品格。

方东美认为，哲学思想决定文化的理论构成，中国文化之妙性特质与中国哲学精神是密切相关的，中国文化的妙性精神来自商周之际的早期的理性哲学，尤其是以五行学说和《尚书·洪范》为代表的生命哲学。因为中国文化属于早熟的理性文化，它一开始就是从"价值化"的角度思考宇宙人生，建构了

① 方东美：《原始儒家道家哲学》，第152页。
② 方东美：《原始儒家道家哲学》，第152页。
③ 方东美：《生生之德：哲学论文集》，第111—112页。
④ 方东美：《生生之德：哲学论文集》，第121页。

丰富的宇宙生命思想，这有三方面表现。

一方面，在早期五行学说的兴起和演变中，逐渐向生命哲学转化。五行之说经过上千年的层层转折，从公元前 11 世纪到春秋战国、秦汉之间历经辗转流变，直至汉代，班固在《汉书·律历志》《五行志》中把五行合并起来表达"生命之韵律"（rhythms of life）；五行之说经此解释成为生命哲学，这一生命哲学与汉代流行的《周易》思想相结合，就不仅具备宇宙论的意义，同时还变作生命哲学上的生命韵律、生命姿态。① 五行之说逐渐在科学思想、哲学宇宙论以及生命哲学方面显现出重要的意义。

另一方面，从《尚书·洪范》可以看出中国早期生命哲学的基本形态，它深刻影响了中国妙性文化精神的生成和发展。方东美在解释《尚书·洪范》中的"皇极"概念的时候，认为"皇"是崇高伟大的意思，"极"之本义是指中国建筑的最高屋梁（Highest beam），后引申为"中"的意思，皇极就是"大中"（Great Center），"大中"（大中以正）是原始宗教和哲学上的最高"象征"（Great symbol），它是表达宇宙中心的超越性概念，因此它"代表了宇宙的最高真相和价值"。② 方东美认为"皇极"具有四层含义。第一具有古代宗教符号意义，《洪范》相当于古代中国的"启示录"。第二具有哲学意义，"皇极"代表最高的宇宙真相与价值标准。第三层意义是把本体论和价值论转化为一个理性世界，这个"理性世界"有三层结构：最底层是"纯粹行动的世界"，中间层是"充满生命"的世界，最上层是"超升"的价值世界，即具有"美善生命的世界"。③ 从中国哲学进程看，儒家是先把原始的神秘世界转变为道德理性的世界，道家又把儒家的道德世界再转化为美感的世界。如此一来，中国文化思想在历史的层层转化中不仅形成了本体论哲学，还创造了独特的"道德哲学"与"美感哲学"，以反映宇宙人生的奥秘。"皇极"的第四层意义，是参与建构了中国早期的文化哲学系统。从商周到春秋时期，我们把宗教的、哲学的、伦理的、美感的诸价值集中于一个"大中"符号，这个"符号"可以产生一种作用，即在"皇极"的正面展开来成为"中国的早熟文化"（即妙性文化），并成就了周朝的道德理想、

---

① 方东美：《原始儒家道家哲学》，第 81 页。
② 方东美：《原始儒家道家哲学》，第 71 页。
③ 方东美：《原始儒家道家哲学》，第 90 页。

艺术观念与哲学思想[①]；如此再传衍下来，就形成了春秋以后的中国系统化的哲学，促使原始儒家、道家和墨家等思想体系的诞生。

再者，远古华夏的泛神化原始宗教也是生命哲学的神学起源，殷商时代的宗教近似于"泛神论"（pantheism）或"万有在神论"（panentheism）。殷商时期有三种祭祀形式：大祭祀祭大神祇，中祭祀祭人鬼山川，小祭祀祭百物之魅。这种泛神论或多神论的信仰模式，本质上体现了一种"宇宙万有皆在神圣之中"[②]的思想观念，"在天上的是皇矣上帝，他的神意流露在日月星辰里，流露在山河大地里，再流露贯注在人的存在里，在草木鸟兽虫鱼的存在里。这种精神的生命可以贯注一切的一切，所以这一切的一切所构成的宇宙万有，自然贯注了神圣，而使万有皆为神圣的"[③]。因此，中国原始宗教和早期祭祀活动中隐含着"万有在神""万物有生"的思想，这种万有在神（生）的思想将宇宙人生视为一个"神圣的世界"，这是未分化的"一元论世界"，这种思想构成了春秋时期以儒道墨为代表的中国生命哲学的神学起源，影响了后来中国文化在精神品格上向"妙性知化"的生成。

二、宇宙有大美

在中国文化的妙性价值视域下，方东美将中国人的生活世界（宇宙人生一体化）视为一个普遍生命流行的全幅图景，以哲学形上学、道德形上学和审美形上学分别加以观照和透视，以获得真智、善性和美感。如他所言，"智慧之积所以称宇宙之名理也，意绪之流所以畅人生之美感也"[④]。傅伟勋也认为，中国人将宇宙人生看作一个生命整体，中国宇宙观注重主体的生命体验、宗教意识以及审美的感受，"贯通而为一种对于世界全体的根本见地"[⑤]。中国文化将宇宙人生视为一个生命整体，是一个"未分化的世界"；但在现代西方科学兴起以后，人性面临着多重打击，人性的崇高性塌陷，这个未分化的世界逐渐崩

---

① 方东美：《原始儒家道家哲学》，第 90 页。
② 方东美：《原始儒家道家哲学》，第 102 页。
③ 方东美：《原始儒家道家哲学》，第 103 页。
④ 方东美：《生生之德：哲学论文集》，第 90 页。
⑤ 傅伟勋：《从西方哲学到禅佛教》，生活·读书·新知三联书店 1989 年版，第 157 页。

解，导致主客二分的产生，方东美所要救赎的就是这个人性被贬低和人文精神日益消散的现代世界，用价值理想重塑这个世界，使其恢复完整，助其"返魅"（re-enchantment）。为现代人重建一个"价值宇宙"，这是方东美所要解决的时代课题。

在方东美看来，民族美感系于生命情调，生命情调系于宇宙观；具体来说，中国文化中的"一个世界"，是一种未分化的价值宇宙观，它决定着中国人的生命精神和民族心理是偏向人文而不是科学的，进而影响到道德理念和美感经验，因此方东美说，中国人的美德和文化偏好"不寄于科学理趣，而寓诸艺术意境"[1]。如果我们用抽象法将中国宇宙生命中的宗教、道德、艺术精神全部化解掉，所剩下的只是一个"赤裸裸的物质存在"[2]，那中国文化的"妙性"也就彻底丧失了，"一个世界"将分化为两个或多个对立的世界；而这正是近代西方文化哲学的特点，近代西方经过科学主义的洗礼，他们"守着道德中立、美学中立、宗教中立的立场，在科学型态的文化当中整个宇宙是一个价值中立的世界"[3]。中国文化面对的宇宙是一个"价值宇宙"，在中国哲学看来，宇宙是一个生命秩序，其中是充满价值的。《周易》就是一部以"场"的理念来贯穿整个宇宙观和人生观的场有哲学，一切的存在都是"场"的存有，"宇宙乃创造权能开显的场所——一个为事物的无限相对相关性所在的无限背景和环境：也就是《周易》哲学理所谓的'乾坤'或'天地'"[4]。方东美认为，中国生命哲学涵盖人生论、本体论和超本体论，通过内在超越达到理想境界，向这一境界的超升需要通过一套"机体程序"，这套机体程序在儒家叫尽性以知天、参赞化育；在道家是心斋、坐忘的方法；在大乘佛学就是"上回向"（菩提道）的方法。按照中国哲学的理解，这个生生不已的宇宙就是中国人的宇宙，是真善美的统一的价值世界，是真理世界、艺术境界、道德境界、神圣境界的汇集之地。在中国哲学看来，尽管有价值的世界的区分，但从本体论和人生论看，宇宙与人生浃而俱化，我们只有"一个世界"，就是天人合一、生生不已的世界。

方东美认为，世界各民族文化如何"经纶"宇宙，其心态、思路和方法是各

---

① 方东美：《生生之德：哲学论文集》，第 100 页。
② 方东美：《原始儒家道家哲学》，第 146 页。
③ 方东美：《原始儒家道家哲学》，第 152 页。
④ 唐力权：《周易与怀德海之间——场有哲学序论》，辽宁大学出版社 1991 年版，第 4 页。

有不同的，西方文化以科学理趣分析宇宙构造，中国文化则是"播艺术之神思以经纶宇宙"，所显现的宇宙景象是一片"艺术之意境"。[①] 各民族对科学与艺术各有倚重，中国宇宙观是艺术化的宇宙观，即所谓以艺术情怀来"经纶"宇宙，视宇宙为一个充满美感价值的"意境"，视中国人的生存空间是一个"萦情寄意"的场所。因此，中国文化可以"托心身于宇宙，寓美感于人生"[②]。方东美在《生命情调与美感》一文中建构了审美形上学，价值基于生命本体，宇宙与人生享有共同的生命美感价值，从生命美感来看宇宙，它显现为一个艺术意境。由此可见，方东美是从艺术精神和审美情趣来看待（透视）宇宙，赋予宇宙以生命的美感。

中国人能以艺术精神直观宇宙，是建立在生命共感的哲学基础上的，因为"中国向来是从人的生命来体验物的生命，再体验整个宇宙的生命"[③]，依据道德和艺术的价值理想来透视宇宙生命。方东美认为，"中国人的宇宙一方面是个道德的宇宙，一方面也是艺术世界，把这两者合并起来，产生一个普遍的价值论，再谈普遍的哲学"[④]，中国哲学思想不像近代西方科学那样只关注客观世界之构造，而是要建构尽善尽美的价值世界。庄子所谓"原天地之美而达万物之理"，就是透过艺术化的立场来观照世界，世界不仅是一个道德的园地，也是一个美的领域、一个艺术的对象。在此，方东美始终将道家哲学视为可以建构一个审美时空（艺术化的宇宙）的重要依据，这不仅是因为道家具有遗世独立、提升太虚的精神，也因为道家具有审美自由的情怀。因此他认为，庄子能"以其诗人之慧眼，发为形上学睿见，巧运神思，将那窒息碍人之数理空间，点化之成为画家之艺术空间，作为精神纵横驰骋、灵性自由翱翔之空灵领域"[⑤]；一言以蔽之，庄子的形上学，就是将"道"投射到无穷之时空范畴，建构了一个精神生命的宇宙。从价值形上学来看，宇宙是"一个广大悉备的生生之德"，而人是一个参赞化育者，"天地宇宙的创造精神即把握在人的创造生命中"[⑥]，这种思想也成为中国文艺精神的灵魂，使得中国艺术家具有察天观地、

---

① 方东美：《生生之德：哲学论文集》，第 101 页。
② 方东美：《生生之德：哲学论文集》，第 89 页。
③ 方东美：《原始儒家道家哲学》，第 146 页。
④ 方东美：《原始儒家道家哲学》，第 121 页。
⑤ 方东美：《生生之德：哲学论文集》，第 249—250 页。
⑥ 方东美：《原始儒家道家哲学》，第 147—148 页。

经纶宇宙的才情气魄，"其创造力取之于天，取之于地，取之于宇宙本体，将宇宙本体一切创造力把握住，拉到自己的人格中来运用，如此一来，人的创造直可与天地之创造比美"①。从审美形上学来看，这种"大化冥合"的艺术意境，足以表征生生不已的宇宙本体。

三、玄览透视法

在审美形上学看来，中国人的宇宙是宇宙与人生有机联系的"一个世界"。中国文化不认同西方的二元论，而认为"整个世界是神圣的。神圣的价值贯注在太空里，在山河大地里，在每人的心里，在每一存在之核心里。因此可以说：神不仅高居皇天，神也居住在我们美人的心中"②。从中国哲学看，"山河大地皆不是无情之物"。按照现实界与神圣界同属于"皇矣上帝"的一个世界理论，中国人既可从功利的动机看待这个世界，也可以从其他更深层的价值意义来看待这个世界：道德意义、审美意义，进而追求尽善尽美的最高境界，成为神圣的世界。简言之，真、善、美、圣的四重价值都体现于这"一个世界"。这与西方不同，西方人用二分法把世界分裂开来，肉身所寄托的是自然界或罪恶的世界，精神所向往或灵魂需要超升的是另一个神圣的世界（天国），两不相关、彼此隔绝。由此可见，"一个世界"还是"两个世界"是区分中西文化精神的重要标准。在方东美看来，中国超越形上学在方法论上有优胜于西方哲学之处，一是以"天人合一"论超越西方的二分法，二是以"直觉透视法"超越西方的片面分析法。所谓"直觉透视"是一种更为彻底的分析方法，直觉是对"透视的再透视"，是对"分析的再综合"。中国哲学之所以没有采取西方的"分析法"，因为后者会构成"边见"（偏见），无法透视宇宙人生意义之全体，所以谈分析就应当追求彻底的分析，真正彻底的分析是一种整体透视的直觉能力，它能让我们"由直觉上把握宇宙人生的全体意义、全体价值与全体真相"③，可以直观宇宙人生全体而形成旁通统贯的观点，在彻底分析的视野中，一种哲学思想才能创构出体大思精的体系。

---

① 方东美：《原始儒家道家哲学》，第148页。
② 方东美：《原始儒家道家哲学》，第103页。
③ 方东美：《原始儒家道家哲学》，第18页。

　　对宇宙人生做总体透视，既是哲学（形上学）的方法，也是美学（玄学化）的方法。具体来说，就是以心性的内在超越为追求，以上下回向为具体途径，以心灵整合为主体条件，对我们寄托身心于其中的世界——"生命宇宙"作旁通统贯的总体透视和玄览，以贞定其内在的有机和谐的生命秩序，以欣赏其真善美的价值构成。方东美主要是利用庄子的哲学精神来建构他的"宇宙透视"法，在他看来，庄子思想具有玄览透视宇宙空间的超越功能，他认为："圣人体道之神奇妙用，得以透视囊括全宇宙之无上真理，据不同之高度、依不同之角度或观点，而观照所得之一切局部表相，均一一超化之，化为象征天地之美之各方面，而一是皆融化于道体之大全。"①总而言之，庄子的慧眼将一切差别的观点都调和消融在一个"统摄全局之最高观点"，它可以遍及一切时空范畴，视宇宙万物为"妙道之行"，这就是庄子精神的妙用。

　　在方东美看来，"天地有大美"，其美的本质在于宇宙的普遍生命。如何体会宇宙生命之大美？那就是庄子所谓"原天地之美"的方法，即"直透"（直观），而"直透之道"（直观方法）在于"协和宇宙，参赞化育，深体天人合一之道，相与浃而俱化"，也就是天人同情交感。进而言之，天人交感的前提是要将"人"的主体地位提升起来，将人的精神境界超升上去，足可以与"天"（宇宙）对等，即所谓"协和宇宙、参赞化育"。方东美认为，审美形上学需要培养健全伟大的人格，使其精神解放，实现人格境界的不断超升。人类在直观宇宙的真相与美感价值时，首先当在主体精神上提升高度、实现解放超脱。一般的知识只能用来装点门面，而哲学智慧是要成就"光明伟大的精神人格"，亦即"个人之精神超升，其气概可以摄取宇宙一切真相和价值于其内在生命，培养出一颗扑不破的人格"②，儒家之圣人、道家的博大真人、佛家所谓菩萨和佛陀，都是这一伟大人格的象征。面对宇宙生命，真正的哲学家在精神上要"立定脚跟"，"不沾染低层世界，然后他的精神层层超升、解放，直到精神世界的顶点，在那儿形成不朽的人格，再发出生命的光辉"③，这才是真正的哲学家人格。希腊哲学家讲究"纯灵之超升"，在精神上拥有绝对自由，不陷溺于形下世界；中国哲学家追求"圣者气象"，培养圣者气象的方法就是精神解放、提升生命，具体

---

① 方东美：《生生之德：哲学论文集》，第 251 页。
② 方东美：《原始儒家道家哲学》，第 29 页。
③ 方东美：《原始儒家道家哲学》，第 30 页。

而言，就是"要把自己的生命投到万物、人类广大的生命中，与之合流，然后再与宇宙的精神价值一同超升到很高的境界"①。主体的精神境界提高之后，不以鄙陋之心观人世，而能以整合的心灵"直透"宇宙天地之大美，将宇宙与人生的真正价值都显现出来。

中国哲学对全整宇宙的总体透视，影响到中国美学对自然的观感方式，中国美学认为天地自然是一个生机盎然、创进不息的生命世界，是一个"艺术的意境"（aesthetic realm），因此对它的感知也要以"一个整合的心灵"来旷观玄览，对其做总体观照，这就是方东美审美形上学的总体透视法。方东美认为，中国艺术采取的是"玄学"（直观）方法来面对表现对象的；扩大来说，从审美形上学对宇宙的直观，也要采取整合的心灵来玄览透视。他分析说：与西方以科学来分析自然结构的方法不同，中国的"玄学从一开始，就是以广大和谐的原则来玄览一致性，中国哲学家特别是如此，中国的艺术家尤擅于驰骋玄思，在创作中宣畅气韵生动的宇宙机趣，所以他们透过艺术品所要阐述的，正是对宇宙之美的感受，在大化流衍之中，要将一切都点化成活波神妙的生香活意"②。哲学家的"玄览一致"、艺术家的"驰骋玄思"，表达的都是对宇宙的直觉透视，获得宇宙的和谐精神和美感。

在方东美看来，中国艺术的玄览透视法是与西方艺术的科学分析方法是不同的，尽管他没有直接拿中西艺术做对比，但在字里行间还是流露出对以科学为底色的西方雕刻和工艺性艺术的不以为然，这种成见从他在早年的《科学哲学与人生》一书里对文艺复兴以后的巴洛克和洛可可艺术的批判，可见一斑。③方东美对艺术中"科玄"的不同态度主要是通过他对"工匠"和"艺术家"的分析体现出来：

> 真正的中国艺术家与"匠"不同，他不能只在技巧下功夫，不能只透过科学的一隅之见来看生命与世界，或只以一些雕虫小技来处理作品，他应该是一个整合的心灵与创造的精神，其中包含了哲人的玄妙神思、诗人的抒情心灵、画家的透视慧眼、雕刻家的熟练驾御，以及作曲家的创造能

① 方东美：《原始儒家道家哲学》，第 30 页。
② 方东美：《中国人生哲学》，第 201 页。
③ 方东美：《科学哲学与人生》，中华书局 2013 年版，第 224—225 页。

力,合而言之,乃是能够直透灵魂深处,把上述的所有慧心都融会贯通,据以展现全体宇宙的真相及其普遍生命之美,这种神妙奇异的艺术创作,真如巧夺天工一般,直把宇宙之美表现得淋漓尽致,了无遗蕴![1]

这里所谓的"匠"有三个特点:一是只注重技巧(形式),二是遵循科学的有限方法,三是缺乏高度整合的心灵。这既是对"匠人"艺术的价值评判,也可以看作对以自然科学为基础的西方艺术的一种含蓄批评(尽管在这里西方艺术并未出场)。比较而言,中国艺术以玄学化的面目出现,它有四大优势:一是具有整合的心灵,能整合调匀哲人、诗人和艺术家的多种心灵来把握对象(融会贯通的慧心);二是具有创造的精神(巧夺天工的创造);三是超越科学而能以形上学的方法直透宇宙之神奇,展现普遍生命之美(淋漓尽致的表现);四是艺术符号形式的技巧表达也是为显现"生命气韵"服务的。

玄览透视法在中国艺术和中国哲学中都有体现,也是方东美审美形上学的主要方法,他认为,从中西绘画透视法可以看出中国哲学的旁通原理,从中国哲学的内在超越方法又可以启发中国美学的总体透视法。他认为,西洋绘画都要选择一个无固定的视点进行透视,才能形成一个画幅。但透视总是相对的,从不同的透视角度可以形成不同的画面,从左、右、远、近、中间都可以形成不同的画面构图。中国画却不同,中国画家具备一种才能,"大的可以画成小,小的可以画成大",因为他并不局限于一个特定视点、只取一个透视境界,他可以采取各种不同视点来观看,画家的视野可以无限扩大、精神可以不断提升,然后"提其神于太虚而俯之",产生一个"总透视法"[2],玄览各个相对的透视境界。在方东美看来,中国美学的"玄览透视""圆照博观"法可以充分展现宇宙普遍生命之美;中国艺术以颂咏"宇宙永恒而神奇的生命精神"为旨趣,成为"宇宙大化生意"的审美表征。由此看来,中国哲学如同中国画的总透视法,要将各自分割的哲学境界融会贯通,消除上下、内外层之间的隔阂,这才是真正的"超越形上学"。中国哲学一向不用二分法制造对立矛盾,而总是要"透视"一切相对的境界,追求"纵横交通",最终形成一个"旁通的系统"。从审

---

[1] 方东美:《中国人生哲学》,第201页。
[2] 方东美:《原始儒家道家哲学》,第20页。

美形上学来看，这种总体透视法就是以"整合的心灵"来对宇宙大全进行"玄览""直观"，这个所谓"整合的心灵"，包含了"哲人的玄妙神思、诗人的抒情心灵、画家的透视慧眼、雕刻家的熟练驾御，以及作曲家的创造能力"，合而言之，就是能够以"总体的慧心"去玄览透视宇宙，感受到"全体宇宙"的真相及其普遍生命之美。

四、双回向的人文学方法

当代学者龚鹏程指出，现代新儒学美学是一种"人文美学"，人文美学并无固定的理论范式，它是把美学视为人文学术的基本方法，美学的目标乃是"人的完成"，人文美学对于美、美感的讨论最终归结到主体人格的提升。方东美美学就具有人文美学之特色，"他认为生命本体中虽然有客观世界（物质世界）做为实有的基础，但生命本体就是要以生命为一贯的价值系统来融解物质世界，而成为指向呈现人生种种意义的后设基础"[①]。所以，客观世界的美（宇宙之美）必须以生命的主体性为基础，才能产生"美"的意义；仅有客观世界还不能构成"美"，只有两者浃合融会才能共构一个"美的世界"。这一人文学特色在方东美的审美形上学中体现得最为明显，因为他的审美形上学不讨论一般的艺术与审美原理，而集中关注美感与文化特性、价值与宇宙本体、内在超越与玄学透视等问题，其"美学研究即由此而通贯于整个人文研究，甚至成为人文学之基本方法或核心"[②]。

面对中国文化中的"一个世界"（全幅宇宙图景），中国哲学采取"即超越即内在"的形上学方法予以透视，它是"以宇宙真相、人生现实的总体为出发点，将人生提升到价值理想的境界，再回来施展到现实生活里，从出发到归宿是一完整的体系"[③]，这其中的过程和方法就是一套"机体的程序"[④]。这个机体主义的程序具体来说就是将"上回向"与"下回向"相结合的内在超越路径。"回向"是个佛学概念，方东美将华严宗的"十回向"之说分为两大回向，即"回向菩

---

① 龚鹏程：《美学在台湾》，见龚鹏程文化大讲堂：https://www.sohu.com/a/301456271_702188。
② 龚鹏程：《美学在台湾》，见龚鹏程文化大讲堂：https://www.sohu.com/a/301456271_702188。
③ 方东美：《原始儒家道家哲学》，第30页。
④ 方东美：《原始儒家道家哲学》，第30页。

提"与"回向人间"。① 综观中国哲学，都是要求把形上与形下相互衔接，将超越形上学"点化"为内在形上学。儒家强调"践形"，力求价值理想在现实社会的实现；道家固然超越，但是到了最高境界，又以"道"为出发地向下流注到现实人生。中国大乘佛学根据高度的般若智慧，认为最高的宗教价值是追求整个人类的精神解放。由于中国文化中并不存在"两个世界"的区分，也无西方宗教的"天国"概念，因此不存在西方式"绝对超验"和"外在超越"的思想观念；方东美所论"内在超越"，主要侧重于对中国"一个世界"（宇宙生命）的价值学诠释，他所谓的"内在超越形上学"，既要引导人类精神沿着"上回向"去追求最高的价值理想，又要把这种真善美的价值理想沿着"下回向"而内在于现实世界与实际人生中而得到落实。因此可以说，内在超越就是"双回向"的工夫，上回向就是人格超升的"提神"，下回向是理想落实的"践履"，这是方东美融摄儒道佛哲学后的理论创新。

从审美形上学来看，"内在超越"和"上下回向"也具有提神太虚而俯视宇宙人生的美学意义。身处"一个世界"之中，我们可以通过"同情互感"来提升生命，以达到最高的精神领域。一方面，我们需要提升心灵以达到玄览透视，以直观最高的"天地大美"境界；另一方面，当美感提升到大美境界之后，需要向现实世界和人生去落实和回视，"透过审美的眼光"，将人间世"点化"为美的世界。因此，在方东美的审美形上学中，"上下回向"具有人文主义方法论的意义，尤其是庄子的"回向人间世"最具启发性。方东美认为，真正的哲学家先寻求精神上的"超脱解放"，在精神的超升达到最高点时，还要"回向"人间世，以"同情了解的精神"把现实世界变成理想世界的化身，人人都可实现"精神自我"。这就是道家的双回向方法：既要精神超脱，回向"寥天一处"；又要回向人间世，真切的体验人间世的生命状态，因此真正的道家思想境界，只有平等感而没有优越感。在由形而下超升到形而上境界的时候，"人性向上面不但表现了他高尚的品格、崇高的品德，而且创造了许多'形而上'的境界"②，其中就有艺术境界、道德境界和宗教境界等；在艺术境界中可以把现实的人间世"点化"成为理想的诗歌、雕刻、绘画等，构建一个美感的世界。方东美曾谈到

---

① 方东美：《华严宗哲学（上）》，中华书局 2012 年版，第 58—59 页。
② 方东美：《方东美先生演讲集》，第 232 页。

道家"下回向"之于审美的意义，换句话说，是审美的距离造成"美学的回向"问题，他曾说："我在美讲学的前几年，常常飞越大湖区的上空，飞机都是在云层雾阵里。霞光灿烂，紫霭缤纷。凌空俯视地面上所谓'all great details'（万汇群品），游目骋怀，不觉忘怀得失。奇幻的景象令人目不暇接。在惊诧叹美之余，回看地球，我才憬悟到'there must be heaven on earth'，就是把一切丑陋与缺陷的局部表相化除掉了，而成为空蒙境界中，诗人、艺术家的奇情幻想，再透过审美的眼光，回顾下层世界中的一切一切，都变做洽然俱化于妙道周延的天地大美中的'人间天国'。"①

在方东美看来，上下回向的方法既是道德的，也是审美的，我们在对人与自然共存的宇宙图景进行"玄览透视"，可以达到"我性即天天即我"（邵雍语）的境界，这种境界也体现了主体心灵与宇宙之美的高度契合。"我性即天天即我"的"即"，它是表示这样的"双轨"关系："一方面贯注在一切生命，以至于最高的生命——人性里面；而另一方面，这最高的真相与价值理想，把它的精神力量，贯注到宗教领域、道德境界、艺术领域、心灵境界、知识领域，一直到物质的活动，都一气贯注下来了。"②这就是"下回向"的一面，类似希腊哲学的"流溢说"（emanation theory），但是还有另一个方向的运动是"回向太一"（return to the primordial），这是"上回向"。如此就形成了两条"双轨"的运动方向：向下贯注到人性，注入于物性，但不拘滞于现实的人性和现实的物性；当其回而向上的时候，我们还要归根返本，使这种贯注下来的力量，再追溯到"至上"的创造根源，这就是"回向太一"的意思。从审美形上学的角度说，"我性即天"就是"回向太一"，以我的"整合心灵"感受宇宙生命之大美；"天即我"就是宇宙创造力下贯到我的人格之中，天地大美和宇宙生机成为主体性灵的镜像。

总而言之，方东美在形上学中采取的直觉透视、上下回向的人文主义方法，本质上是审美化的方法，这种方法也招致了学界的一些批评，如牟宗三、罗光等学者就认为，方东美的美感方法脱离了中国哲学的伦理性；高度修辞化的哲学叙事干扰了理论的清晰表达："他常留在理想界里，以诗人和文人的文章表达思想，不免有笼统的不很明确的阴影。"③

---

① 方东美：《新儒家哲学十八讲》，中华书局 2012 年版，第 16—17 页。
② 方东美：《新儒家哲学十八讲》，第 216 页。
③ 转引自罗义俊：《评新儒家》，上海人民出版社 1989 年版，第 604 页。

"Cosmic Beauty" and "Metaphysical Perspective": Thomé H. Fang's Aesthetic Metaphysics and Its Methods

Zhang Zehong

Abstract: From the perspective of the wonderful value of Chinese culture, Thomé H. Fang regards the life world of Chinese people as a full picture of universal life popularity, which should be viewed and penetrated through philosophical Metaphysics, moral Metaphysics and aesthetic Metaphysics to obtain true wisdom, goodness and beauty. In the face of the modern world where human nature has been degraded and the humanistic spirit has been increasingly dissipated, Thomé H. Fang reshaped the world with value ideals to "re-enchantment" it. Thomé H. Fang believes that the Chinese cosmology is an artistic cosmology and a "artistic space" full of aesthetic values. Therefore, Chinese philosophers pursue the sage atmosphere, improve the spiritual realm of the subject of life, and can "penetrate" the beauty of the universe with an integrated mind, showing the true value of the universe and life. The overall perspective of Chinese philosophy on the whole universe has also profoundly affected the way Chinese aesthetics perceives nature.

Key words: Aesthetic metaphysics, Wonderful culture, The one world, Cosmic beauty, Metaphysical perspective, Double directions

基于"模糊美学"的阐释

——论王明居《周易》符号意象体系*

章雅玙**

摘　要：王明居基于"模糊美学"原理对《周易》符号意象体系进行了深刻的学理剖析，将《周易》美学研究上升到抽象哲理的维度，是当代意象论美学的重要成果，也为美学科学化做出了贡献。本文从三个方面对其成果进行阐述：第一，王明居论证了以"模糊美学"原理阐释《周易》的合理性和科学性，他认为《周易》是远古人观照自然现象，并将审美感受加以符号化的产物，远古人的"互渗思维"使其意象语言表现为"多值逻辑"和"二值逻辑"并存，并呈现模糊美；第二，王明居指出《周易》符号意象是抽象之意与再现之象的结合体，"象"在主体创造力和想象力的作用下形成"象外之象"，即审美化的"模糊意象"；第三，王明居提出《周易》符号意象体系的三个层次——观物取象、立象尽意、得意忘象，三者之间体现出主观化到抽象化再到符号化的演变过程。

关键词：模糊美学　符号意象　卦爻辞　模糊意象

　　王明居将"模糊美学"辐射到中国传统文化的源头，他尝试以模糊理论来阐释《周易》，并形成了《周易》符号美学意象体系的理论成果。目前，学术界对王明居的模糊美学体系及其影响做出了积极肯定的评价。有学者认为《模糊美学》和《模糊艺术论》是迄今为止最为系统、贡献最大的模糊美学著作。[①]王

---

　　*　基金项目：本文系国家社会科学基金重大项目"审美意象的历史发展及其理论建构研究"（21&ZD0670）阶段性成果。

　　**　作者简介：章雅玙，女，武汉大学文学院文艺学专业博士研究生。研究方向为中国古代美学。

　　①　范英豪、朱志荣：《王明居模糊美学思想述评》，《学术界》2000 年第 4 期。

明居从中国古典美学中汲取养分,建构了一个以"不确定"形态为核心的模糊美学体系,打破了传统美学研究的限域,"由此构建的模糊美学形态其经验基础来自中国传统美学与艺术,是在《易》《老》《庄》哲学美学和以唐诗为典范代表的中国传统艺术中涵养、生成的学术创新成果"①,这是从学科意义上,肯定了模糊美学体系的创新性与进步性。还有学者认为,王明居创构的模糊美学理论体系,对当代学者朱志荣所提出的"意象创构论美学"产生了相当的影响,体现出模糊美学的学术延续性。②在深圳国际美学、美育会议上有学者指出:"到目前为止,我认为对模糊美学贡献最大的是王明居先生。"③可以看出,王明居的模糊美学和模糊艺术论曾在学术界掀起过浪潮,但值得注意的是,王明居以"模糊美学"来阐释《周易》符号体系的研究成果,却未能引起重视。本文从三个方面梳理出王明居《周易》符号美学意象体系的具体内容,即《周易》符号意象体系的逻辑语言、《周易》符号意象体系的内在特征和生产机制、《周易》符号意象的三个层次,并阐明其现代价值。

一、《周易》符号意象体系中的"多值逻辑":基于"模糊美学"的阐释

王明居将"多值逻辑"应用于《周易》卦爻辞的阐释,而"多值逻辑"的概念来源于模糊理论体系。王明居认为,《周易》卦象卜筮的结果是通过一些关键词来形成逻辑判断的,其方式主要有两种:一种是"二值逻辑",另一种是"多值逻辑"。具体来说,"非此即彼,是为二值(在彼与此的二值中取其一);亦此亦彼,是为多值(在彼此相互渗透的多值中取值)。二值逻辑与多值逻辑的判断,在《易经》中虽然显得幼稚、古拙但却是存在的"④。所谓"二值逻辑"指的是对立关系,"多值逻辑"指的是互渗关系。以既济卦和未济卦为例,既济

① 钱雯:《王明居模糊美学思想的创新性》,《安徽师范大学学报(人文社会科学版)》2011年第1期。

② 陶水平:《意象论与中国当代美学研究——以朱志荣意象创构论美学为例》,《社会科学辑刊》2015年第5期。

③ 周长才:《模糊美学在中国——在深圳国际美学、美育会议上(1995.11)的发言》,《外国文学研究》1996年第1期。

④ 王明居:《叩寂寞而求音——〈周易〉符号美学》,《王明居文集(第四卷)》,文化艺术出版社2012年版,第90页。

卦爻象具有阴阳相间的特点（见图1），既济卦离上坎下，未济卦是坎下离上，二卦爻象正好相反，体现出对立性。《说卦》曰："坎者，水也，正北方之卦也。"又曰："离也者，明也，万物皆相见，南方之卦也。"[1] 意思是说，离象征火，为北方之卦；坎象征水，为南方之卦。水与火、南与北、极与始等关键词均指明两卦之间的二值属性。但王明居认为这其中也包含多值逻辑，他说："从二值逻辑角度而言，是一阴一阳，泾渭分明；从多值逻辑角度而言，是亦阴亦阳，泾渭合流。"[2] 也就是说，两卦之间水火转化，南北呼应的合流属性是多值逻辑的。据王明居考究，《易经》中能体现出"亦此亦彼""泾渭合流"等多值逻辑思维的卦象还有很多，有如泰否相克，但能转化为"否极泰来"；损益相生，能呈现出"见损见益"。[3] 可以看出，王明居试图将《易经》卦象中存在的对立属性和互渗属性，视为"二值逻辑"与"多值逻辑"共存的现象，并以此作为逻辑原则来解释卦义。这种阐释方式不同于王弼所谓的"一爻为主说"，王弼认为："统论一卦之体，明其所由之主者也。"[4] 这即是说，一卦虽有众多爻，但其中只有一爻是中心主旨，并统领着六爻的变化。朱伯崑认为，王弼的"一爻为主说"并不能解释一切卦义，尤其当主爻义与卦义相反时，便难以自圆其说。[5] 而王明居加以"多值逻辑"的视角，则能够解决这一矛盾，因为"多值逻辑"既包含单卦的多重含义，也包含卦象之间的转化含义，并且多值的阐释原则也符合卦辞、爻象具有变动性和多样性的特点。

既济卦   未济卦

图 1 既济卦和未济卦的卦象对比

准确来说"多值逻辑"的概念来源于"模糊集合论"（Fuzzy sets）的理论基础。"模糊集合论"由美国逻辑学家、数学家扎德（Lotfi A. Zadeh）于 1965 年提

---

① 王弼、韩康伯注，孔颖达疏，于天宝点校：《宋本周易注疏》，中华书局 2018 年版，第 477 页。
② 王明居：《叩寂寞而求音——〈周易〉符号美学》，《王明居文集（第四卷）》，第 91 页。
③ 王明居：《叩寂寞而求音——〈周易〉符号美学》，《王明居文集（第四卷）》，第 96 页。
④ 王弼、韩康伯注，孔颖达疏，于天宝点校：《宋本周易注疏》，第 315 页。
⑤ 朱伯崑：《易学哲学史（第一卷）》，昆仑出版社 2009 年版，第 291 页。

出,他将模糊逻辑应用于数学研究中。所谓模糊逻辑(Fuzzy logic),它不同于传统逻辑将所有陈述都以二元项来表达,而是用多值的"真实度"来替代二元的"真值"(Truth value),并以非绝对性的边界状况来解释一些现象,这意味着0与1之间增加了0.1、0.2、0.3等中间环节[1],这对人们研究客观世界中的模糊现象具有现实意义,也为定量研究提供了可能。王明居认为,研究"不确定性"即是模糊集合论的任务,模糊美学亦是如此。但值得注意的是,美学中的"多值逻辑"不完全等同于数学中的"模糊逻辑",美学中的多值逻辑指的是,事物之间的互渗性和不确定性,它的形成与人体模糊思维的产生机制有关。依王明居考证,"模糊思维过程中的不确定性与神经细胞突触传递时,含有递质的突触小泡运动的不确定性有关"[2]。也就是说,人类大脑之所以能产生出模糊现象,是因为神经细胞本身具有不确定性,模糊思维可以说是人类生理本能的映射。由此可知,王明居将多值逻辑运用于美学之中,乃至用以阐释《周易》卦爻辞是具有科学依据的。

王明居认为"耗散结构理论"为美学研究不确定之美开辟了新路径。该理论由比利时物理学家、化学家普里高津(Ilya Prigogine)提出,其描述了远离热力学平衡状态的耗散结构(dissipative structure),该结构可在开放条件下与外界交换物质和能量,通过能量耗散等作用,突变形成持久稳定的宏观有序结构。[3]王明居指出:"宇宙间存在着远离平衡的非线性区域,其根本特征在于它的不平衡性。大自然永远处于不稳定的无序的激荡状态中。"[4]这意味着,自然物质普遍具有无序性,且自然美中的不确定性是客观的,从而启发了模糊美学。模糊美学的研究对象不仅是明确的、具象的事物,也包括弗晰的(Fuzzy)、虚灵的美的现象。故以模糊理论来阐释卦象、爻辞,不仅提供了交叉学科的研究视野,还有利于破除传统研究方法中,过于追求"肯定判断"的思维定式,从而避免产生偏颇之意。丹纳在《艺术哲学》中,将植物学的分类原则——"特征的从属原理",应用于文化艺术的研究之中,他指出:"艺术与科学相连的亲

---

[1] Zadeh Lotfi A, "Fuzzy sets", *Information and Control*, 1965, pp. 338–353.
[2] 王明居:《审美中的模糊思维》,《王明居美学文选》,安徽师范大学出版社2021年版,第19页。
[3] Prigogine Ilya, "Time, structure, and fluctuations", *Science*, 1978, pp. 777–785.
[4] 王明居:《模糊美学·模糊艺术论》,《王明居文集(第一卷)》,文化艺术出版社2012年版,第24页。

属关系能提高两者的地位；科学能够给美提供主要的根据是科学的光荣；美能够把最高的结构建筑在真理之上是美的光荣。"①可以说在某种程度上，科学的意义也在于为美学提供理性的、客观的依据，王明居将自然科学领域中的模糊原理用于美学研究，诚然是合理的。

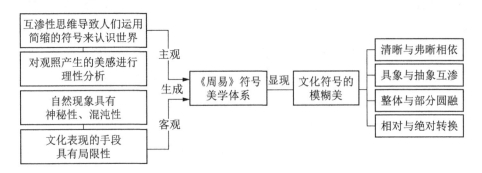

图 2 《周易》符号体系的生成因素

王明居认为《周易》符号系统是远古人对自然现象进行观照和总结而形成的理论成果，其生成因素可分为主、客观两个方面（见图 2）。主观而言，远古人对客观世界的判断以及美学观念还尚未摆脱对卜筮观念的依附状态，且具有"互渗思维"，因而被他们奉为圭臬的《周易》是通过模糊、简缩的符号系统显示出来的。所谓"互渗"的概念来自法国人类学家列维-布留尔（Lucien Lévy-Bruhl），他认为原始思维是一种受到"互渗律"（law of participation）支配的原逻辑思维，他说："我把这个为'原始'思维所特有的支配这些表象的关联和前关联的原则叫做互渗律。"②并且，这种互渗思维不受现代思维中"逻辑矛盾律"的制约，与其说原始人类在"思维"不如说他们在感觉和体验，他们集体表象中的世界往往是"不确定的"。布留尔基于研究事实的分析提出了两个的定论：一是"原始人的制度、风俗、信仰必须以原逻辑的和神秘的思维为前提"，二是"构成这个思维的集体表象及其相互的关联是受互渗律支配的"。③这就是说，远古人的思维产物是以神秘的互渗性为前提的，而不是逻辑判断。王明居认为《周易》即是如此，由于远古人所认知的自然世界为混沌的、互渗的状

① 丹纳著，傅雷译：《艺术哲学》，生活·读书·新知三联书店 2016 年版，第 377 页。
② 列维-布留尔著，丁由译：《原始思维》，商务印书馆 1981 年版，第 78 页。
③ 列维-布留尔著，丁由译：《原始思维》，第 493 页。

态，并且包含着观照过程中产生的美感，故《周易》中所描写的自然美往往与社会美、艺术美相互交织从而显现模糊性。

客观而言，远古人所观察的自然现象具有神秘性，他们想要表达观照产生的精神内容时，只能通过可感知的物质形式，即通过符号来表现。王明居认为，符号作为合目的性的事物的表征，它与目的事物存在着距离，这种距离感会让视觉表象和知觉心理存在模糊性。再加之，远古人表现方式具有局限性，比如语言文字符号、绘画色彩符号、雕塑物质符号等，这些表现方式都会在描绘现象时，舍弃大量细节而采取简缩、象征性的手段去表现美，由此产生的美必然是模糊的。[①] 由此可知，远古人的互渗性思维使他们不自觉地使用简缩符号来表现观照内容，加之其表现手段的局限性和自然世界的混沌性等因素，促成了《周易》符号意象体系的生成，并呈现出不确定之美。基于此，王明居将模糊理论引入到《周易》美学研究之中，并指明模糊美在《周易》符号体系中呈现的四个特征：一是清晰与弗晰相依，二是具象与抽象互渗，三是整体与部分圆融，四是相对与绝对转换。他认为《周易》中阴阳的概念即是模糊美呈现的表征，而阴阳论以"神""道"为核心。所谓"一阴一阳"实际上是两种对立的元素，它们统摄于太极的"混沌"宇宙或气之中，在阴阳互渗的作用下显示出模糊美。阴阳之道的奥秘可以用"神"字来概括，"神"意味着难以捉摸，"正如《系辞上》所说：'阴阳不测之谓神。'这是由阴阳变化的不确定性所造成的"[②]。王明居将《周易》中"阴阳之道"视为一种玄虚互渗的产物，它是清晰与弗晰、具象与抽象、相对与绝对等二元因素的浑融体。

此外，王明居还指出《周易》符号意象体系的局限性。一是缺乏直观性。他认为《周易》以卦象作为符号的表达方式是象征性的，其表现的寓意往往是隐喻的、潜藏的，他解释说："《易经》通过卦爻去表现事物的面貌和底蕴，从理论上说，不是着力于揭示而是偏重于暗示，不是致力于说明而是热衷于隐秘。"[③]《周易》所表达的意，荫蔽在卦爻符号系统中，并和卜筮观念结合在一起，因而它的存在状态是神秘的。二是缺乏思辨性。《周易》表达的是远古人的观照结论，其含义需要读者根据语境去感悟而不是逻辑论证，再加之，互渗思

① 王明居：《一项跨入新世纪的暧昧工程——谈模糊美学与模糊美》，《王明居美学文选》，第16页。
② 王明居：《叩寂寞而求音——〈周易〉符号美学》，《王明居文集（第四卷）》，第143页。
③ 王明居：《叩寂寞而求音——〈周易〉符号美学》，《王明居文集（第四卷）》，第101页。

维限制了远古人对自然美的直接把握，使其感知力处于"直觉感性阶段"，而未到达绝对理性的阶段，所以《周易》是缺乏思辨性的，它没有专门讨论美的理性问题，而是提供了许多隐形的美学范畴。

总之，模糊数学中的"多值逻辑"和耗散结构论中的"不平衡性"为模糊美学提供了科学依据，王明居将"多值逻辑"的概念用于阐释卦爻辞，这与《周易》符号体系中变易性的特征相吻合，同时这也表明科学与美学的交叉研究具有合理性。王明居认为，《周易》作为古人观照自然现象而形成的理论结晶，受到主体思维的互渗性、客观世界的混沌性以及表现手段的局限性的影响，因而难以用定式思维来把握和理解。并且，《周易》符号体系所包含的"阴阳""神道"等二元范畴，可以视为模糊美学中亦此亦彼、相反相成等现象的映射，具有不确定性。由此，王明居将《周易》符号体系与模糊美学紧密联系起来。

二、从"象外之象"到"审美意象"：
由"想象"产生的"模糊意象"

尽管王明居认为《周易》符号体系缺乏思辨性，但这并非将它视为一门飘忽不定的、无法言说的玄学，恰好相反，《周易》符号美学体系有着自身的意象逻辑，它能够从"象外之象"到"审美意象"的生产机制中体现出来。在他看来，《周易》符号体系的表现方式是"意"与"象"的结合，通过"着力于意"而"不囿于象"的方式挖掘出美的特质与规律。同时，"意"与"象"还是一个互渗的、不可两分的有机整体。王明居在《象外之象——无中生有》一文中，对"意"与"象"的关系及其含义进行了详细论析，其主要观点有三。其一，王明居明确指出"象"与"象外之象"的含义："象"是指感性的、具体的物象；"象外之象"是依附于"形象"的虚空之象。所谓"象"，是具体的、感性的、概括的、富于魅力的艺术形象；所谓"象外"，是形象之外的虚空境界。但这种虚空境界必须依附于形象，才能形成"象外之象"。这指明"象"与"象外之象"之间的依存关系，文艺作品要显现意境，需要依附于生动的形象。其二，"象外之象"是想象力的产物，它富于模糊性，显示模糊美。王明居认为："象外之象就是寓无于有、寄有于无、有无相彰、无中生有的产物。它若隐若现，迷离恍惚，因此富于模糊性，显示出模糊美。这种模糊美从视觉角度而言，是景外之景,是可以想见的形象(意象)。"① 这是说"象外之象"与"意象"之间隔着一层"想象",抑或是说"象外之象"是主体想象和神思的产物,它依附于"形象"又发生于"想象"之中。在具体作品中,"象外之象"可以从听觉和味觉两方面体现出来:从听觉角度而言,它是"韵外之致";从味觉角度而言,它是"味外之味",也就是司空图所说的"味外之旨"。其三,"象外之象"所引发的境界不完全属于具象的范畴,而是一种审美的、模糊的内在意象,即意境。尽管王明居没有直接指出"象外之象"即是"审美意象",但他的论述实则暗含了这个观点。他说:"象外之象,归根到底,也是一种象。这种象,乃是意象,而不是具象。"② 这里的"象"不是具象,也并非形象,而是一种"内在意象",即主体内心所感悟出来的意象。审美者在观照审美客体(意象)时,由内及外地领悟意象,并把这种意象和现实画面联系在一起,从而形成"象外之象"。所以,他强调意象是有意之象,它摒弃抽象的概念,又保留抽象的笼统;它忽略具象的板实,又重视具象的生动。概言之,"象外之象"不是具象的,也不是纯粹抽象的,而是意与象的结合体。

在此基础上,王明居进一步提出"模糊意象"的概念。首先,"模糊意象"作为一种审美化的意象,它的审美价值在于具有特殊的模糊性,即"对感觉或直觉的一种模糊不清的再现"③。"模糊意象"的概念与朱光潜所说的"物我同一"的审美意象有相似之处。"物我同一"是指,在知觉中把自我人格和感情投射到对象中去,并与对象形成同一个自我,这时审美意象是"意象"与"情趣"契合而产生的境界。朱光潜在《文艺心理学》中指出,美感经验的显著特征就是"物我两忘",而美感经验是一种"极端的聚精会神的心理状态",也就是说,当我们能鲜明地察觉我和物是两件事的时候,就说明美感体验还没有达到足够专注的状态。他说:"如果心中只有一个意象,我们便不觉得我是我,物是物,把整个的心灵寄托在那个孤立绝缘的意象上,于是我和物便打成一气了。"④ 朱光潜所说的"心灵寄托于意象",实际上与"移情作用"无异。所谓"移情作用"是指,主体将生命情感投射到客观对象上,并引起同情或共鸣的美的感受。朱

---

① 王明居:《象外之象——无中生有》,《王明居美学文选》,第 106 页。
② 王明居:《象外之象——无中生有》,《王明居美学文选》,第 108 页。
③ 王明居:《叩寂寞而求音——〈周易〉符号美学》,《王明居文集(第四卷)》,第 213 页。
④ 朱光潜:《文艺心理学》,中国文史出版社 2021 年版,第 8 页。

光潜认为，"移情作用"中产生的境界是"情趣"与"意象"的融合，"情景相生而且相契合无间，情恰能称景，景也恰能传情，这便是诗的境界。每个诗的境界都必有'情趣'（feeling）和'意象'（image）两个要素"①。而境界的突现起于灵感，灵感就是想象（imagination），想象即是意象的形成。② 同样，王明居也认为审美意象与感觉、直觉甚至是想象的审美机能相关。王明居说："想象是透过直觉的窗户，复现出表象、意象，再造、创造出新的形象的心理机能。笔者所谈的想象，虽然与心理学有着密切的联系，但其侧重点则是指审美创造和审美欣赏中的想象。"③ 可以看出，朱光潜强调"审美意象"中，"物与我同一"的超越性状态，而王明居更强调"审美意象"是一种介于抽象与具象之间的模糊的再现，它需要审美创造和欣赏中的想象力。所谓模糊意象，它既有客观的物态，又有主观的情思，是意象的结合体，他说："意者脱离象，则以索然寡味，象不显示意，则必形状僵化。寓意于象，以象显意，方为上乘。明代诗评家陆时雍在《诗境总论》中所说的'意广象圆'，就是指这种意象交融的高超境界。抑象扬意或抑意扬象，都是不对的。"④ 在模糊意象中，意与象的地位是同等重要的。总之，"模糊意象"是抽象之意与再现之象相互融合的产物，它与人的想象力和审美感悟力密切相关。

其次，王明居将"模糊意象"分为形象美、象形美和象征美，在《周易》中的表现形式为"虚往往多于实"⑤，"虚"体现在卦象的延展性和抽象性之中。黑格尔曾对《周易》哲学做出评价，他认为《周易》注意到了抽象的思想和纯粹的范畴，但它只是停留在最浅薄思想层面的纯粹意识，没有达到抽象境界，"这些规定诚然也是具体的，但是这种具体没有概念化，没有被思辨地思考，而只是从通常的观念中取来，按照直观的形式和通常感觉的形式表现出来的。因此在这一套具体原则中，找不到对于自然力量或精神力量有意义的认识"⑥。黑格尔认为，《周易》只是从通常的观念中提取了具体的原则，而没有经过理性意识的思考，所以，他将东方的思想排除在哲学史以外，而将西方的思想视为真正

---

① 朱光潜：《诗论》，《朱光潜全集（卷三）》，安徽教育出版社 1987 年版，第 54 页。
② 朱光潜：《诗论》，《朱光潜全集（卷三）》，第 52 页。
③ 王明居：《模糊美学·模糊艺术论》，《王明居文集（第一卷）》，第 208 页。
④ 王明居：《模糊美学·模糊艺术论》，《王明居文集（第一卷）》，第 213 页。
⑤ 王明居：《〈易经〉的隐形美学范畴》，《王明居美学文选》，第 82 页。
⑥ 黑格尔著，贺麟、王太庆译：《哲学史讲演录（第一卷）》，商务印书馆 1983 年版，第 121 页。

的哲学史的开始。王明居曾引述过黑格尔的评价，但对此他并不认同。在他看来，尽管《周易》还未形成系统的理性概念，但其逻辑体系中包含了大量抽象的范畴，有如"虚实""有无""阴阳"等，这都是抽象性意识的体现。并且，《周易》所体现的符号化、象数化思维，本身也是"虚多于实"的认识形式。以坎卦为例，他说："坎卦卦象为（坎下坎上），是古水字的重叠。坎卦卦象象征着水，蕴蓄着深广远大的内涵与外延，不限于坎卦卦爻辞所界定的意义。水的性质不仅有柔的特点，而且有虚的特点。所谓'水性虚而沦漪结，木体实而花萼振'（刘勰《文心雕龙·情采》），就是用虚实对比的方法，去暗喻文章境界的虚空灵动的美。在这里，刘勰虽未针对坎卦而言，但却抓准了'水性虚'的特点，这同坎卦卦象是暗合的。"[①] 这是说，坎卦象征水是其本义，但在实际运用中，其内涵往往会超出水的范畴，刘勰将"坎象为水"来比喻文采与思想的辩证关系，这即是《周易》符号含义的延伸；再有如朱熹在《周易本义》中对"坎卦"的解释，"习，重习也。坎险陷也。其象为水，阳陷阴中，外虚而中实也。此卦上下皆坎，是为重险"[②]，意思是说，坎卦之义本为重险，然其象征为水，而水性柔和，故显现出阳陷阴中，外虚中实的表象，朱熹从"坎象为水"的象征义引申出"水性之虚"可化"重险之实"的解卦之意。同样，陈梦雷与朱熹说法相近，他认为："习，重习也。坎，险陷也，水象。阳陷阴中，外虚内实，险陷之象。"[③]这也表达出"坎卦"水性虚柔能化解险陷的解卦之意。在《周易》的阐释中，还包含许多由本义延展至象征义的例子，有如归妹卦象征婚嫁、履卦象征礼仪等，这些象征含义都是后人对《周易》符号意象的演绎和再阐释。在此意义上，卦象所表现出的模糊性、符号性和延展性，即是王明居所说的"虚多于实"的体现，也符合黑格尔所说的抽象境界。

再者，王明居认为《周易》中"以虚写实"的表征对老子"道器"说产生了一定影响，所谓"虚"既是宏观的道，也是微观的器，是"寓无于有、寄有于无"的产物。他说："虚，不仅显示宏观的道，也表现微观的器。老子所说的道器，也不可能不受到《易经》的影响"[④]，在他看来，老子的道器观与虚实观是紧

① 王明居：《〈易经〉的隐形美学范畴》，《王明居美学文选》，第81页。
② 朱熹撰，廖名春点校：《周易本义》，中华书局2020年版，第91页。
③ 陈梦雷撰，周易工作室点校：《周易浅述》，九州出版社2004年版，第121页。
④ 王明居：《叩寂寞而求昔——〈周易〉符号美学》，《王明居文集（第四卷）》，第51页。

密联系的，如果没有虚无的空间，也就不成器用，实在是紧依着虚无的，而这种道器与虚实的联系，是受到了《周易》符号体系的影响。汪裕雄也曾探讨过《周易》与老子思想之间的关联，他认为《周易》中"尚象"思维是受到老子"大象"思想的影响，这与王明居的看法有所不同。汪裕雄认为，"大象"对"尚象"的影响体现在文化符号的应用上。在他看来，老子之"象"无所不包，"大象"即是"道之象"①，老子书中那些用以"喻道"的意象，均可归为"大象"。也就是说，在老子那里"象"已经实现了符号功能的哲学超越，所以是"大象"的概念影响了《周易》"尚象"观念的形成。据王怀义考究，汪裕雄的意象创构有三个层次：观物取象、立象尽意、喻道意象，达第三个层次的同时"易象"即转变为"审美意象"。②"象"是通往"喻道意象"的媒介，三个层次中只有"大象"才是最高的境界。相较之下，王明居并没有过分看重"大象"的抽象境界而忽略对"象"的探索，这包括《周易》符号体系传达的能指意义和所指意义，"能指"，即卦象符号的传达媒介和形式；"所指"，即意象符号所代表的抽象含义。在他看来，中国古典文艺作品中"以虚写实"的美学启迪来源于《周易》。

王明居还指出《周易》符号体系中，意象的生成是一个由具象逐步到抽象的过程。王明居认为："龟卜取象，占筮取数。先有象，后有数。象是具体的，数是抽象的。由象到数，反映了古人思维方式的变化，即由形象的预测到逻辑的推算，这是个质的飞跃。"③尽管先有象，后有数，但数是由象简缩、概括而来的，数离不开象。同时这也说明，中国自古以来是有逻辑的，只不过它并非是纯粹理性的，而是意与象的相互融合。总之，王明居通过"意"与"象"的互渗关系以及意象产生的机制，探讨了"象"与"象外之象"之间的关联，初步形成了《周易》符号美学意象论的基本观点，即"象外之象"依附于客观具象，而产生于主体的想象之中，这种介于"内在意象"和"客体具象"之间的意象，能够通过主体的审美能力，达到"超以象外"的境界，从而形成审美意象和意境。在《周易》中审美意象是通过符号体系传达的"模糊意象"，其表现形式为"寓无于有、寄有于无"。

---

① 汪裕雄：《意象探源》，人民出版社2013年版，第116页。
② 王怀义：《心理、历史与结构分析——论汪裕雄意象美学的研究方法》，《江淮论坛》2020年第5期。
③ 王明居：《叩寂寞而求音——〈周易〉符号美学》，《王明居文集（第四卷）》，第12页。

三、从"观物取象"到"得意忘象"：
"符号意象"的三个层次

除了《周易》符号意象体系的特征和产生机制之外，王明居还提出它的三个层次：观物取象、立象尽意、得意忘象（见图3）。其中，第一层为"观物取象"。此时"意象"由客观"物象"初步转化为"心象"，并形成"再造之象"。从形成过程来看，"象"起初是视觉物象，然后是大脑的复现物象，最后是大脑冶炼后的象征物象，其产物分为"原象的物象"和"造象的物象"。"原象的物象"指的是自然的象和人工的象，所谓自然的象，即客观的、脱离人的意识的独立存在的象[①]；所谓人工的象，即包含人工因素的客观性的象，比如，鼎、革、斧等，它们都有特定的形状或形态。"造象的物象"可以分为再造之象、创造之象，"再造之象是对客观物象（原象）的复制与主观把握，所谓'观物取象'是也"[②]。也就是说，"观物取象"主要是对原象进行复制和模仿，尽管模仿行为包

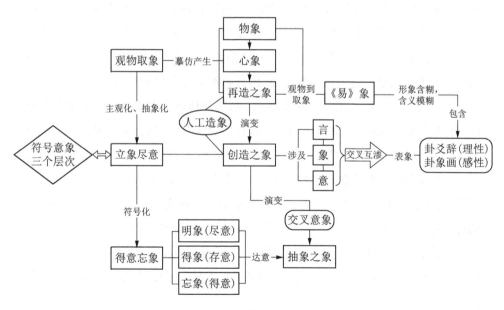

图3 《周易》符号意象体系的三个层次

---

① 王明居：《叩寂寞而求音——〈周易〉符号美学》，《王明居文集（第四卷）》，第66页。
② 王明居：《叩寂寞而求音——〈周易〉符号美学》，《王明居文集（第四卷）》，第67页。

含一定的主观意识，但以客观成分为主。"观物"是对物的观察和感知，"取象"是对客观物象的把握，"再造之象"经过观物取象的过程则产生《易》象。所谓《易》象，既是变化之象，又是象征之象，既包括卦象爻辞的含义，也包括"易象"到"太极之象"的演变过程，因而它没有确切的含义，是形象恍惚、含义模糊之象。

第二层是"立象尽意"。此时"意象"显现为反映主体精神的"创造之象"。王明居指出，"立象以尽意"是个复杂而模糊的《易》学概念，"立象尽意"所产生的"创造之象"涉及言、象、意三个范畴，"象是意的外壳，意是象的内核。言是传达意象的中介，卦爻画也是表现意象的中介"①。三者合为整体，言是中介，象是形式，意是内容，言作为中介，同时起着载体的作用。刘纲纪、范明华在《易学与美学》一书中指出，儒家、道家对言、意关系的一致性在于，他们都认为"言"的表达功能是有限的。书中写道：儒家认为，言的基本功能在于达意。《论语》中说："辞达而已矣。"即认为语言的根本功能在于表达某种意思。道家则认为，"书不尽言，言不尽意"（《周易》受到道家影响）。但二者并不矛盾，因为言只能表达有限的"意"。②儒家、道家均认为"言"不能尽"意"，相较之下，感性的"象"则更能全面表达"意"，"《周易》关于言、象、意三者关系的论述，事实上隐含了一个与艺术创作密切相关的结论，即形象的东西比不形象的东西更能全面地表达主体的意"③。再有如陈梦雷在《周易浅述》中所说，"言之所传有尽，象之所示无穷。立象尽意，指伏羲所画之卦爻，包含变化无有穷尽，虽无言而吉凶同患之意悉具于中，所谓尽意也"④。这也是在说，"言"作为抽象文字，其传达功能有限，所以伏羲创造出卦爻之象，来显示无穷的"意"，即以"无言"的方式尽意。这类论述，实际上是将"言"划入了抽象的范畴，将"象"划入了形象的范畴。然而，王明居并不认同此类观点，他认为在《周易》的符号意象体系中，言、意、象三者是一个整体，不能独立而述，其表现方式也没有所谓抽象、形象之分。"言"是卦辞，"象"是卦画，二者相互统一，共同达"意"。具体来说，《周易》中"言"主要指"卦爻辞"等文字，它在《周易》意象

---

① 王明居：《叩寂寞而求音——〈周易〉符号美学》，《王明居文集（第四卷）》，第 72 页。
② 刘纲纪、范明华：《易学与美学》，沈阳出版社 1997 年版，第 228 页。
③ 刘纲纪、范明华：《易学与美学》，第 230 页。
④ 陈梦雷撰，周易工作室点校：《周易浅述》，第 263 页。

体系中属于理性的部分;"象"主要指"卦画"等形象,属于感性的部分,言象二者为互渗的状态,即"言中有象,象中有言"。所以,"立象尽意"的范畴中,"创造之象"指的是"言象一体"之象。也正因如此,王明居认为否定"言中有象"是错误的,违背了《易》象的整体性特质。

值得注意的是,王明居将"立象尽意"视为"观物取象"的超越。他说:"这种超越表现在尽意上,因而它已非平常的物象,而是经过思想熔炉洗铸的意象,这是体现主观创造精神的创造之象。"① 在"观物取象"层次中,"再造之象"是基本客观的,致力于表现具体的物象;在"立象尽意"层次中,"创造之象"是主客一体的,致力于以象尽意,象与主体创造性之间不断匹配、融合,从而达到立象尽无限之意的境界。这也是说,从"观物取象"到"立象尽意"是一个逐渐抽象化、主观化的过程。

第三层是"得意忘象"。王明居将"得意忘象"视为《周易》符号意象体系中的抽象层次,此时,"意象"已经从"创造之象"走向"抽象之象"。他认为,"得意忘象"的生成条件是"意象交叉",所谓"意象交叉"是意与象之间结合、吸引、互渗的理想状态,在此状态下会产生"一义多象""一象多义""意象并茂"的现象,此时的"意象"已经基本脱离《易》象的范畴。所谓"得意忘象"是与"立象尽意"相对的重要命题,"得意忘象"专注于对"意"的传达。在意象关系中,其传递层次为"明象→得象→忘象""尽意→存意→得意"②,可以看出,这是一个逐渐抛弃感性现象而取无形之意的过程。王明居认为,"得意忘象"是"立象尽意"符号化的体现,是抛弃具体、坚持抽象理论的集中体现,它与抽象思维中从现象到本质的规律是暗合的,他说:"在抽象思维过程中,由现象到本质,由个别到一般,由感性到理性,由具体到抽象,乃必然的规律,它强调的是逻辑、理论,舍弃的是现象、感性,这和'得意忘象'不是有异曲同工之妙吗?"③在理论建设上,"得意忘象"使"观物取象"的命题进入了初步抽象的维度。

不过,王明居认为"得意忘象"并非是"消除象",而是指不拘泥于具体物象。王弼提出"得意忘象"并非是哲学上的取消主义,而是象不拘执。在他看来"立象"是手段,"尽意"是结果,"得意"是目的,"忘象"是途径,"忘象"的

---

① 王明居:《叩寂寞而求音——〈周易〉符号美学》,《王明居文集(第四卷)》,第70页。
② 王明居:《叩寂寞而求音——〈周易〉符号美学》,《王明居文集(第四卷)》,第84页。
③ 王明居:《叩寂寞而求音——〈周易〉符号美学》,《王明居文集(第四卷)》,第86页。

本质是为了更好的达意。"忘象"才能"存象"的取意方式，反映出现象走向本质的过程。同样对《周易》意象体系进行层次划分的还有汪裕雄、朱良志等学者。其中，汪裕雄从结构分析的角度，提出"意象"创构的三个层次：观物取象、立象尽意、大象。在"大象"层级中"易象"即"审美意象"，很明显"大象"是最核心和重要的层次。然而，在"符号意象体系"中没有所谓的最核心的层次，三者只体现"象"的符号化、本质化的进程。并且，在此进程中互渗作用始终参与其中。在"得意忘象"层次中，"意"与"象"是同体的，所谓忘象或抽象，更多是指"不拘泥于物象"，而非纯粹的抽象。朱良志在《中国艺术的生命精神》中指出，"象"的理论层次包括四个维度：自然之象、意中之象、艺术之象、象外之象。"意象"的建构层次包括三个层次：观物以取象、立象以见意、境生于象外。[①]朱良志所探讨的"象"的层次是从艺术创作和理论建构的角度开展的，而并非基于符号美学和模糊美学的视角。

综上所述，王明居从符号学、模糊美学的角度阐释和分析了《周易》符号意象体系的创构层次，它包括观物取象、立象尽意和得意忘象。从其论述可以看出，三者之间是一个逐渐由具象上升到抽象的递进过程。其中，在"观物取象"层次中，"意象"主要产生"再造之象"；在"立象尽意"层次中，"意象"主要产生"创造之象"；在"得意忘象"层次中，"意象"主要产生"抽象之象"。不可否认这种层级式划分，或多或少包含了进化思维，但这种进化倾向并非是线性的对立论，而是基于辩证性的模糊论所提出的，所以，意象层次之间是并重而立的，非有主次之分。

结语：王明居《周易》符号美学意象体系的现代价值

从通俗美学到模糊美学，王明居不仅建立了一个新兴的美学派别，还创造了以不确定性的美学概念来阐释美的新方法，开辟了美学研究的新道路。王明居的模糊美学思想发微于 20 世纪 80 年代末，模糊美学诞生于现代科学和文化大发展、大碰撞的浪潮中，那时国内的各派美学都试图以确定的概念来定义美，他们都坚信自己的美学观点是不可动摇的。但在王明居看来，这种确定式

---

① 朱良志：《中国艺术的生命精神》，安徽文艺出版社 2021 年版，第 107 页。

的美学观是解释不通美的,"他们用确定性的美学概念去阐释不确定的美,就无法揭示美的本质。然而,模糊美学却不然。模糊美学重视不确定性,它可用不确定性的美学概念去阐释美的不确定性与不确定的美"①。顾名思义,模糊美学是一门研究审美对象模糊性的学科,基于此王明居陆续出版了模糊美学的相关著作和研究成果。在《模糊美学》中,王明居认为耗散结构论和模糊数学启发了模糊美学,并使模糊美学呈现出混沌的表征。在他看来,美感具有模糊性,模糊美具有不确定性、整体性、互渗性的特征,在审美活动中,模糊性能够使艺术作品展现出不可思议的魅力。在《模糊艺术论》中,王明居进一步将模糊理论与中华经典相结合,分析了不同门类的艺术作品中模糊美的具体形态,并验证了模糊现象的普遍性。他认为模糊美即"形态混茫,神象恍惚",它与"道"的混沌状态有关,老子所谓"恍惚"即包含模糊的意思,模糊美既表现在形式上,也表现在内容上,二者相互统一。

在《叩寂寞而求音——〈周易〉符号美学》中,王明居根据模糊美学的基本观点,深刻剖析了《周易》卦爻的符号特质和内在规律,探讨了《周易》符号美学的语言逻辑以及《周易》符号意象体系的发生机制和创构层次。在此基础之上,他认为《周易》是"多值逻辑"与"二值逻辑"并存的符号意象体系,它具有稳定性、模糊性、真切性的特征,与模糊美学中弗晰性、互渗性的状态相耦合。此外,《文学风格论》一书是王明居早期研究风格学的理论成果,书中尚未明确提及模糊美学的概念,但已包含对不确定性特质的探讨。王明居认为,风格是作家个性在作品中的形象的显现,它具有亦此亦彼的模糊性和艺术性。在风格学研究的基础上,王明居在《模糊艺术论》中专列"模糊艺术风格"一章,深入探讨了风格弥漫的模糊美现象,由此将风格学研究与模糊美学研究互渗相融,体现其理论体系的丰富性和整体性。此外,模糊美学体系的辐射范围不仅局限于文艺理论领域,还对诗歌的意象翻译研究产生了重要影响。在具体翻译中,采用模糊美学的方法往往能更贴切地表达出不同的审美思维和语言之间的转换,从而解决诗歌美感难以传达的问题。因此,以模糊美学视角,开展中外诗歌介译和阐释研究的成果颇为丰硕②,这体现出王明居模糊美学体系的方法

---

① 王明居:《忞斋笔谭》,《王明居文集(第六卷)》,文化艺术出版社 2012 年版,第 406 页。

② 根据知网数据可知,以模糊美学理论开展中外诗歌阐释研究、翻译研究的文章有二十余篇,其时间跨度从 1991 年到 2020 年。

论意义和实践价值。

王明居以模糊美学的独特视角来阐释《周易》文本，是借以科学的、辩证的方法探寻中华传统文化的魅力，他将"多值逻辑"的判断原则引入意象创构体系中，跳脱出了恪守考据和诠释的传统《周易》研究模式，拓展了《周易》文本诠释的可能性，同时也充实了《周易》美学研究的成果。有人认为，王明居先生以模糊概念来揭示审美现象，建立起了一种既不同于西方经典，也不同于中国古典的研究方法，是学术现代性和创新性的体现，这个评价是极为公允的。王明居将《周易》研究上升到哲理和美学的维度，延展了当代意象论美学研究的理论深度和价值广度，正如王明居自序所言，梳理《周易》符号美学系统，乃是使《易》之美学，为今所用。[①] 也正是如此，王明居对《周易》的模糊美学阐释及其符号意象体系，值得我们更进一步挖掘和赓续。

The Interpretation of "Fuzzy Aesthetics": A Review of Wang Mingju's Semiotic *Yixiang* System of *Zhouyi*

Zhang Yayu

Abstract: Based on the principle of "Fuzzy aesthetics", Wang Mingju made a profound theoretical analysis of Semiotic *Yixiang* (意象) system of *Zhouyi* (周易), and elevated the research on *Yixiang* aesthetics of *Zhouyi* to the abstract dimension, which is a great achievement of contemporary *Yixiang* studies. It is a contribution to scientification on aesthetic research. This paper expounds from three aspects: firstly, Wang Mingju demonstrated the rationality of using the principle of "Fuzzy

---

① 王明居：《叩寂寞而求音——〈周易〉符号美学》，《王明居文集（第四卷）》，第 5 页。

aesthetics" to explain *Zhouyi*. He considered that *Zhouyi* was the result of the ancients who observed the natural phenomena and symbolized their aesthetic feelings simultaneously. In the meanwhile, "Thinking of Participation" leads to *Yixiang* language appears as the coexistence of "multi-valued logic" and "two-valued logic", it also presented the fuzzy beauty. Secondly, Wang Mingju pointed out that the symbolic *Yixiang* in *Zhouyi* is a combination of abstract *Yi* and representative *Xiang*. Under the influence of the human creativity and imagination, "*Xiang*"could form into "The Figure Beyond a Figure", which is the aestheticized "Fuzzy *Yixiang*". Thirdly, Wang Mingju put forward three levels of the Semiotic *Yixiang* system of *Zhouyi* that is: Observing objects (*Wu*) for figures (*Xiang*), Arranging figures to convey all meanings, obtaining images (*Yi*) beyond figures. Those three levels reflect the evolution process from the subjectivity to the abstraction and then to symbolization.

Key words: Fuzzy aesthetics, Symbolic *Yixiang*, Hexagram statements, Fuzzy *Yixiang*

艺术美学

"解放"的两种进路

——阿多诺、朗西埃与艺术现代性

梁　嵩[*]

摘　要：阿多诺与朗西埃分别是当代德国与法国的左翼思想家。他们的理论文本均涉及对艺术现代性的界定与描述。尽管叙事结构与美学基础具有明显的差异性，但宗旨都指向现代艺术的本体确立与现代人的主体解放。阿多诺一方面以"否定的艺术"揭橥艺术的现代性特质，另一方面也强调艺术是在非同一性基础上的审美体验同一化的结果，审美不仅通过艺术进行自我建构，更通过艺术来承载社会救赎这一非艺术化使命。朗西埃则以"艺术审美体制"为关键词，在"美学的政治"以及艺术大众化的角度，坚持艺术对公众感性重新分配的社会职能，从而描绘艺术的后民主图景。阿多诺与朗西埃正是因为分别截取了艺术现代性的不同侧面而思考了"解放"的两种进路。

关键词：艺术现代性　朗西埃　阿多诺　艺术自律　美学

艺术现代性问题主要由"何谓现代艺术"与"现代艺术何为"构成，前者侧重艺术的本体层面（即艺术本身），后者侧重艺术的主体层面（即艺术的创作者与接受者）。如何结合此两层面，提供一种艺术现代性的理论模型，是马克思主义研究领域的重要课题。西奥多·阿多诺（1903—1969）作为20世纪德国法兰克福学派的先驱之一，其遗作《美学理论》从社会学层面分析了现代艺术的特殊职能，指陈了艺术的新生条件与发展途径，被他称作"再现了自己

---

　　* 作者简介：梁嵩，华东师范大学美术学院美术学在读博士生，主要研究领域为艺术现代性与中西艺术比较。

的思想精髓"①。在"五月风暴"前后声名鹊起的法国新左翼学者雅克·朗西埃（1940— ）自 20 世纪 90 年代以来逐渐转向"美学—政治"的研究，致力于探讨 18 世纪以来的艺术之于民主的可能性。在当前学界，针对阿多诺的相关研究已汗牛充栋，他的艺术现代性思考一般被描述为"否定的艺术"②，但"陈旧"并不等于"已被穷尽"，其当下意义仍值得深究。另一边，朗西埃的热度尽管在持续升温，但专门从艺术现代性这一问题切入的研究尚且不多。况且艺术现代性也是"一项未竟的方案"，没有一成不变的现代性，更没有一成不变的现代性理解。通过爬梳二人的文本，不难发现二者在"艺术的现代身份""艺术的自律与他律""艺术之于主体解放"等方面有着诸多可以对话与比较的空间。自法国诗人波德莱尔在 19 世纪末首次思考了"艺术现代性"的内涵③后，艺术现代性的问题史已逾百年。借由对阿多诺与朗西埃的比较，可以透视西方学界对艺术现代性问题的态度演进。

一、以美学为艺术"正名"

朗西埃和阿多诺的思考倾向大致上都是一以贯之的，特别是阿多诺，他不像本雅明那样有着显著的历时性变化，他的艺术现代性思考从头到尾都是基于他的非同一性哲学展开的。非同一性哲学将矛头对准黑格尔的同一性哲学。在阿多诺看来，同一性哲学构成了资本统治世界的哲学基础，尽管它被用于解放的话语，但实质却是一种人奴役自然、人支配人的工具理性。为此他提出"否定的辩证法"，以"否定性"作为文化保证自身真理性的依据。这种"否定性"思考进而体现在美学理论中。如果说美学理论的重点正是在于完成他的哲学任务，那么"艺术"则是完成这一任务的有效路径。阿多诺认为，哲学理性无法直接与现实对话，而艺术则通过自己特有的方式弥补了这一点，所以艺术与哲学是相通的，艺术作品逐渐展开的真理性正是哲学概念的真理性。不过这

① Adorno, *Aesthetic Theory*, trans. C. Lenhardt, London: Routledge & Kegan Paul, 1984, p. 493.

② 胡玲玲：《否定的艺术——阿多诺艺术现代性理论研究》，《美术》2014 年第 6 期。此文后收录于胡玲玲：《日常生活与艺术现代性》，中国社会科学出版社 2019 年版。

③ 波德莱尔认为"现代性就是过渡、短暂、偶然，就是艺术的一半，另一半是永恒和不变"。参见波德莱尔著，郭宏安译：《波德莱尔美学论文选》，人民文学出版社 1987 年版，第 485 页。

种艺术并非指西方的传统艺术。在阿多诺看来，"二战"以后的艺术与文化愈加资产阶级化，其真理性价值每况愈下，艺术批评也随之呈现出批判精神的匮乏。为此，他提出"否定的艺术"，力图借此通向和谐的社会秩序。

朗西埃的艺术现代性理论也是基于他的美学思想出场的，美学与艺术在其文本中甚至是同质的。与强调"否定性"的阿多诺不同，朗西埃认为现代美学始终处于两种无法解决的张力关系上：要么将艺术彻底变成生活；要么让艺术的自律成为解放的承诺。这一张力关系正是反映了否定性艺术的悖论与转型。[①] 不过，朗西埃理解"美学"或"审美"与传统意义上的美学大相径庭：狭义上指一种特殊的识别与思考艺术的体制；广义上则指"可感性分配 / 分享 / 隔离"[②]，艺术正是一种实现"可感性分配 / 分享 / 隔离"的特殊经验领域。朗西埃表示，"反美学"研究已经不再流行，"如果美学是对一种混乱的命名，那么这种混乱则能让我们识别艺术的对象、艺术的体验模式与思考形式，即我们为指责美学而试图分离的东西"[③]。所以，他自己对美学的理解出发思考艺术何以现代性的问题。作为"后来者"，他面对的话语历史是："一方面是所谓的后现代话语，宣称'宏大叙事的终结'，另一方面是现代主义自身的逆转，因为现代主义思想家们到头来为现代主义争讼不休，最终谴责解放艺术的乌托邦及其对极权主义的贡献。"[④]这两种话语均以特定的时期和重大历史断裂为借口对艺术进行绑架。朗西埃的艺术现代性思考正是要重新划定艺术的疆域，判断并界定某种实践为现代艺术的方式。

为艺术的现代身份"正名"，是艺术现代性思考的第一要务。借由与"现实主义"的断裂，阿多诺明确了他的基本逻辑——否定的艺术。卢卡奇在 1958 年出版《当代现实主义的意义》一书中旗帜鲜明地将现实主义视为亘古不变、永恒适用的艺术理想模式，认为客观地反映现实的艺术与文学形式使人能够真正理解被艺术复现的社会现实，而现代主义是"思想的病态"。面对卢卡奇的主张，阿多诺随即发起论争。在 1961 年发表的《威胁下的调和》一文中，阿多

① Rancière, *Aesthetics and Its Discontents*, trans. Steven Corcoran, London: Polity Press, 2009, p. 1.
② 法语中的表述为 "partage du sensible"，英译为 "partition of the sensible" 或 "distribution of the sensible"。
③ Rancière, *Aesthetics and Its Discontents*, trans. Steven Corcoran, p. 4.
④ 雅克·朗西埃著，蒋洪生译：《可能性的艺术：与雅克·朗西埃对话》，《艺术时代》2013 年第 3 期。

诺痛批卢卡奇恪守的现实主义美学纲领，借此捍卫现代主义艺术的艺术性及独特价值。总体而言，阿多诺将"现实主义"和"现代主义"的区别描述为语言形式上的差异，即"现实语言"与"艺术语言"。"现实语言"以一种肯定性思维默许了艺术对现实的伪饰，这种不带任何抗议的"同一性"艺术形式，消除了作为幻象的艺术与作为实在的现实之间的距离，只是一种物化社会的无力回声。而抛弃了"现实语言"的"艺术语言"，则代表了一种否定性的认识，并将"黑色"作为自身的理想——艺术应该既不是虚假的、幻想的美，也不是物化状态的照相式呈现，真正的艺术尽管展示现实但也拒绝与现实的同化。在《美学理论》中"历史哲学与新事物"一节，他清楚地表明"否定"才是决定艺术现代性的不二法门：

> 艺术的现代性，存在于艺术与僵化以及异化现实的模仿关系中，让艺术言说的东西正在于此，而不在于否认沉默的现实。结果，现代艺术不能容忍任何带有乏味的妥协色彩的东西。①

朗西埃从艺术体制即现代艺术背后的认知模式与思考模式出发，将艺术现代性描述为"艺术审美体制"（the aesthetic regime of art）。他认为西方依次出现了三种"艺术体制"，即由柏拉图确立的"影像的伦理体制"（the ethical regime of images），发轫于亚里士多德的《诗学》的"艺术的/诗学的再现体制"（the representative/poetic regime of art），以及发端于 18 世纪的"艺术审美体制"。伦理体制强调艺术的教化功能，艺术只是"影子的影子"；再现体制虽然以对现实再现和模仿的名义将艺术与其他技艺相分离，提高了艺术的地位，但依然暗含权威的操控。艺术的审美体制则严格批判前两种体制："现代美学话语陈述的正是用以识别艺术事物的新的体制，我建议称这一体制称为艺术的审美体制。"② 在朗西埃看来，现代艺术的合法地位是由艺术审美体制决定的。所以，他并未对现实主义艺术"开刀"，而是将其作为艺术现代性谱系的一部分。

---

① 阿多诺著，王柯平译：《美学理论》，上海人民出版社 2020 年版，第 32 页。这里的"艺术现代性"属于"意译"，按照胡洛-肯特尔的英译版，也是相近的意思。参见 Adorno, *Aesthetic Theory*, trans. Robert Hullot-Kentor, Minneapolis: University of Minnesota Press, 1997. p. 21。

② Rancière, *Aesthetics and Its Discontents*, trans. Steven Corcoran, pp. 8–9.

因为现实主义艺术并不意味着相似性的价值化，现代主义艺术主张摆脱模仿也并非拒绝一切形象化的再现，后者正是以前者为源头，都是艺术审美体制的产物①，而"现代主义"的捍卫者追求的只是一种"modernatism"即"现代性主义"。②如此，德兰蒂才说："审美体制就是朗西埃给艺术现代性命的名。"③应该说，阿多诺批判的是被现代资产阶级同化的艺术，而朗西埃批判的则是更为遥远的两种"模仿"艺术。尽管二者的参照对象存在着些许差异，但都是从各自的美学理解出发来证明某种艺术在现代社会的合法地位。

二、"自律"抑或"他律"?

艺术的合法地位即艺术自律。自18世纪以来，艺术自律论成为许多艺术流派安身立命的第一利器。不过，在完整的艺术现代性问题域中，艺术的自律与他律往往是休戚与共的。现代社会以来，艺术一方面得以摆脱附属于技术的身份，实现了自律，另一方面也获得了世俗化、大众化的身份，即一种"自律后的重新他律"。从学术史看，被视为理论源头的德国古典美学家康德的"审美无目的"，所开启的并不止自律论的命题，而是给这一命题的解决找到了一条较好的也较为符合艺术与审美规律的路径，即"自律与他律的二律背反"，黑格尔延续了这一思路④，席勒则从艺术性与政治性的角度开启了"二律"的另一种联结。对此，朗西埃表示艺术审美体制/艺术现代性本身就是一种内涵"矛盾"的体制：

> 从康德到阿多诺，经由席勒、黑格尔、叔本华和尼采，美学话语除了思考不协调的关系之外没有别的对象。它努力陈述的并不是思辨头脑中的幻象，而是识别艺术的新的矛盾体制。⑤

阿多诺说艺术必须是完全自律的，才能更有效地使无意识的污点显

---

① Rancière, *Aisthesis: Scenes from the Aesthetic Regime of Art*, trans. Zakir Paul, London: Verso, 2013, p. 4.
② Rancière, *The Politics of Aesthetic: The Distribution of the Sensible*, trans. Gabriel Rockhill, Evanston, Illinois: Northwestern University Press, p. 26.
③ Deranty, *Jacques Rancière: Key Concepts*, Duram: Acumen Publishing Ltd., 2010. p. 124.
④ 引自曾繁仁的表述，参见韩清玉：《艺术自律性研究》序言，人民出版社2019年版，第2页。
⑤ Rancière, *Aesthetics and Its Discontents*, trans. Steven Corcoran, pp. 8–9.

现并拆穿自律艺术的谎言……这一立场揭示出将自律性和他律性联结在一起。[①]

阿多诺通过向艺术他律滑动，从而反向说明艺术自律的特殊意义，这种思考被他描述为"现代艺术的二重性"。在他看来，艺术的绝对自由王国是不存在的："艺术一方面是自律性实体，另一方面又是涂尔干学派所指的社会事实。"[②]"社会事实"正是就艺术他律而言的，如果说艺术自律指向艺术性，那么艺术他律则指向社会性。这种社会性一方面体现为艺术表现其他的社会意识形态，另一方面体现在艺术本身也作为一种社会现象和意识形态。阿多诺认为，艺术自律后这种社会性非但没有消失，反而在艺术日益资产阶级化的情况下更加明显。不过，这种社会性显然有别于传统艺术那种"直接的沟通"，而是一种"间接的批判和否定"："艺术的社会性主要表现为与社会的对立……艺术不是服从现有社会规范并由此显现自身的'社会效用'，而是凭借其存在本身对社会展开批判。"[③]面对现实生活中无法解决的对抗清晰，艺术通过对形式的处理形成内在的否定并站在现实的对立面。这种否定是对某种限定社会的限定否定，只有具备了这种否定的社会性属性，现代艺术才能得以生存。然而，这种否定的社会性的实现，又必须以艺术自律性为前提，自律是先于他律的。阿多诺认为，现代艺术一旦落入政治需要的陷阱里，就不可避免的物化为意识形态的传声筒，从而丧失了对社会物化的批判性，自律性正是防止艺术物化的必要属性。总之，现代艺术的"双重性"是辩证且矛盾的。

通过回归到席勒的美学语境，将自律与他律进行"席勒式"的并置[④]，朗西埃似乎找到了解决这一"矛盾"的学理路径。根据席勒将艺术与政治、生活并置讨论，朗西埃指出："一方面，存在着一个叫作'艺术'的特殊领域，因此艺术实践被认为是一种特殊的经验；另一方面，在整个现代，统领艺术审美体制

---

① Rancière, *Dissensus: On Politics and Aesthetics*, trans. Steven Corcoran, London and New York: Continuum, 2010, p. 116.

② 阿多诺著，王柯平译：《美学理论》，第 7—8 页。

③ Adorno, *Aesthetic Theory*, trans. Robert Hullot-Kentor, p. 227.

④ 阿列西·艾尔亚维奇著，胡漫译：《20世纪先锋运动与审美革命》，东方出版中心2021年版，第264 页。对原文表述有所改动。

的现象是艺术界与世俗界之间的界限不复存在了。"① 所谓"一种特殊的经验",即指艺术自律并非仅仅是形式语言的自律,更是审美经验的自律。而这种审美经验的自律恰恰是"另一种他律":"由于自律与审美经验之对象的不可用性密切相关,审美经验是异质多样性的经验,以至于对该经验的主体来说,该经验反而是对自律的取消。"② 言外之意,审美经验的对象只有在"并非艺术",或至少不仅仅是艺术的情况下才是审美的——艺术作品只有当其不只是一件艺术作品时,才能进入审美体制这一感知机制中,由此成为一种具有现代性的艺术。对此,阿多诺其实也曾有相近的思考:"艺术品之所以会挪用其他律性本质,即作品在社会里的瓜葛,就是因为艺术品本身的一部分是社会性的。自律性作为另一部分,原本也是社会性的。"③ 如果说阿多诺尚且赋予了艺术自律和艺术他律同等的权重,那么朗西埃则干脆用"另一种他律"来解释艺术自律。

在具体的分析中,阿多诺与朗西埃都曾"剑指"先锋派艺术。在《美学理论》的第一篇节"艺术自明性的丧失"中,阿多诺写道:"1910 年前后的革命性艺术运动勇敢地航向未知的大海,却没有带给我们它所承诺的冒险与幸福。相反,爆发在那时的这一历程最终耗尽了它过去所依据的种种范畴。"④ 在他看来,先锋派以过于激进的态度抛弃了艺术的自律性,使艺术失去了真理性内容。尽管先锋派主张艺术介入现实和政治,但却是以一种"单向的自律"为前提的,这在阿多诺看来是矛盾的,先锋派的政治追求与他强调社会性完全背道而驰。所以,他最终还是回到了自己钟爱的勋伯格、卡夫卡等纯粹的现代主义者那里。另一边,在"先锋派之熵"中,朗西埃则表示:"勋伯格音乐——阿多诺对之进行过概念化论述——的自律性是一种双重他律性(double heteronomy)。"⑤ 因为在朗西埃看来,以批判资本主义商品化为目的的自律性艺术,反而因这一"目的"而摧毁了自己的边界。即是说,越是要忠于审美的自律,就越是要负担起他律的力量,因为他律支撑着自律。所以,先锋派艺

---

① 汪民安:《歧见、民主和艺术——雅克·朗西埃访谈》,《马克思主义与现实》2016 年第 2 期。
② Rancière, *Dissensus: On Politics and Aesthetics*, trans. Steven Corcoran, pp. 116–117.
③ 阿多诺著,王柯平译:《美学理论》,第 350 页。
④ Adorno, *Aesthetic Theory*, trans. Robert Hullot-Kentor, p. 1.
⑤ Rancière, *Dissensus: On Politics and Aesthetics*, trans. Steven Corcoran, p. 129.

术正是完美地结合了自律与他律两个方面。他用"逻各斯"（logos）与"帕索斯"（pathos）、"阿波罗"与"狄奥尼索斯"①、"意识"与"无意识"②、"思想"与"非思想"进行描述："要么是逻各斯的，它通过自身的不透明性和材料的反抗，为的是成为雕像的微笑或画布上的光芒——这就是阿波罗式的情节；或者是帕索斯的，它打破了观念的形式，使艺术成为一种混乱、彻底他律性的铭写；艺术在作品的表面上铭写着帕索斯在逻各斯中的、非思想在思想中的固有性——这就是狄奥尼索斯的情节。这两者情况都属于他律的情节。"③可见，尽管二人的立场有所差别，但却能够对话。不论是阿多诺对先锋派"反美学"思想的担忧，还是朗西埃将先锋派融入审美体制的思考，皆是一种对现代艺术的审美回应④，艺术自律和他律的问题正是这一思考的重点。

三、"解放"何以可能？

对艺术自律与他律的分析，最终指向艺术与生活、社会、政治的关系，这也是艺术现代性问题的逻辑终点。在 19 世纪末，波德莱尔曾以"拒绝平庸"来强调现代艺术对现代日常生活的否定功能，但他也盛赞日常生活之于艺术创作的源泉意义⑤，"以一种有启发性的方式将'现代生活'和'现代艺术'这样隔得很远却又微妙相关的概念带到一起"⑥。阿多诺与朗西埃的艺术现代性思考也不例外。与 20 世纪初以来大行其道的形式主义、符号论等流派不同，马克思主义者关注的并非艺术的"心理事实"，他们反对将艺术作品从具体的社会历史中悬隔出来，而是强调"艺术的社会力量"。现代社会以来，艺术究竟在人类生活中扮演一种怎样的角色，发挥着何种作用？依据对艺术自律与他律的思考，阿多诺与朗西埃考察了现代艺术之于社会的特殊职能，其实质正是现代人的解放问题。

只不过，面对"解放"，阿多诺始终是"悲观"的，与大谈艺术对于解放人

---

① 为朗西埃对尼采美学的借用。
② 为朗西埃对弗洛伊德美学的借用。
③ Rancière, *Dissensus: On Politics and Aesthetics*, trans. Steven Corcoran, p. 130.
④ Krzysztof Ziarek, "The Avant-Garde and the End of Art", *Filozofski Vestnik*, 2014, 35(2), pp. 67–81.
⑤ 胡玲玲：《波德莱尔艺术现代性理论研究》，《南京艺术学院学报（美术与设计）》2010 年第 6 期。
⑥ 卡林内斯库著，顾爱斌、李瑞华译：《现代性的五副面孔》，译林出版社 2019 年版，第 350 页。

性的力量、将艺术与自由紧密相连的马尔库塞（另一位法兰克福学派学者）不同，阿多诺的美学显得既尖锐又晦涩，他似乎从不正面谈及"解放"。在他看来，他所生活的20世纪是一个"主体已死"的时代，这主要体现在由资产阶级意识形态和资本主义生产关系缔造的大众文化的影响，一种作为"文化工业"的大众文化导致了两方面极端的"物化"。其一，大众文化漠视艺术的任何内在价值，艺术作品的"艺术性"与个性遭到物化现实的驱逐和雪藏，以致陷入商品化消费或娱乐消遣的危机。其二，大众文化也导致了个体价值的牺牲。通过一种集体性的、无意识的操控，大众文化以诓骗和幻觉的方式给予人们压抑性的"满足"，操纵着现代人的精神欲求，使人们在一种仅限于表面上存在的虚假幸福中盲目地走向对现实的机械认同。然而，艺术不应该是对现实的逃避或幻想，"艺术应该是对现实世界的否定认识"①。以自身的不和谐形式契入社会，是艺术得以生存并发展的唯一可能，否则只能与商品无二；更重要的是，只有这种正视现实、拒绝同一并承担个体对痛苦的抗议与反叛的艺术，才能实现对资产阶级操纵根本性颠覆，从而实现帮助个体实现"解放"。所以，阿多诺的"解放"是针对压抑而言的，并始终对应着人的个体经验及个体性："解放了的人类将必然不会是一个总体。"②艺术以维护个体的差异性和独特性为目的，拒绝沉浸在肯定性的氛围中，才算得上具备了现代性。

相比阿多诺的愤慨，朗西埃更显从容。针对法兰克福学派的批判叙事，他声称："我们相信艺术以及艺术形式的陌生性能够提高受众的意识，从而激发起政治行动……但是这一点在今天已经不再适用了。"③不过，尽管艺术的批判与否定功能在当代已退居二线，但艺术仍可以重置、打破资本对我们的主导，推翻资本对可说、可感和可思的垄断式主导，去建构不同形式，去知觉当前④，这正是"解放"的另一条进路。简而言之，艺术现代性的出现一定伴随着艺术功能的转变，即在等级化秩序退场的条件下艺术与生活的融合："艺术现代性并没有因艺术与日常生活的融合而消解或终结，而是与艺术审美体制的整体发

① Adorno, "Reconciliation Under Duress", in Ronald Taylor ed., *Aesthetics Politics*, London: Verso, 1977, p. 160.

② Adorno, *Introduction, The Positivist Dispute in German Sociology*, trans. Glyn Adey and David Frisby, London: Heinemann, 1976, p. 12.

③ 雅克·朗西埃著，蒋洪生译：《可能性的艺术：与雅克·朗西埃对话》，《艺术时代》2013年第3期。

④ 陆兴华：《自我解放：将生活当一首诗来写——雅克·朗西埃访谈录》，《文艺研究》2013年第9期。

展所经历的一个跨越边界的过程是一致的。"① 在这一过程中，艺术博物馆等大众化的传播路径成为实现艺术现代性与"解放"的重要载体。朗西埃认为，法国大革命后，原本用于贵族玩乐的艺术品在博物馆里成为可供大众欣赏的公共文化遗产，艺术现代性由此得以诞生。② 从传播学的角度看，从这一时期开始，艺术被鉴定为一个特殊的经验领域，与人民主体建立了联系并走向大众化，成为对大众日常生活的一种感性建构。对观众而言，艺术博物馆正是一个让"艺术"变得可见和可理解的方式和场域，并且这种"艺术"并不仅仅是纯粹的艺术样本，而是经过历史化了的艺术时空，其中包含着了众多的艺术体制即思考模式。由此，艺术形式与生活形式的界限日益趋于模糊，从而使"观众的解放"成为可能。究其实质，艺术本身自是不会产生解放的，关键在于界定一种观看方式。审美体制以主体凝视和虚构质询的方式预设了一种艺术与观众相互交流的关系，在这种关系中，观众的阐释和情感能力不仅被认可而且被召唤。更重要的是，所谓的这种观看方式并不预先规范观众的凝视："解放是观众凝视的可能性，而不是预先编程的结果。"③ 如果艺术在观众身上产生的实际效果源自某种权威的预设，得到的并不是真正的"解放"，"当停止解放我们的图谋之时，它才是解放的艺术"④。不难发现，朗西埃和阿多诺都同意不存在完全外在于政治领域的艺术现代性概念。尽管阿多诺排斥艺术的政治时代，但又不得不承认政治已经根植在自律性艺术之中。⑤ 所以他选择将艺术审美的同一性嫁接在现实的非同一性上，"审美同一性试图帮助非同一性，而现实中的非同一性被现实对同一性的强迫所压抑"⑥。而朗西埃则直接对美学构想中艺术和政治的关系的进行转换。艺术审美体制或艺术现代性的核心，正是艺术与观众体验之间的多种可能性，这便是他宣称的"美学的政治"。

---

①　Rancière, "From politics to aesthetics?" *Paragraph*, 2005, 28 (1), p. 21.

②　汪民安：《歧见、民主和艺术——雅克·朗西埃访谈》，《马克思主义与现实》2016年第2期。

③　雅克·朗西埃著，蒋洪生译：《可能性的艺术：与雅克·朗西埃对话》，《艺术时代》2013年第3期。

④　雅克·朗西埃著，蒋洪生译：《可能性的艺术：与雅克·朗西埃对话》，《艺术时代》2013年第3期。

⑤　Adorno, "Commitment", in Ronald Taylor ed., *Aesthetics and Politics*, p. 194.

⑥　Adorno, *Aesthetic Theory*, trans. Robert Hullot-Kentor, p. 4.

结　论

综上，可以从本体论、认识论、目的论三个方面尝试对二人的艺术现代性思考予以梳理。从本体论看，他们都将艺术视为人类社会与文化发展过程中的重要构成元素，致力于探究艺术本身的属性特征及其之于现代人的历史价值和意义。阿多诺将艺术看作对异化现实的反映与批判方式，借道"他律"以彰显"自律"，反而凸显出"他律"的重要性；朗西埃将艺术视为一种对公众感性重新分配的特殊经验领域，也强调了"自律"与"他律"之间的双向滑动。从认识论看，阿多诺对艺术现代性的探讨大多是在"否定辩证法"和"非同一性"的语境下进行的，借由批判主观设定"同一性"的认识路径，打破了由主观向现实实践开放的封闭式理论体系；朗西埃则基于他的"美学的政治"这一话语前置，通过对平等的预设重置了艺术在政治层面的话语与实践，为艺术的积极性与政治性开辟空间，从而弥补了从艺术到民主的单一化认识论断裂。从目的论看，阿多诺与朗西埃的艺术现代性思考都指向"解放"：不仅是现代艺术之于传统身份的解放，更是现代人的主体解放。区别在于，对阿多诺而言，无论是"自律性"还是"同一性"，无论是批判还是否定，实际都是一种防御性的艺术方案；朗西埃则依据对艺术审美体制的界定，尝试艺术经验底层结构的转变即"感知觉的解放"，从而以平等主义的审美革命助推艺术践行政治性功能。

阿多诺与朗西埃的艺术现代性思考无疑展示了"解放"的两种进路。在新世纪重读阿多诺，由于时代语境的不同，他的思考一般会被认为是"以偏概全"，因为他一味强调艺术与社会的对立以及艺术是表现苦难的语言，从而忽略了艺术表现人类不同生存状态的多样性，这种从精英阶层出发的呐喊，最终或许只能陷于批判叙事的内在循环。朗西埃的老师阿尔都塞曾提出，只有科学和真正的艺术才能撕破意识形态，才具备解放的潜能，但到底什么是真正的艺术，又如何具有解放，他并未做更多说明。朗西埃看似另辟蹊径，直言不讳艺术之于观众的解放意义，试图描绘一幅后民主时代的政治解放图景，却也难保不会卷入"话语政治"的漩涡。放眼当代，"解放"的路上无疑充满着矛盾与未知，"解放"究竟意味着什么？艺术之于"解放"的限度在哪里又如何践行？或许正如朗西埃所说的那样，"解放"意味着不去强加律法，意味着对单一空间的多种占据方式，意味着艺术能够触发人的何种可能，并将构建什么样的世界，这必将始终缠绕着艺术现代性问题的推进。

Two Approaches to "Emancipation" —Comparison of Adorno and Rancière's Thinking on Artistic Modernity

Liang Song

Abstract: Jacques Rancière and Theodor Wiesengrund Adorno represent the Marxism thoughts of Contemporary France and Germany respectively. Their theoretical texts both involve the definition and description of artistic modernity. Although their narrative structures and aesthetic foundations have obvious differences, aims are both directed towards the establishment of the essence of modern art and the "emancipation" of modern individuals. Adorno expounds the modern characteristics of art through "negative art", and emphasizes that art is the result of aesthetic experience that unifies on a non-identical basis, aesthetics not merely constructs itself through art but also carries the non-artistic mission of social redemption. Rancière focuses on the "the aesthetic regime of art" as a keyword and insists on the social function of art in redistributing public sensibility from the perspectives of "the politics of aesthetics" and the popularization of art, thus depicting the post-democratic landscape of art. They have respectively examined two different approaches to "emancipation" by capturing different aspects of artistic modernity.

Key words: Artistic modernity, Jacques Rancière, Theodor Wiesengrund Adorno, Art autonomy, Aesthetics

寒芳留照魂应驻：法国拉罗谢尔馆藏
红楼画视觉美学探微[*]

张　惠[**]

摘　要：法国拉罗谢尔艺术与历史博物馆藏有十一幅红楼画，年代约为 19 世纪，来源地为中国，画家与收藏家均不详。然而，从对物象的精细描摹，可见出法国拉罗谢尔馆藏红楼画画家超越于一般画家的艺术功力，更有别于版画、年画、画工画迎合大众的取向，体现了文人情趣。法国拉罗谢尔馆藏红楼画追踪蹑迹地追摹小说原文幽细的文心，亦侧面表现了人物的性格和命运，更以"包孕性顷刻"达到对视觉美学的深刻呈现。因此，考察法国拉罗谢尔馆藏红楼画，除鉴赏其本身艺术价值外，对理解红楼画的传播，对认识《红楼梦》原文及其社会价值也会更进一层。

关键词：红楼画　文人画　《红楼梦》　色彩　视觉美学

在 19 世纪，小说《红楼梦》的海内风行也带动了红楼画的绘制和流行，其中，法国拉罗谢尔艺术与历史博物馆（Musées d'Art et d'Histoire de La Rochelle）珍稀馆藏红楼画为其中的佼佼者。

一、画作之形制、作者、趣向等考索

法国拉罗谢尔馆藏红楼画数量为十一幅，应为散页，各画面的情节并不

---

　* 基金项目：本文为国家社科基金一般项目"近代中外文学关系转型史研究"（项目编号：19BZW162）的阶段性成果。

　** 作者简介：张惠，女，广西大学文学院红楼梦研究中心教授，主要从事文艺学与比较文学的研究。

连贯，而且并非采取常见的"十二钗"等表现内容。材质为绢本，画法为工笔重彩，编号为 MAH.2013.0.222-232，每幅宽为 36.0 厘米，高为 30.5 厘米。装订极其考究，作品被粘贴在纸板上，并用奶油色的丝绸边框框住（L'oeuvre est collée sur un carton et encadrée d'une bordure de soie crème）。年代被标示为 19 世纪即晚清。十一幅红楼画中有二幅《妙惜对弈》和《妙玉听琴》是取材于后四十回，可见内容是依据程本绘制。由于程甲本问世时间为 1791 年，故绘于 19 世纪是一个比较合理的推断。来源地标注为中华人民共和国，画家不详，画面中没有出现任何可供辨认的汉字，比如"潇湘馆""暖香坞"的匾额或者对联。也没有可以提供画家身份信息的题款或印章。

关于馆藏红楼画的来历，拉罗谢尔艺术与历史博物馆助理主任梅兰妮·莫罗（Mélanie Moreau）指出，这些收藏品许多来自捐献或遗赠。

The Museum of Fine Arts of La Rochelle has one of the most interesting collection of Asian arts in France. Collectors gave or bequeathed items in the second half of the 19th century that became the core of the Asian collection. Those collectors, ...only Chassiron traveled in Asia. The others collectors probably purchased these items from merchants or antique dealers.（拉罗谢尔艺术与历史博物馆，是法国最有吸引力的亚洲艺术收藏机构之一。本馆的核心亚洲藏品是由收藏家们在 19 世纪下半叶捐献或遗赠。收藏家……只有查西隆男爵曾到访亚洲，其他收藏家的捐赠品可能是从商人或古董商手里购得的。）

由于中国风格与装饰在西方的风行，中国人的生活方式对西方人而言充满了异国情调和神秘色彩，这些中式绘画不仅用作装饰，同时也是了解中国人生活方式的信息来源，因此吸引了私商、士兵、水手们大量购买，带回家后进行转售或作为礼物。随着 19 世纪下半叶贸易的扩张，西方对中国及其民众生活的知识需求日益增长，这也许是收藏家们大量收藏这些画的原因。

然而，拉罗谢尔馆藏红楼画并没有标识出自哪位收藏家，故而无法稽考它的来源。然而它的品相极高，原因在于：Most pictures have been stored away from the light and have kept their initial brilliance event though the paper support is sometimes a bit dry; they are still as bright and colorful as they were when the collectors purchased them.（多数画作都是被避光存放，因此尽管裱褙有些干燥，但是它们保持了最初的光彩，仍然像收藏家们购买时一样鲜艳生动。）

对物象的精细描摹见出法国拉罗谢尔红楼画家深厚的艺术功力。第十一幅《晴雯补裘》，画面为"十字结构"，左厅右房，厅上置罗汉床，床下两具脚踏，脚踏旁有两具方形圆嘴木盒。此为何物，又有何用？明式的床前多设脚踏，架子床和拔步床前的脚踏独一而修长，长约二尺左右，宽尺余。罗汉床前的脚踏短而成对，两具脚踏之间，多置灰斗，形如方抽屉，因中放炉灰而得名，灰斗为柴木制，中有桩柱。即使以工细著称的孙温红楼画，也是仅仅画出脚踏，而并无灰斗。而且，《孙温绘全本红楼梦》为 76.5 厘米 ×43.3 厘米，而法国拉罗谢尔红楼画仅为 30.5 厘米 ×36.0 厘米，可见法国拉罗谢尔红楼画在长度减半的幅度内对物象的描摹更全面、精细、考究。

法国拉罗谢尔红楼画体现了文人情趣，有别于版画、年画、画工画迎合大众的取向。宝玉是簪缨世族的贵公子，因此画家要画出富贵，但这富贵不能是金玉满堂俗不可耐的；而且宝玉和钗黛姐妹作诗联句之时虽然常常落第，但他能够写作长篇《姽婳将军词》《芙蓉女儿诔》，所作《四时诗》在外被人传诵，因此也不乏书香气息，所以怡红院的整体格局应该富丽中带有文雅方为得体，画家通过细节进行了生动传神的塑造，如《晴雯补裘》画面前景的"半桌"上摆着五部书，一个圆筒形紫檀笔筒，筒内有四支笔、一方臂搁。臂搁也称"腕枕"，一般以竹、紫檀、红木、玉、象牙、瓷为材料制作而成，其中瓷类臂搁出现在清乾隆之后。臂搁上多雕刻有山水、仕女、岁寒三友、亭台楼阁、福寿云纹等图案，亦有铭文或诗句，具有欣赏收藏价值，属于文房用具中的奢侈品，被誉为"文房第五宝"。因为臂搁不像笔墨纸砚是书房必备用具，所以不一定每位文人都配备，只有那些既有雅趣又有经济能力的人才会使用和收藏它。

关于"臂搁"的用途，赵桁先生在《书斋案头的精致》中认为是支撑臂腕和防汗所用："臂搁是枕臂之物，作用有二：一是用来支持臂腕而不致为桌面所掣肘，一是在炎夏之际不使手臂的汗水与纸张粘连。"[①] 马未都先生《我的臂搁》则认为，古人大多悬腕写字，但衣袖较长，为防止衣袖粘上未干的墨迹，而将

---

① 张耀宗、张春田编：《文房漫录·辑三　文房古趣》，生活·读书·新知三联书店2013年版，第207—214页。

臂搁罩于已写好的字行上。①另一些专业书画家提供了补充见解：一、臂搁可作镇尺使用，写字作画时把宣纸铺平压稳；二、臂搁可作书写长篇小字时中途休息之用，使得腕部有个支撑，不至于太过疲累。臂搁的使用价值和《红楼梦》的描写也非常契合。贾政要查考宝玉的功课，其中包括每天的练字。之后宝玉每天突击用功，可是到了最后还有五十张字没有着落。正在着急之际，没有想到林黛玉托丫头偷偷送来了五十张钟繇王羲之的蝇头小楷临帖。"谁知紫鹃走来，送了一卷东西与宝玉，拆开看时，却是一色老油竹纸上临的钟王蝇头小楷，字迹且与自己十分相似。"②可知宝玉平时所临是蝇头小楷。另外，晴雯死后，宝玉为了纪念，"杜撰成一篇长文，用晴雯素日所喜之冰鲛縠一幅楷字写成，名曰《芙蓉女儿诔》"，可见写的也是长篇小楷。那么，臂搁在怡红院就不仅仅是文房把玩之物，而且具有书写长篇小字中途时的搁臂休息实用功能，并且是和他生命中深情的忆念黛玉和晴雯紧密相连。

二、鞭辟入里：追摹原作幽细文心

法国拉罗谢尔馆藏红楼画之画家展现了对小说原文细致入微的理解，以插天巨石、棉帘水仙、服装颜色和槅扇设色为代表。

第一幅为《纨探理家》，尤其以探春为主，取材于第五十五回《辱亲女愚妾争闲气　欺幼主刁奴蓄险心》，因凤姐小产失调，不能理事，王夫人便命探春和李纨共同裁处，具体以探春分配母舅赵国基二十两丧仪为表现对象。

探春同李纨相住间隔，二人近日同事，不比往年，来往回话人等亦不便，故二人议定：每日早晨皆到园门口南边的三间小花厅上去会齐办事，吃过早饭于午错方回房。……如今他二人每日卯正至此，午正方散。凡一应执事媳妇等来往回话者，络绎不绝。③

该图采用了"三等分构图"，以插天山石和启窗房室为限，把画面等分为

---

① 张耀宗、张春田编：《文房漫录·辑三　文房古趣》，第215—217页。
② 曹雪芹：《脂砚斋重评石头记》，人民文学出版社2006年版，第1676页。
③ 曹雪芹：《脂砚斋重评石头记》，第1285页。

左、中、右三部分。右侧窗户支起，室内桌旁坐两丽人，李纨穿月白色衫，探春穿杏红色衫。桌上红烛高烧，摆着笔墨纸砚，纸上似有字迹，纨探两人做注目商议状。中间画门口出来一穿浅紫仆妇，正伸出两指向赶来的三仆妇示意。右侧前景是插天山石，石旁点缀红白紫色花卉，后景隐约可见被山石遮住的屋舍。

插天山石占据画面三分之一份额并非无意为之。因为在第十七回，贾政带着众清客游大观园之时，看到园门之内纵横拱立峻嶒巨石，并认为这是胸中大有丘壑的设计：

> 遂命开门，只见迎面一带翠嶂挡在前面。众清客都道："好山，好山！"贾政道："非此一山，一进来园中所有之景悉入目中，则有何趣。"①

因此这幅画上为插天山石，而且石上正是"苔藓成斑，藤萝掩映"②。第五十五回与第十七回相隔久远，而且只是淡描一笔办事地点在"园门口小花厅"，可见画家对《红楼梦》原文的熟稔和精确的传达。

画家通过服装的着色表现出对人物年龄的精确把握，并通过色彩侧面表现了人物的性格和命运。探春所穿服色为"杏红"，历来是少女服色。最早见于南北朝，《西洲曲》中出门采红莲的小女郎"单衫杏子红，双鬓鸦雏色"③。宋词中有史浩《浣溪沙》"一握钩儿能几何，弓弓珠蹙杏红罗"④；张先《画堂春》"桃叶浅声双唱，杏红深色轻衣。小荷障面避斜晖。分得翠阴归"⑤。明代则有吴兆《西湖子夜歌八首》中娇滴滴骑马的吴女，"新着杏红衫，试骑赭白马。马骄堤路窄，急为扶侬下"⑥；《榕城小妓奇奇歌》袅袅婷婷十二岁的奇奇，"鸦头髻样望如坠，杏子衫新红欲然"⑦。而且探春所抽花签为杏花，签语为"日边红杏倚云栽"，预兆未来将得贵婿，成为王妃，因此这"杏红"衫色，也是她未来命运

---

① 曹雪芹：《脂砚斋重评石头记》，第 350 页。
② 曹雪芹：《脂砚斋重评石头记》，第 350 页。
③ 徐陵编，吴兆宜、程琰删补，穆克宏点校：《玉台新咏笺注》，中华书局 1985 年版，第 222 页。
④ 唐圭璋编：《全宋词》，中华书局 1965 年版，第 1282 页。
⑤ 唐圭璋编：《全宋词》，第 79 页。
⑥ 朱彝尊选编：《明诗综》，中华书局 2007 年版，第 3269 页。
⑦ 钱谦益撰集，许逸民、林淑敏点校：《列朝诗集》，中华书局 2007 年版，第 5592 页。

的吉兆。

李纨所穿服色为"月白"，月白并非白色，而是带一点淡淡的蓝色。乾隆时期褚华的《木棉谱》："染工有蓝坊，染天青、淡青、月下白……"① 月下白即"月白"，属于蓝坊。《天工开物》中提及："月白，草白二色，俱靛水微染。"② "靛"表示了它的色谱色相，"微染"则表示了它的色彩属性。《红楼梦》中曾经提到李纨没有脂粉之类，这是因为她是青年丧偶，"岂无膏沐，谁适为容"③，作为寡妇，虽处锦绣膏粱之中，如槁木死灰一般。"月白"色不突出不张扬，正符合李纨作为寡妇低调内敛的身份。清初李渔的《闲情偶寄》写道："记予儿时所见，女子之少者，尚银红、桃红，稍长者尚月白。"④ 所以月白是比少女稍长的青年女子服色。第四十九回说"李纨为首，余者迎春、探春、惜春、宝钗、黛玉、湘云、李纹、李绮、宝琴、邢岫烟，再添上凤姐儿和宝玉，一共十三个。叙起年庚，除李纨与凤姐儿年纪长，他十一个人皆不过十五六七岁"⑤。贾珠不到二十岁娶妻生子，却早早夭亡，林黛玉进贾府的这一年，贾珠的遗腹子贾兰五岁，因此李纨充其量也就二十多岁。所以画家绘制她穿月白一方面符合她的年龄，另一方面也含有叹惋之意，哪怕她依然青春，但是不要说妯娌王熙凤那些"缕金百蝶穿花大红""五彩刻丝石青""翡翠撒花"⑥绚丽浓烈的颜色，即使葱绿桃红那些娇艳的颜色也和李纨从此绝缘。

与此类似的还有第九幅《梦游太虚》对冬令景象的描摹，其一是卷着棉帘。由于槅扇门的保暖性不够，因此要加装帘架，冬天可挂棉帘防风保暖，夏天可挂竹帘通风防蚊，图中画的正是大红棉帘。其二是图右侧室外石桌上，摆着一个天蓝釉瓷花盆，里面三四丛水仙花盛放。水仙花单瓣者称金盏银台，重瓣者称玉玲珑，此盆水仙每朵六枚白花花瓣托出一个"宛若盏样"的金黄花心，正是中国最传统的"金盏银台"，"其花莹韵，其香清幽"⑦，《瓶花谱》里，把水仙花推崇为"一品九命"⑧。黄庭坚赞美它"含香体素欲倾城，山矾是弟梅

---

① 褚华纂：《木棉谱》，中华书局1985年版，第10页。
② 宋应星著，管巧玲、谭属春整理注释：《天工开物》卷上，岳麓书社2002年版，第96页。
③ 周振甫：《诗经译注》，中华书局2010年版，第84页。
④ 李渔著，诚举等译注：《闲情偶寄》，昆明大学出版社2003年版，第93页。
⑤ 曹雪芹：《脂砚斋重评石头记》，第1134页。
⑥ 曹雪芹：《脂砚斋重评石头记》，第56页。
⑦ 王象晋纂辑，伊钦恒诠释：《群芳谱》，农业出版社1985年版，第284页。
⑧ 张谦德著，刘靖宇绘：《瓶花谱》，江西美术出版社2018年版，第50页。

是兄"①。而考《红楼梦》原文，第五回"东边宁府中花园内梅花盛开"②，尤氏带秦可卿来请贾母等人赏花，宝玉因此来到宁府，方有在秦氏房中歇卧一事。梅花与水仙骈盛于冬，晚明高濂《遵生八笺》载："如瑞香、梅花、水仙、粉红山茶、腊梅，皆冬月妙品。"③画中棉帘和水仙正与宝玉梦游太虚环境的时令冬季相符。

此图还绘制了传统的槅扇门，这是最具中国特色的建筑构件之一，同时拥有窗、门和墙的功能，也是故宫内古建筑中出现最多，使用频率最高的门样式。梁思成《清式营造则例》中写作"格扇"④，《清代匠作则例》则作"槅扇"⑤。槅扇门由边抹、槅心、绦环板、裙板组成。其中槅扇的外框叫边抹，竖的部分为边梃（清）或桯（宋），横的外框部分为抹头。槅扇的上部为槅心，由疏落有致的棂条组成。槅心下为绦环板，两方绦环板之间为裙板。槅扇门通常为四扇，六扇和八扇，抹头越多越豪华，代表槅扇所在的建筑规格越高。图中可以看到的槅扇有四扇半，其中明示的有两扇半，暗示的有向内打开的两扇。而画面仅露出的两扇半槅扇，已经可以看出采用了两种不同的槅心、绦环板、裙板，两扇采用的是槅心为琐窗花格，绦环板为浮雕云头不断，裙板为浮雕宝相团花，四侧饰以云纹；半扇采用的是槅心为菱形，绦环板为浮雕连环纹，裙板为浮雕蝙蝠纹，蝙蝠衬角，称为"四福齐至"。根据对称原则，则此槅扇门起码为六扇，甚至为八扇，可见规格之高。而此处为秦可卿的卧房，槅扇之多与她宁国府重孙媳中第一得意人的身份暗合。

更进一步的是，秦可卿的卧房槅扇门的绦环板和裙板上的浮雕都是桃红色，桃红不是正色，放在中国古建筑上是极大胆的用色，即使在这十一幅红楼梦画里也是绝无仅有的，哪怕精致得像个女孩卧房的怡红院也有槅扇，也没有用桃红的颜色，这暗示了秦氏这个住所是一个极为香艳的所在，而宝玉恰恰在这里做了一个和"可卿"相会的绮梦。秦可卿临死前给王熙凤托梦，安排了让她在祖宗坟茔旁边置买房地谋划整个家族的退步抽身之计，脂砚斋因此赦其淫

① 黄庭坚撰，任渊、史容、史季温注，刘尚荣点校：《黄庭坚诗集注》，中华书局2003年版，第546页。
② 曹雪芹：《脂砚斋重评石头记》，第98页。
③ 高濂撰，李嘉言点校：《燕闲清赏笺》，浙江人民美术出版社2019年版，第160页。
④ 梁思成：《清式营造则例》，中国建筑工业出版社1981年版，第124页。
⑤ 王世襄：《清代匠作则例》，中国书店2008年版，第64页。

罪，让曹雪芹删去她"淫丧天香楼"的情节。但是焦大的怒骂——"扒灰的扒灰，养小叔子的养小叔子"①；卧房里和淫和性有关的装饰——武则天当日镜室中设的宝镜，赵飞燕立着舞过的金盘，安禄山掷过伤了太真乳的木瓜，红娘抱过的鸳枕，幻境中"情既相逢必主淫"②的判词；以及她死之后公公贾珍哭得泪人一般，说要"尽我所有"发送，都暗示了秦可卿与淫与性的藕断丝连蛛丝马迹，因此画家用榻扇颜色对其做了"背面敷粉"的不写之写，侧笔出之，可见高妙。

三、包孕性顷刻：视觉美学的深刻体现

"包孕性顷刻"是视觉艺术最重要的表现形式，这一艺术时空辩证关系的美学论断由德国美学家莱辛 1776 年在其著作《拉奥孔》中提出，这一瞬间为最具有暗示性、概括性和包容性、最能激发人们审美情感和审美想象的耐人寻味的刹那。第十幅《妙惜对弈》正是这种视觉美学的深刻体现。

该图取材于第八十七回《感深秋抚琴悲往事 坐禅寂走火入邪魔》，宝玉来探望惜春，正逢惜春与妙玉对弈：

> 轻轻的掀帘进去。看时不是别人，却是那栊翠庵的槛外人妙玉。这宝玉见是妙玉，不敢惊动。妙玉和惜春正在凝思之际，也没理会。宝玉却站在旁边看他两个的手段。③

该图左中右三等分呈现一间精丽的巨室，左边门口不远处耸立一座大画屏，中间巨窗洞开，花草盈盈，若在风中摇曳，窗下惜春与妙玉端坐绣墩之上，分据一张典型的明式束腰马蹄腿足罗锅枨式方棋桌两旁，对下围棋，宝玉伫立静观，右边为一座高大的书画柜。

在"小说叙事"之中，妙玉和惜春对弈并非一个引起关注的重点，而且也远远不如葬花和扑蝶更有画面感和预示性，因为葬花隐喻黛玉埋葬了自己的青

---

① 曹雪芹：《脂砚斋重评石头记》，第 171 页。
② 曹雪芹：《脂砚斋重评石头记》，第 110 页。
③ 曹雪芹等著：《程甲本红楼梦》，沈阳出版社 2005 年版，第 2419 页。

春，而扑一双玉色大蝴蝶隐有宝钗拆散宝黛二人之意。然而当"图像叙事"将妙惜对弈凸显出之后，又反过来引发思考。妙玉和惜春都是出家之人，妙玉因从小多病，买了多少个替身都不中用，到底还是自己亲自入了空门，说明她出家的根本原因是为了治病活命。由于皈依佛门的原因并非看破红尘，所以她的行为非常矛盾，既以出家人自居，又带发修行，不能忘记自己的闺阁面目，因此尘世中不合时宜。对于妙玉的个性，宝玉有定评"他为人孤癖，不合时宜"[1]，邢岫烟说她"放诞诡僻"[2]。惜春是嫌恶恐惧宁国府在外的淫乱肮脏名声带坏了自己声誉，所以离群索居，最后索性出家。惜春的个性，尤氏说她"冷口冷心"[3]，曹雪芹更在回目中以"孤介"[4]定之。可见妙玉和惜春的言行举止都不受人世法则约束，而且指向孤僻冷漠一路。而且她们两个人都很怕"脏"，妙玉厌弃刘姥姥下等人的"肮脏"，惜春厌弃贾珍淫乱的"肮脏"，其实她们是一体两面，所以《红楼梦》中总是她们俩对弈，只有她们俩是势均力敌的知音和对手。[5] 惜春和妙玉的相似相关性还在后四十回通过王夫人的口点明了出来，王夫人劝阻惜春纵然出家也不要落发，举例就是妙玉也是带发修行。

惜春的一生体现了一个"从色到空"的过程，最开始她在金陵十二钗中最善于绘画，之后贾母命她做一幅大观园行乐图。以贾母嘱咐将园林、仕女、花鸟等全都入画来看，这将是一幅工笔重彩画。而惜春也确实不断地在绘制这幅画，大家去暖香坞的时候，香菱也辨认出来画上已经画出了林黛玉和薛宝钗等等，但是终《红楼梦》全书都没有看到惜春最终完成这幅画。而且惜春绘画的象征也不断离开她，她的两个侍女一名入画一名彩屏，都和绘画相关，在前八十回抄检大观园的时候，惜春冷面冷心地逐走了入画，在后四十回彩屏又不愿跟随她。惜春出家之时，王夫人询问她随身的侍女"谁愿跟姑娘修行"，彩屏等回道"太太们派谁就是谁"[6]。王夫人闻知，便知她们都不愿意，最后的结局是彩屏被"指配了人家"[7]。

① 曹雪芹：《脂砚斋重评石头记》，第 1504 页。
② 曹雪芹：《脂砚斋重评石头记》，第 1505 页。
③ 曹雪芹：《脂砚斋重评石头记》，第 1796 页。
④ 曹雪芹：《脂砚斋重评石头记》，第 1763 页。
⑤ 成中英、张惠：《红楼梦的世界、人生与艺术》，《光明日报》2018 年 5 月 4 日。
⑥ 曹雪芹等著：《程甲本红楼梦》，第 3192 页。
⑦ 曹雪芹等著：《程甲本红楼梦》，第 3197 页。

古代女性被规范的信条是"在家从父，出嫁从夫，夫死从子"，而惜春生在宁府长在荣府，母亲早死，父亲贾敬早早出家，她被王夫人收养，没有感受过亲生父亲的教养和慈爱，形成了冷淡疏离孤独耿介的"回避型人格"（avoidant personality）[1]，这是一种社交抑制、能力不足感和对负面评价极其敏感的普遍心理行为模式，个人防御水平高，边界感强，很难建立亲密关系。哥哥贾珍在秦可卿葬礼上启人疑窦的表现——说自己长房内灭绝无人和哭得泪人儿一般，贾珍贾蓉和尤二姐的聚麀之乱，王熙凤宣扬的尤二姐在家做姑娘时就跟贾珍有暧昧的往来，焦大"扒灰"的醉骂，柳湘莲"你们东府里，除了那两石头狮子干净，只怕连猫狗儿都不干净"[2]的斥责，都对惜春形成了沉重的心灵冲击并激愤地表现言语中："况且近日我每每风闻得有人背地里议论什么，多少不堪的闲话，我若再去，连我也编派上了。"[3]而这正是"回避型人格"的典型表现——远离他人，以保护自己免受预期的被拒绝或羞辱的精神痛苦。[4]

荣国府三个姐姐中，元妃省亲富贵还家却泪如雨下，身为贵妃却说自己到了不得见人的去处；迎春笃信《太上感应篇》善恶有报，隐忍退让，温柔沉默，但是不仅被父亲拿去填还五千两银子的欠债，还被丈夫不到一年就折磨死了；探春既是具有诗书才华的才女，又是具有理家才干的贤女，可是也被作为和亲的工具人使用，三个姐姐的悲惨遭遇让惜春对奉父母之命缔结的婚姻产生深深的怀疑。更为深刻的是，黛玉的死让她对情也看破了，从小大家都说宝黛是一对，凤姐也常打趣林黛玉既吃了我们家茶，如何不与我家做媳妇？连小厮们都认定了将来老太太一开言，无有不准的，而且宝玉也表现得没有林黛玉就活不下去，紫鹃稍微用言辞试探了一下说黛玉要走，宝玉便闹得天翻地覆，但最终宝玉和黛玉依然是一死一嫁。情不但没有能起死回生，甚至连感动家长之心的能力都没有，这深刻说明了情的虚妄，所以惜春说"林姐姐那样一个聪明人，我看他总有些瞧不破"[5]，这和紫鹃在黛玉死后伤心的顿悟"原来情也不过如

---

① American Psychiatric Association, *Diagnostic and statistical manual of mental disorders: DSM-5*, Washington DC: American Psychiatric Association, 2013.

② 曹雪芹：《脂砚斋重评石头记》，第 1586 页。

③ 曹雪芹：《脂砚斋重评石头记》，第 1795 页。

④ Millon, T., *Disorders of personality: Introducing a DSM/ICD spectrum from normal to abnormal*, New Jersey: John Wiley & Sons, 2011.

⑤ 曹雪芹等著：《程甲本红楼梦》，第 2288 页。

此"是一致的："人生缘分都有一定，在那未到头时，大家都是痴心妄想。……算来竟不如草木石头，无知无觉，倒也心中干净！"①从宁国府的父亲和哥哥身上，从荣国府的三个姐姐身上，从宝玉和黛玉身上，惜春看破了伦理、婚姻和情感，所以她依次舍弃了入画和彩屏的"色"，抵达了紫鹃的"空"，最终和紫鹃相伴出家。王墀曾经在《增刻红楼梦图咏》中指出，"色即是空空是色，从来画理可参禅"②，因此曹雪芹让元迎探惜中最小的妹妹惜春具备绘画的才能，应该也是对她未来出家结局的一种"千里伏脉"。

小乘教法以四胜谛"苦集灭道"出发，致力以出离的方式得以解脱，力求成就阿罗汉果位，称为解脱道。大乘教法提出了"菩提心"的誓愿，力求成就菩萨果位，被称为菩萨道。惜春和妙玉都是惧怕风尘肮脏违心愿才向往空门的清净世界，最多也都是小乘佛教的"自度"。而更可悲的是，若按《红楼梦》第五回的伏笔，恐怕妙玉"欲洁何曾洁"，到头来红颜屈从枯骨，连自度也不得了。

妙惜对弈之时，宝玉作为一个"观看者"出现。在《红楼梦》中，宝玉、惜春和妙玉最终殊途同归都成了方外之人，而且在第五回的金陵十二钗画册中，宝玉已经"观看"到妙玉陷于泥淖而惜春独卧青灯古佛，因此在这幅《妙惜对弈》中，"观棋者"的宝玉又是一个"当局者"，他依然沉迷于琴棋书画富贵温柔的"此刻"，不能够"醒悟"这"相聚"只是空花泡影如雾如电的"瞬间"，很快他们将缁衣顿改旧时"装"天各一方。

结　语

法国拉罗谢尔馆藏红楼画可用一句原出《红楼梦》的诗文"寒芳留照魂应驻"比拟，在小说问世后不久，诸多画家竞相为其传神写照，淡淡神会风前影，跳脱秋生腕底香，其中，法国拉罗谢尔馆藏红楼画的画家，以非同一般的艺术表现力、迥异于画工的文人情趣、别具一格的观察视角，体现出对《红楼梦》幽深文心文味文意的深刻体悟，更远涉重洋，成为西方典藏，将红楼一缕芳魂留驻画图，成为《红楼梦》中西传播史上优美的一笔。

---

① 曹雪芹等著：《程甲本红楼梦》，第3088—3089页。
② 王墀：《王墀增刻红楼梦图咏》，上海书店出版社2006年版，第44页。

In the Flowers' Wintry Scent Their Souls Reside: Exploring the Visual Aesthetics of Hong Lou Meng Paintings in Musées d'Art et d'Histoire de La Rochelle

Zhang Hui

Abstract: The Musées d'Art et d'Histoire de La Rochelle in France houses 11 paintings of Hong Lou Meng, dating back to the 19th century and originating from China. The painters and collectors remain unknown. However, the meticulous depiction of objects in the La Rochelle collection reveals that the Hong Lou Meng painter surpasses the artistic skills of ordinary painters. Distinct from popular forms like printmaking, New Year paintings, and artisan works, these 11 paintings reflect the refined taste of literati. The Hong Lou Meng paintings in the La Rochelle Museum meticulously trace the subtle literary essence of the original novel, indirectly portraying the characters' personalities and destinies. The concept of "pregnancy in an instant" achieves a profound presentation of visual aesthetics. Therefore, examining the Hong Lou Meng paintings in the La Rochelle Museum not only appreciates their artistic value but also enhances our understanding of the dissemination of Hong Lou Meng paintings, the original text of Hong Lou Meng, and its social value.

Key words: Hong Lou Meng painting, Literati painting, *Dream of the Red Chamber*, Color, Visual aesthetics

周昉《水月观音像》与中唐美术之"绘画终结"问题[*]

邹　芒^{**}

摘　要：中唐画家周昉绘《水月观音像》，由于真迹失传，加之文献描述简略，学界虽然多有关注，但大多止于论及五代、宋以来依据"周家样"粉本所作同类题材作品，至于更为关键的原作真迹，却迟迟未有深入研究。通过调整研究进路，笔者将参考对象从热门的五代敦煌水月观音画像，转移至晚唐巴蜀水月观音塑像，由于后者跟母本更具亲缘性，故而更具参考价值。以此为基础，可尝试推演原作风采。更重要的是，将其归置于中唐美术之"绘画终结"的问题情景中考察，原作还体现了外来宗教信仰的在地化、母权政治影响力的延宕，以及对园林山水的观赏体悟。此三者交融汇通，共同催生出凝定着浓厚的民族审美心理的艺术形象。并且，从更长的时间尺度来看，这标志着佛画入华以来所开启的本土化进程，进入到一个新的阶段。中原画家历经"摹写""美饰"后，最终能够解构"重组"，在本土文化的语境中生成新的经典范式。

关键词：水月观音　仕女画　观音变性　园林山水　中唐审美风尚

有唐一代，随着中土观音信仰的普及，出现了一批民俗观音形象。其中著名的"水月观音"，据张彦远《历代名画记》所载，最早由中唐画家周昉所绘^①；

　*　基金项目：本文为四川美术学院 2024 年博士科研启动项目"《历代名画记》图学思想研究"（编号：24BSQD04）的阶段性成果。

　**　作者简介：邹芒，男，四川美术学院讲师，北京师范大学哲学（美学）博士，浙江大学艺术与考古学院博士后。

　①　明代戏曲家高濂在《燕闲清赏笺·论画》中提到"余所见吴道子《水月观音》大幅……半体上笼白纱袍衫"。据松本荣一考证，白衣观音的造型运用于描画水月观音当在唐末之际。所以，不可能早于活跃于盛唐之际的吴道子，可知高氏所见当托名吴道子的伪作。

与张彦远同时期或稍早的朱景玄，在《唐朝名画录》卷一"周昉"条目中，也有提及"今上都有画水月观自在菩萨"一事。中晚唐时期最重要的两本画史论著对此都有记录，作品影响力可见一斑。然而遗憾的是，由于真迹失传，现已无缘一睹原作风采，迄今所见多为后世同类题材作品，如莫高窟、榆林窟、东千佛洞以及肃北五个庙等石窟的壁画上，以及藏经洞的纸绢画中，尚存五代、宋和西夏时期的三十六幅敦煌水月观音画像。①但是，到底哪些更接近周昉原作，而原作反映了哪些图像美学意涵，以及在中唐美术史上又具有何种深刻价值，这些问题学界少有论及，尚有必要再加解读。因此，文本尝试在有限的史料基础上再做探赜，以期还原水月观音的本来面目。

一

据张彦远《历代名画记》记载：

> （西京）胜光寺……塔东南院，周昉画水月观自在菩萨掩障，菩萨圆光及竹，并是刘整成色。②

此为"会昌法难"后，张彦远根据长安寺观壁画的余存情况所记，真实性无疑。另见同书卷十"周昉"条下，又有"菩萨端严，妙创水月之体"之语。一般而言，画佛教人物需按既有的造像仪轨，不过水月观音并不源自佛典，这就给画家的艺术创造提供了一定的发挥空间。如果参考敦煌水月观音画像，相对于其他尊像图，确实包含了不少诗情画意的成分。不难推想，原作的审美意味较为浓厚，神灵威仪反而有所淡化。

具体而言，现讨论较多的是一批纸绢作品。其中四川省博物馆藏樊再升绘于建隆二年（961）的水月观音像、美国弗利尔美术馆藏编号为 F1930.36 绘于乾德六年（968）的水月观音像，因图中未见水月竹石，可视为入宋之后的新变。也就是说，参考价值更高的是另外四幅敦煌藏经洞发现的五代作品，即大英博物馆藏的 S. painting15. Ch. lvi. 009 和 S. painting29. Ch. lvi. 0015，以及法

① 王惠民：《敦煌佛教图像研究》，浙江大学出版社 2016 年版，第 149 页。
② 张彦远：《历代名画记》，浙江人民美术出版社 2011 年版，第 55 页。

国吉美博物馆藏编号为 EO.1136 的《水月观音菩萨半跏像》与另一幅编号为 EO.1151 绘于后晋天福八年（943）的《千手千眼观音菩萨图》右下角的《水月观音菩萨像》。它们由当地画工依据中原传入的"周家样"粉本绘制而成，水月观音被置于岩座上，身后圆光耀目，四周水纹涟漪，翠竹数株，营造出了一种清幽佳境。按日本汉学家松本荣一的看法，这四幅作品在构图上有六个共同点：菩萨半跏坐于莲池中的岩石上；宝冠上有化佛；一手持杨柳，一手持水瓶；有大圆光；菩萨身后绘有竹或棕榈竹之类的植物；画面效果反映出画工制作时努力接近印度风格的意识。[1]需要注意的是，上述四图相距周昉的创作盛年已有 150 年左右[2]，即使大致符合张彦远所说情形，但在原有基础上做出的改动，却不可不察。

观音虽为外来神祇，但"水月观音"作为汉地观音三十三相之一，其造型特色至少应该体现中国化倾向，敦煌水月观音画像所具有的"异国情调"，即画工着意表现出来的印度风格，恐与原作不符。也就是说，水月观音恰恰是要摆脱胡貌梵相，从而塑造出一种符合中国人审美的汉化模式。不单是风格问题，人物造型设计中的一些细节部分，也同样存在争议，比如"朝向"，S. painting15 和 EO.1151 呈四分之三侧面向右，但 S. painting29 和 EO.1136 却是四分之三侧面向左；又如"坐姿"，除 EO.1136 是抱膝而坐外，其余三幅皆是一手持杨柳，一手持净瓶的半跏趺坐；再如"岩座"，S. painting15、S. painting29 和 EO.1151 都是鳞片状彩石，EO.1136 却是洞石。[3]另外，还是上述前三幅图画，都只描绘了荷塘莲叶，但 EO.1136 中竟然出现了浮游的鸭子，一个戏剧性的生活化场景，完全可能是新添的当地特色。最后，"圆光"究竟是指月亮或月光，还是头光或身光。至少在这四幅作品中既无圆月也无月影（或有通过仰头暗示），S. painting15 和 EO.1151 都绘有圆形身光，S. painting29 是头光加身光，EO.1136 仅有头光。

综上所述，这四幅作品虽然前后绘制时间相隔不久，又是同一产地，但它

---

[1] 松本荣一著，林保尧、赵声良、李梅译：《敦煌画研究》，浙江大学出版社 2019 年版，第 203 页。

[2] 周昉生卒年不详，王伯敏认为生于 740 年左右，倪志云认为约生于 735 年，实际情况大致不差。另结合画迹推算，其创作活跃期应在代宗大历间至德宗贞元中，即 766—795 年左右。

[3] 前者在传周昉《调琴啜茗图》中出现过，后者在《簪花仕女图》中亦有出现，或与周昉曾出仕越州（今浙江绍兴）、宣州（今安徽宣城）有关，此二地正是太湖石的出产地。参见史忠平：《敦煌水月观音图的艺术》，《敦煌研究》2015 年第 5 期。

们之间的差异点恐怕不比相同点少。之所以出现各种不一致的现象，应该是跟画工绘制时所采取的在地化策略有关。当"周家样"水月观音画像粉本传入敦煌后，由于此地同时受到中原和印度，乃至中亚、西亚等国文化的影响，画工在效法原版图样的同时，亦根据当地的风俗好尚做出调整。所以，一方面保留了原有的几个标志性符号，如莲池、圆光和竹子；另一方面，则在衣着配饰、形象气质的刻画上主动吸收印度元素。于是，这才诞生了我们所看到的敦煌水月观音画像，类似作品在当时应该绘制不少，只是绝大多数早已湮没在黄土泥沙中。实际上，佛教美术中凡是能称"样"的尊像图，必然是在相当一段时间内作为范本，身形姿态不会被轻易改动。那么，想要倒推周昉原作的具体情况，如果只参考上述四图，由于已经分不清哪些是原版，哪些是变体，也就不具备操作性。

有必要反思的是，长安与敦煌相隔甚远，趋尚有别，与其从遥远的西域边陲着眼，为何不转换关注视野，从受中原文化影响更深、交往更紧密的内陆地区寻找新的参考，比如巴蜀。尤其是自"安史之乱"以来，唐玄宗、唐僖宗两次入川避难，随之也将风靡长安的佛教美术式样带到了当地。文同《彭州张氏画记》云："蜀自唐二帝西幸，当时随驾以画待诏者，皆奇工；故成都诸郡寺宇所存诸佛、菩萨、罗汉等像之处，虽天下能号为古迹多者，尽无如此地所有矣。"[1] 由此可知，巴蜀佛教美术在中晚唐时期的发展，不仅规模庞大，而且与长安佛教美术式样有着更为紧密的联系。至于周昉本人是否有过随驾入川的经历，于史无载，但"周家样"水月观音粉本流行巴蜀却是无疑，在其去世后不久，相关创作开始出现。

据画史载：宝历年间（825—826），左全在文殊阁东畔画水月观音[2]；大中年间（847—860），范琼在圣寿寺大殿小壁画水月观音[3]；中和年间（881—885），张南本在昭觉寺画水月观音[4]；初事后蜀而后入宋的黄居寀也画有一幅水月观音。[5] 不难看出，巴蜀画家绘制水月观音画像的时间，从唐中叶一直持

---

① 文同著，胡问涛、罗琴校注：《文同文集编年校注》，巴蜀书社 1999 年版，第 934 页。

② 黄休复撰，何韫若、林孔翼注：《益州名画录》，四川人民出版社 1982 年版，第 31 页。

③ 黄休复撰，何韫若、林孔翼注：《益州名画录》，第 15—16 页。

④ 《益州名画录》记其曾于唐僖宗中和年间寓止蜀城。另见李畋《重修昭觉寺记》一文有"张南本画水月观音"之语。龙显昭主编：《巴蜀佛教碑文集成》，巴蜀书社 2004 年版，第 89 页。

⑤ 岳仁译注：《宣和画谱》，湖南美术出版社 1999 年版，第 352 页。

续到北宋初年，形成了一条脉络相对连贯且亲缘度更高的"长安—巴蜀"谱系。松本荣一认为左全、范琼的作品"应该与前述敦煌所出四图相近"[①]，可以追问的是，这种"相近"是何种意义上的相近？如果是指画面上同样有"圆光及竹"的表现，那显然应该保持一致；但如果涉及风格及造型细节，则可能完全相反。至于松本荣一又认为黄居寀等人的作品"大致继承敦煌水月观音图的谱系"[②]，这就显然值得商榷了。以长安为中心，而形成的西北敦煌和西南巴蜀两条传播路径[③]，更有可能是平行关系，前者胡化痕迹逐渐加重，后者更多与周昉原作保持了"家族相似性"。

值得注意的是，虽然上述巴蜀水月观音画像同样没能流传下来，但基于"绘塑一体"的佛教造像传统，我们还能再参考雕塑作品。庆幸的是，目前四川境内及重庆大足等地，仍然保留着一批晚唐至两宋时期的水月观音塑像，这就提供了极为珍贵的实物佐证。现存最早且有明确纪年的水月观音塑像见于绵阳圣水寺第 7 号龛，此尊铸于"中和五年"，即 885 年。菩萨面呈男相，头戴三叶宝冠，缯带飘扬，曲眉丰颊，垂目低眸，双手抱膝，左腿盘曲横置，右腿自然下垂，正面半跏趺坐于岩座上，后有圆形身光。另外，年代比这一尊稍晚的大足北山营盘坡水月观音塑像，也具有几乎一致的形象；并且，年代再稍后的五代安岳圆觉洞第 11 号龛和第 62 号龛水月观音塑像，身姿体态也与前两尊近似。但是，五代中晚期的大足北山佛湾第 200 号龛水月观音塑像，却是左腿踏莲、右腿屈膝向上的游戏坐姿势。由此可见，巴蜀水月观音塑像的样式设计在晚唐至五代中前期基本保持稳定，说明当地工匠按图索骥，后来才对坐姿等有所改动。而改动之前的"抱膝而坐"，被学者认为"表现出一种高逸的神情和文人气质。从时代上讲，应该是最接近周昉原创的造型"[④]。

但"最接近"之说，仍需谨慎，毕竟现在尚不清楚 885 年之前的造型样式是否还曾有过变动，将来若有更新考古实证公布，方能释疑。不过，强调圣水

---

① 松本荣一著，林保尧、赵声良、李梅译：《敦煌画研究》，第 205 页。

② 松本荣一著，林保尧、赵声良、李梅译：《敦煌画研究》，第 205 页。

③ 1957 年，浙江金华万佛塔出土一尊铜鎏金水月观音像，一般认为铸于五代吴越时期。该造像面呈女相，璎珞严饰，三道火焰纹身光，游戏坐于山石上（与五代大足北山佛湾第 200 号龛水月观音塑像的坐姿一致）。目前尚不清楚这是否为与敦煌、巴蜀平行的第三条传播路径，还是说有受到巴蜀一脉的影响。

④ 史忠平：《雕塑类"水月观音图"初探》，《雕塑》2016 年第 1 期。

寺水月观音塑像作为目前最具参考价值的造像实物，应当成立。盖因其独特的身份背景，既是目前所见唯一——尊唐代水月观音造像，又恰好对应于张南本创作水月画像的时间范围，由此得以合理推想早于敦煌水月观音画像约半个世纪的不同面貌。至于真迹母本所涉更丰富的细节问题，就有待学者们在此基础上，从不同角度并在一定限度内做出推演和还原了。唯此，周昉原作的绝代风采，将从历史的遮蔽中逐渐清晰起来。

二

阮荣春、张同标在《中国佛教美术发展史》中亦有论及周昉画水月观音，推想其形象特点应当符合如下几点：其一，是与其笔下女子形象相似，应该具有"人物丰秾，肌胜于骨"的特征；其二，此形象为当时贤愚共推，是以上层豪门女性为原型；其三，画面上有水有月有竹；其四，水月观音给人感觉是亲切可近，而非庄严肃正。①综上所述，原作画面中是否真有"圆月"，以及水月观音是在多大程度上与仕女形象相似，还可作进一步推敲。不过二位学者的看法颇具启发，对于深入阐释张彦远所谓"妙创水月之体"大有助益。

首先，若要讨论水月观音与仕女形象之间的关系，就已经预设了一个前提条件，即水月观音是女菩萨。这里涉及性别问题的思考，后文将有详述。在此倒不必过多纠结，因为唐代观音形象已经普遍开启并呈现出中性或女性化特质，水月观音本身就是这一历史潮流下的产物，所以也有一定的讨论基础。并且，将其与周昉另一著名的仕女题材创作并置联想，也并非意味着就要深究具体存在哪几点相似性。实际上，在真迹阙如的情况下，只能从宽泛意义上去解读二者之间的互动关联。大致来讲，包括"形""神"两个方面。就形体和形态而言，水月观音同样"以丰厚为体"，这反映了"周家样"的典型风貌，正如今人还能从《簪花仕女图》等传世作品中看到"丰肌秀骨"的审美表现。

除了外在仪容的近似，更重要的还体现在对神情和神态的刻画上，也应该具有一致性。周昉笔下的女子，大多是垂首低望之姿，看似雍容华贵的表象，其实处处流露着愁绪和慵懒，眉宇间始终有一股挥之不去的落寞。正如李泽

---

① 阮荣春、张同标：《中国佛教美术发展史》，东南大学出版社2011年版，第218—219页。

厚所言,"就美学风格说……他们不乏潇洒风流,却总开始染上了一层薄薄的孤冷、伤感和忧郁"①。这与神情内敛的水月观音似有共通,在天心明月的灵氛中,菩萨气象安闲而寓静思之状:目视前方,却是向下;有所抬启,似又半睁。周昉画人物善状貌,更"兼移其神气",出世的菩萨与禁宫的女子分享了同一种生命情调,正在于他对精神世界的表现赋予了浓厚的时代印记。

其次,来看水月观音的现实原型。周昉本为"贵游子弟,多见贵而美者",擅画绮罗人物,被誉为"古今冠绝"。董逌评为"媚色艳态,明眸善睐,后世自不得其形容骨相"②,汤垕亦称"作仕女多浓艳丰肥,有富贵气"③,高濂赞其"美在意外,丰度隐然,含娇韵媚,姿态端庄"④。不难看出,周昉不仅能画出仕女的美貌,还能表现出一种矜贵之气,这是上层女子所独有,自然不见于民妇村姑,所谓"全法衣冠,不近闾里"。可想而知,水月观音的现实原型肯定也来自上流阶层,周昉将其特点和优点挪用到了水月观音身上,故而与普通的观音画像的世俗气息区别开来。这就意味着,即使民间画工也能画出水月观音,但画不出的却是那份独特的气质。这与技法高低无关,而是生活环境的造就。

在此背景下,又引申出一个有趣的问题,即周昉到底是以女性还是男性作为水月观音的模特?目前大多倾向于认为是贵族女子。然而,依据"周家样"粉本制作的晚唐巴蜀水月观音塑像皆面呈男相,这又该如何解释呢?不容否定的是,它们身上体现出明显的女性特质,比如圆润的脸庞、披肩的长发、静美的仪态等。这在一定程度上或有暗示,周昉很有可能是以蒋凝式的美男子作为参照。《北梦琐言》云:"蒋凝侍郎亦有人物,每到朝士家,人以为祥瑞,号'水月观音',前代潘安仁、卫叔宝何以如此。"⑤在中国历史上,那些著名的美男子大多具有一种阴柔特质,常有"玉笋班""玉人"之类的赞誉,正是对其娴雅风姿的充分肯定。在颇具包容度的唐代社会,性别观念较为开放,何况是在艺术家眼中。周昉能将交游相识的美男子描绘成宗教世界中的菩萨,这是美的升华,绝非狎昵之事。

① 李泽厚:《美的历程》,生活·读书·新知三联书店 2009 年版,第 154 页。
② 董逌著,张自然校注:《广川画跋校注》,河南大学出版社 2012 年版,第 448 页。
③ 叶朗主编:《中国美学历代文库·元代卷》,高等教育出版社 2003 年版,第 440 页。
④ 高濂著,王大淳点校:《遵生八笺》,浙江古籍出版社 2017 年版,第 578 页。
⑤ 孙光宪:《北梦琐言》,中华书局 1960 年版,第 37 页。

再次，来看画面上的风景元素。现一般认为，画面中的自然风景是对观音道场普陀珞珈山的艺术再现。在《华严经》《大唐西域记》中可以看到相关描述，此处四面岩谷，林木翁郁，泉流萦映，香草柔软，观音菩萨结跏趺坐金刚宝石上。以上场景或有可能构成了画家创作时的素材来源，但水月观音并非华严系菩萨，所以图文之间并不存在必然联系。其实重要的不是非得为画中风景找到佛典依据，而要看到在一幅宗教人物画中，能够把山水与人物做到有机统一，已经殊为难得。正如李松所言，"从菩萨的身姿到山石流水和圆月的配景，理想的尊神和理想的环境相互协调。在中国菩萨图像中，如此强调主像和与背景联系的图像还不多见"[1]。如果单就创作手法而论，倒也不算新颖，早在东晋之际，顾恺之为谢鲲画像，为衬托林泉高致，便有意将其置于丘壑之中。画水月观音延续了这一思路，刘整是专业的山水画家，被张彦远评为"有气象"，造景水平显然更高。

现一般认为，图中画竹是为了表现水月观音的超然出尘、风流自赏，因为竹子作为中国文化中的经典意象，是情志高洁、清虚自守的象征。这一解释存在文人美学化倾向，不妨同时考虑另一种可能。在佛教文化中，"竹园"或"竹舍"是佛陀传道授业的地方，在莫高窟第 285 窟西魏壁画《五百强盗成佛因缘故事》中的说法场景，佛陀背后就有四株修竹。水月观音画像中有相似处理，极有可能在暗示其精神导师的身份。白居易《画水月菩萨赞》云："净绿水上，虚白光中，一睹其下，万缘皆空。弟子居易，誓心归依，生生劫劫，长为我师。"[2] 正是由于水月观音能够传授"万缘皆空"的人生道理，也就随之明了了"水月"的本真含义，即"假有性空"。水中映月分明可见，只不过是梦幻泡影，所以是"假有"；万物因缘而生，缘散则化，可知本体或本性为空。[3] 文人墨客对之寄予了更多的意绪和心事，对于贩夫走卒而言，不一定明白其中的哲理，却不妨碍欣赏那一片空灵禅境。

---

① 李松：《长安艺术与宗教文明》，中华书局 2002 年版，第 185 页。

② 白居易著，喻岳衡点校：《白居易集》，岳麓书社 1992 年版，第 371 页。

③ 李翎在《水月观音与藏传佛教观音像之关系》一文中对此有精彩讨论，她指出："从设计思想上分析，周昉的'水月观音'来自大乘般若的空性理论，'水'、'月'是这一身形观音代表的主题。周昉是 8 世纪末中唐的画家，在他生活的时代，由玄奘创立的唯识宗，由于强烈的思辨性，在民间并不具有生命力，很快就随着玄奘的故去而几近束之高阁，但这并不妨碍这种机智的理论在上层与文人间的流行，并且'缘起性空'、'万法唯识'思想早已深入人心，民间虽然不能接受高深的思辨，但可以信行因果之道，可以接受一个造型优美的观音菩萨，因此本文认为周昉创立'水月观音'的理论基础，正是来自'唯识学'，而具体的经典则可能与《了本生死经》有关。"（《美术》2002 年第 11 期）

最后，就水月观音的多重面相再做必要阐发。正如学者指出，水月观音给人以和蔼可亲之感，不同于其他观音形象，或威仪，或肃穆。那么，这种感觉和情感背后的根源是什么？众所周知，观音菩萨以慈悲为怀，《法华经·普门品》宣称若遭遇厄难，称观音名号，便可得解脱，如此方便法门，最是平易近人，如同孩子寻找母亲的慰藉。水月观音的形象气质，应具有母性的怜悯和怜爱，这是第一重慈母面相。第二重面相，即前文论及作为佛教神祇，是信众心目中值得依附的精神导师或灵修导师。值得玩味的是，水月观音不仅没有倡导苦行修身，以期获得一种超尘拔俗的力量，反而拥有一副端丽静美的仪容，令人可亲可近，这一在供养和凝视中产生的非常微妙的审美体验，值得再三细品。

由此便涉及对第三重面相的思考。先来看两则史料，《寺塔记》载韩幹在宝应寺画"释梵天女，悉齐公妓小小等写真也"[①]；《释氏要览》亦云"造像梵相，宋齐间皆唇厚鼻隆，目长颐丰，挺然丈夫相。自唐以来，工笔皆端严柔弱似妓女之貌，故今人夸宫娃如菩萨也"[②]。在古代等级森严的男权社会里，家妓宫女属于地位低贱之人，竟公然在唐人的艺术表现中走向崇高，这不是只用"民风开放"就解释得了的。实际上，尊卑贵贱只在世俗意义上成立，神学教义中只有信仰者与非信仰者的差别。所以可以看到，观音在唐传奇中可以化身为"延州妇女"、马郎妇等，以"性"或"美貌"作为方便法门去"舍身"度人。这不是偶然，若从精神分析的角度考察，似有暗示唐人的灵修世界中观音的度化形象在神俗之间保持了一种戏剧性的张力。总而言之，此三重面相的错叠，最终不是引导信众沉迷色相，而是为了实现灵的超越。

三

通过以上分析，可知《水月观自在菩萨》的图像内涵之丰富，绝非只是视觉观感上"观音加山水"的新奇组合。其中所蕴含的历史价值或许比审美价值更为深刻，为我们理解唐代社会的文化生活和信仰追求，提供了极具阐发意义的形象史切片。盖因水月观音的诞生作为图像与事件的结合，即使真迹失传，也并不减损它在中唐画史上的独特地位。众所周知，"中唐"不仅是有唐一代

---

① 段成式著，秦岭云点校：《寺塔记》，人民美术出版社2003年版，第12页。
② 释道诚撰，富世平校注：《释氏要览校注》，中华书局2014年版，第354页。

之"中"，即前接盛唐"恢宏壮阔"之余续，又预示着晚唐"夕阳西下"的宿命，从而别具一派缤纷光景；更如同叶燮所言，"乃古今百代之中"，可谓中国历史进程中的分水岭。将水月观音置于这一历史变革语境中加以观照，则必然涉及形象生产背后独特的政治、文化因素的考察。

苏轼尝言："诗至于杜子美，文至于韩退之，书至于颜鲁公，画至于吴道子，而古今之变，天下之能事毕矣。"若按此说法，以盛唐吴道子技艺之卓越，已将汉晋以来中国绘画艺术的发展推至巅峰。尤其在佛教美术领域，几乎是"吴家样"的天下，这既宣告集大成者的诞生，也同时带来了"绘画终结"的问题，在此之后如何另辟新风？这是中唐画家在创作之初就已面临的困境，亟待突破前人窠臼。在画史上，"吴家样"以浓烈刚健、酣畅淋漓著称，特别适合用来描绘鬼神形象，所谓"得面目之新意，穷手足之变态"，甚至如《旃檀神像》竟然描绘出了诡异无比的"若男若女，似人非人等形"，这既可视作吴道子的特点和优势，但从某个角度反思，其实也有过于追求奇峭诡谲的问题。而周昉的路数，乃"初效张萱，后则小异"。张萱是稍早于周昉的著名人物画家，《宣和画谱》评之为"于贵公子与闺房之秀最工"，由此带给周昉的启示是巨大的，他主推一种"衣裳劲简，采色柔丽"的华贵之风，终于从吴道子的巨大阴影下脱颖而出，并确立了新的图样范式——"周家样"；而其代表作正是以"端严"著称的水月观音像。

那么，为何是这样一种端丽庄严的菩萨形象大获成功？在此稍加回顾不难发现，自东吴曹不兴"见西国佛画仪范写之"，正式揭开了中国佛教人物画创作的序幕，由于一开始便保持着胡貌梵相，也就存在"形制古朴，未足瞻敬"的缺憾。于是，提升佛像的美学品格，也随之提上议程，不过实际效果并不理想，如同唐释道世所言，"西方像制，流式中夏，虽依经镕铸，各务仿佛。名士奇匠，竞心展力，而精分密数，未有殊绝"[1]。直到东晋戴逵父子出场，以"范金赋采"的表现手法，才一举扭转了局面。然而，问题的实质远非如此简单，看似关乎审美鉴赏的接受与否，实则触及圣像崇拜的世俗化疑难，这也正是佛教中国化的关键环节。在一个推崇实用理性，凡俗之间没有绝对二分的古老国度，神性信仰要落地，势必从彼岸过渡到此岸。因此，戴逵之后的佛像经典样式，又出现了北齐曹仲达式的"曹衣出水"、梁朝张僧繇式的"面短而艳"、盛唐吴道子式的"吴带当风"，这里丝

---

① 释道世著，周叔迦、苏晋仁校注：《法苑珠林校注（二）》，中华书局2003年版，第542—543页。

毫没有印度佛教的苦寂和禁欲,反而全是鲜活的生命情态。等到了周昉这里,既有承接前代"三家样"确立的美学传统,又敢于超越典范另辟蹊径,丰腴柔媚、雍容自若的水月观音,前人或不敢想,或不能绘,却无疑是周昉之所长。

事实上,周昉能有此"妙创"之举,并非一时灵感使然,而跟观音在唐代的变性事件有密切关联。众所周知,观音本为男相,比如源自印度的《华严经》就称"勇猛丈夫观自在",相关造像在性别表现上自然也是遵从佛典规定。按于君方考证,"观音在东晋以迄北周的造像上,虽有多种面貌(如十一面观音、千手千眼观音等),但仍以男性为主。……到了唐代,观音却完全变成了女性。不论是在神迹故事、俗文学,或在进香歌与通俗画当中,观音的女性化和本土化的情形同时产生"①。然而,唐代观音也并未全部变性,如敦煌美术遗迹中仍有大量男相造型,但不难看出,有唐一代无疑是观音变性的重要时期。李唐立国 289 年,敲定时间还不能过于笼统,更确切讲,武周时期显然值得关注。武则天执政前后,为寻求政治意识形态的支持,采取了一系列手段扶持佛教势力,如分封僧侣、兴建寺庙、赞助译经等。尤其是通过伪造《大云经疏》,宣扬"圣母神皇"乃弥勒下生,开始将其个人形象与佛教神明相叠合,后来也包括观音。据《九域志》载,今四川广元皇泽寺的金身观音像,就是在其登基后"赐寺刻其真容"得来。由此可见,一种具有中性化或女性化的观音形象,在当时得到了国家层面的鼓励。即使后来还政于李唐,紧接着就进入了"开元盛世"这样一个女性地位更加尊崇、思想更加开放的时代,观音的性别在很大程度上是延续和深化了前朝遗风。

自盛唐以降,无论是审美风尚,还是文化记忆,观音作为一位女菩萨,应该是有相当的社会基础了。正因如此,也就为周昉的艺术创造提供了现实依据。不过还要考虑第二点,即周昉是否存在创造女性或中性观音形象的主观动机。《唐朝名画录》称周昉作画是"以唐人所好而图之",从水月观音画像的客观表现来看,则显然是对世人普遍好尚的直接反映。从这个角度讲,水月观音的诞生确实是当时贤愚共推的结果,背后有其深广的民众基础。与此同时,也不能忽略了周昉本人优异的教养和心智,中唐画家里面擅长仕女题材的不在少

---

① 转引自李贞德:《最近中国宗教史研究中的女性问题》,李玉珍、林美玫合编:《妇女与宗教:跨领域的视野》,里仁书局 2003 年版,第 11 页。

数，周昉却是唯一一个能将个人的艺术专长与信众精神追求的新变加以完美结合的，即使没有一举颠覆，至少动摇了过去延续数百年的男性身份。总之，周昉画水月观音，既巧妙地将其组入到唐代观音的性别渐变过程中；又在后续效应上继续促成转变，宋元以后的女观音形象可谓深受其影响。由此可见，水月观音能够流行后世画史，不妨说是菩萨之美古今共赏。

值得注意的是，一个徒有其表的菩萨，或能引发一时之轰动，却不可能在信众那里保有长久的生命力，作为宗教神灵，如何为信众提供切实的精神慰藉才是根本。颇具意味的是，水月观音不是以经典和道德来说教，而是以风景元素暗示了山水之为精神家园的可能性。中唐大历年间，国势稍安，整个社会的审美格调朝向奢靡、夸饰的方向倾斜，文人的志向抱负也区别于壮怀激烈的盛唐之士，而耽溺于吟风弄月、宴饮游乐。但是，他们又绝非只懂得纵情声色，内心纠葛实则难以言表：心怀"中兴梦"，现实却力不从心；径直堕入虚无，又恐有违道统底线。只好无奈采取折中主义，既与世浮沉，又找寻解脱。而与自然相伴的水月观音，恰好构成其矛盾心态的投影，因为那不是彻底的遁世，奇石修篁，一湾莲池，与气象荒寒的自然真山水仍有差别，倒像是闲适生活中的园林假山水。至于后来香山居士对之心有戚戚焉，从受众接受的角度讲，可谓暗合了他所主张的"中隐"思想。画中山水意境的营造，为那些在净土与红尘之际往返、归隐与入仕之间徘徊的中唐士人，提供了一种变通之道。所以，风景元素在此才显得尤为特殊和重要，虽然只是配景，却是整幅作品得以成立的关键，倘若抽离掉，与其他单尊观音画像相比，独特性和深刻性将大打折扣。

所以，正如于君方指出，"水月观音是根据大乘和密教观念，却透过山水画来表现的中国创作"①。在此使用"山水画"的概念，似乎不太严谨，水月观音毕竟不是宋元山水画中的点景人物，而仍然作为主要表现对象。这就涉及一个创作细节，该图先由周昉画出人物形象，再由刘整补景及上色完成。不难看出，画水月观音像其实是一次由周昉领衔、山水画家协助的联袂合作。此举得以发生的前提在于，山水画自身的地位已有大幅提升。中唐之际，正是宗教画开始式微，包括山水画在内的其他诸画科，取得独立地位，并迅速发展的重要阶段。从画史记载来看，该时期陆续涌现出了一批各具特色的山水画家，如"王右丞

---

① 于君方著，陈怀宇、姚崇新、林佩莹译：《观音——菩萨中国化的演变》，商务印书馆2012年版，第256页。

之重深，杨仆射之奇赡，朱审之浓秀，王宰之巧密，刘商之取象"。他们既在推动表现技法不断走向完善，又在引导一种真正意义上的山水美学。至此，再看水月观音画像中的风景元素，不正是对当时画坛变革迹象的客观反映，中唐之后的画史发展走向也证明了这点：宗教人物逐渐解体，故而观音隐去，山水得以真正敞开，最终成为文人士夫的审美乌托邦。

结　论

综上所述，通过对周昉《水月观自在菩萨》的推演还原，可以看到这幅艺术作品所具有的"三位一体"特色，即外来宗教信仰的在地化、母权政治影响力的延宕，以及对园林山水的观赏体悟。三者交融汇通，在中唐之际共同催生出这一凝定着浓厚民族审美心理的艺术形象。而如果置于更长的时间尺度来看，则标志着自佛画入华以来所开启的民族化进程，进入一个新的历史阶段。中原画家从纯粹化的"摹写"到改良式的"美饰"，最后在个人理解的基础上解构"重组"，从而在本土文化的语境中生成新的经典范式。由此可见，对周昉原作之深刻性的理解，再三强调或不为过，因为它在中唐佛教美术史乃至中古艺术史上，无疑有着极重要的意义。

Zhou Fang's Portrait of the Water-Moon Avalokitesvara and the Issue of the "End of Painting" in Middle Tang Art

Zou Mang

Abstract: Due to the disappearance of the original work, coupled with the sketchy description in the literature, the statue of Water-Moon Avalokitesvara painted by Zhou Fang in the Middle Tang Dynasty has attracted much attention in academic circles, but most studies stop at the works of the same kind of subjects based on the powdered ectypes of the "Zhou's paradigm" from the Five Dynasties and the Song Dynasty onwards, while the more crucial original has not yet been studied in depth. By adjusting the research path, the reference object Water-Moon moved from the popular Dunhuang Water-Moon Avalokitesvara portrait of the Five Dynasties to the Bashu Water-Moon Avalokitesvara statue of the late Tang Dynasty. The latter is of more reference value since it is more related to the original work. On this basis, we can try to deduce the mien of the original work. More importantly, when placed in the context of the question "end of painting" in the Middle Tang art, the original work also reflects the localization of foreign religious beliefs, the extension of matriarchal political influence, and the appreciation of garden landscape. These three elements are intertwined, and together they give rise to an artistic image strongly anchored in the national aesthetic psychology. In addition, from a longer time scale, it marks a new stage in the localization of Buddhist painting since its introduction into China. After going through the process of "copying" and "decorating", the painters of the Central Plains were finally able to "reorganize" their figure, generating new classical paradigms in the context of local culture.

Key words: Water-Moon Avalokitesvara, Ladies painting, Transsexualism of Avalokitesvara, Garden landscape, Middle Tang aesthetic fashion

西方美学

法则性概念与柯亨对美学基本问题的重构

李泽坤*

摘　要：柯亨的系统美学中纯粹形式的概念来源于法则性的概念，法则性是整个柯亨美学体系的核心概念。柯亨对法则性的论述实际上开辟了一条迥异于康德的美学路径，这可以被视为康德主义在新的时代语境中对康德式批判哲学的继承与更新，即一种新哲学的体系构建。柯亨用逻辑学的先验方法来为其整个哲学体系赋予科学性、有效性的建构意图。柯亨是从意识的统一性进入到法则性的核心概念，并通过对法则性问题的解决来引出其美学的形式理论的。柯亨美学对法则性概念的论述重构了美学的基本问题，也依循着一条新的理路论证了美学在哲学体系中的特殊性、独立性。

关键词：法则性　法则　柯亨　美学　纯粹情感

在柯亨（Hermann Cohen，1842—1918）的美学体系中，法则性（Gesetzlichkeit）是个重要的概念。他对法则性的讨论开辟了一条独特的美学路径，这可以被视为康德主义在新的时代语境中对康德式批判哲学的继承与更新，即一种新哲学的体系构建。形式概念在柯亨哲学中由他的三大部分分别去落实：在逻辑学（认知科学）那里落实为"纯粹知识"，在伦理学（实践科学）那里落实为"纯粹意志"，而在美学（审美科学）这里则落实为"纯粹情感"。但"纯粹情感"并非是一上来就在美学中确立的，而是通过一个论证过程被一步步证明出来的，这正体现着柯亨依托康德的先验方法构建自身哲学体系的意图。从《纯粹情感的美学》第一卷起始，当柯亨在第一章中讨论"美学体系的问题"时，他就通过美学与哲学体系的关系引出了"文化意识的统一性"（Die Einheit des

---

* 作者简介：李泽坤，复旦大学中文系博士后，主要研究方向为西方文论、美学理论与后理论。

Bewußtseins der Kultur）。他强调美学的任务产生自哲学体系为自身规定的问题以及哲学体系的发展演化历史和基本的事实概念。相应地，这也就要求从一种具有文化哲学意味的文化统一性的角度来把握哲学体系：文化意识在自然科学领域的呈现必须由逻辑学来证明；文化意识如何在国家和法律中规定、规范属人类的、民族的历史，这要诉诸伦理学；通过观察文化史可以发现，文化的概念并不是仅仅由科学和道德决定的，在艺术和审美领域同样需要一种基于此思维方式的证明。① 柯亨不断强调，一个统一的先验理性的方法论必须扩展到文化的所有领域，必须从逻辑学和伦理学进展到美学，如果不这样进展，则与艺术相关的文化事实就仍将处于神秘主义、奇迹的蒙昧混沌之中，这势必会破坏哲学体系的清晰概念。这实际上是针对 19 世纪浪漫派的知性直观、思辨形而上学所主导的艺术哲学而言的。而依据柯亨对康德式启蒙理性的继承发展，显然在批判面前不容许有任何这样的神秘主义，一切必须交付给理性和科学。柯亨就是从这样一种意识的统一性（Die Einheit des Bewußtseins）进入到法则性的核心概念，并通过对法则性问题的解决来引出其美学理论的；进而，柯亨以美学的形式理论呼应其哲学整体的形式理论建构，最终证明了意识的统一性、文化的统一性，从而使他的哲学体系完成于一种向人文理性传统的新复归的无限任务中。法则性概念的引入关涉柯亨哲学特殊的方法论，即强调"纯粹性"（Reinheit）的先验逻辑方法论。据柯亨的说明，这种"纯粹性"的思维方式及其引发的法则性概念的运用则是源自柏拉图所创立的古典哲学语汇，即柏拉图围绕理式展开的理念论。② 柯亨从柏拉图那里提取了相关的概念和思维方式，并予以发展，方才呈现出一种以法则性概念为中心、朝向文化意识统一性论证的文化哲学。在这个方案中，美学正是意识统一性得以建构的重要契机，从而成为其哲学体系的组成部分。正是在这样的问题意识引导下，柯亨美学对法则性概念的论述重构了美学的基本问题，也依循着一条新的理路论证了美学在哲学体系中的特殊性、独立性。因此，法则性概念是进入柯亨美学的一个关键抓手。柯亨借助法则性概念对美学基本问题的重构来自他以先验逻辑为方法论对康德先验感性论的批判性置换，由此他希

---

① Hermann Cohen, *Ästhetik des reinen Gefühls*, Berlin: Cassirer, 1912, p. 5.

② Hermann Cohen, *Ästhetik des reinen Gefühls*, p. 5.

望将审美奠基于一个与认知、意志分享的共同基础之上，从而在 19 世纪末 20 世纪初突飞猛进的破碎化现代性语境中重建一种人文理性的统一知识与客观有效性。

一、法则与法则性的区分

柯亨的美学乃至整个哲学体系围绕法则（Gesetze）与法则性的问题构建起来，这是极大地不同于康德起始于人而最终落实到目的这一中心的哲学体系的。但柯亨的哲学与美学构建又充分借鉴了康德哲学的形式框架。在《纯粹情感的美学》导论式的第一章结束后，柯亨在第二章就集中阐述了法则性的概念。他明确声明哲学体系的各部门全部都是由法则性的概念决定的。换言之，法则性是其哲学体系的基础，法则性概念先是在认知的逻辑学里凸显出来，随即类比到伦理学中，并在这两种运用的基础上延伸到美学领域，由此反过来证实了意识的统一性，成为建构一种新的文化哲学的重要基石。法则性概念的内涵和运用在这三个领域中各有不同，从不同的方向、层次上又深深地联结为一体。认知、意志、情感分别成为这三个科学领域的驱动要素，围绕着法则性各自建构统一于同一个意识基础上但又各自独立的认知科学、实践科学和审美科学，这正是"知、情、意"这种文化意识阐释模型得以建立的思维基底。美学正是这种新文化哲学里拥有不可替代功能的一个关键领域。那么这就引出了一个问题，法则性何以如此重要？为什么不是别的什么概念，而是法则性起到这样的作用？法则性又是如何区别于法则的？为什么不是法则，而是法则性起到这个作用？

这就首先要从法则开始，阐明法则是如何转化为法则性的。这首先又需要区分**法则**与**法则性**。这是一个分多个层次步骤的推演过程。柯亨先说明了法则并不等同于法则性，法则一般是约定俗成的，即便不是约定俗成的，法则也总是与建立和颁布法则的权威相关联，因此法则总是具有一种相对特征。即便是在纯粹科学思维的机能（Funktion）[①]中，法则通常也保持着这种相对特征。

---

① 须注意，Funktion 同时具有"机能、功能"和"函数"的含义，这就显示出了与数学逻辑判断的关联。

因此柯亨得出，法则属于关系判断的范畴。[①] 显然这是基于康德的划分，即法则的成立来自权威的颁布或习俗的约定，因此处于因果关系之中，具有一种相对性的特征，是一种关系范畴。由于涉及功能判断，就需要注意纯粹知识的逻辑要把法则的逻辑性与法则的相对性区分开来。因此这个从法则向法则性转化的过程首先在逻辑学中发生，来自数学逻辑判断。基于数学逻辑的特征，函数的逻辑（也就是功能、机能的逻辑，Funktion，同一个词）法则也就必然是纯粹思维、纯粹认识的法则。这就把对法则的判断转化成了对法则的法则性的判断。因为对知性问题的解决也可以被利用来发现和解决理性的问题，即伦理学的问题，这个类比方式的运用是康德式的。"纯粹意志的伦理学"也就不仅仅是建立意志的法则那么简单、具体，而且同时更重要的是从理性意义上证明意志的法则性，而正是在这种超越了知性范畴而具有理性的先验特征的法则性中（而不是在个别法则的内容中），才存在着纯粹性。这样才有了意志的纯粹性。在这两个步骤的基础上，柯亨转入对美学的法则性的界定："美学的法则性就是艺术的理性。"（Die Gesetzlichkeit der Ästhetik ist die Vernunft der Kunst.）[②] 通过对法则性概念的界定，尤其是法则性在建立理性规定性的意义上区分于法则这一点，柯亨在理性的维度上把法则性概念引入美学中起奠基作用的位置。柯亨循着康德的先验方法，但以一种在理性上更加彻底的方式贯彻下去，从而显出相对康德路径而言更加一贯、自洽的特征。柯亨在这里用相对于知性的理性来界定相对于法则的法则性，显然是借重康德的哲学思维方式来强调、巩固其"纯粹思维""纯粹性"的概念，而这种巩固的目的还是为了突出他的庞大哲学计划与科学之间的联系。柯亨对法则的逻辑性和法则的相对性的区分，划分出了一条界线：法则的相对性主要涉及的是法则形成过程中的因果性或与尘世权威、一般性的约定俗成相关的那类"自然必然性"或有限的实体的方面，也就是柏拉图那里相对不可靠的现实世界；而法则的逻辑性则构成一个提升的通道，通向了法则性的概念，也就对应着柏拉图那里真正的真实世界——理念世界，从而也代表一种纯粹的理性。或许应从此角度来理解柯亨在逻辑学领域特别提出要区分法则的这两方面的意图。或者更确切地说，这种安排是为了强调

---

① Hermann Cohen, *Ästhetik des reinen Gefühls*, p. 69.
② Hermann Cohen, *Ästhetik des reinen Gefühls*, p. 71.

他的哲学体系（尤其包括美学）建立在坚实的科学性基础上的性质。柯亨在此处特别强调了艺术的理性（也就是"美学的法则性"）归根到底是"科学的"："蔑视科学的人蔑视理性。在这里，反之亦然：鄙视理性的人鄙视科学。没有洞察理性与科学之间存在的方法论联系的人，鄙视科学的理性。对美学的怀疑是缺乏对艺术之理性的理解。美学的法则性就是艺术的理性。"[①] 而美学的法则性与天才之间的联系则证明了柯亨以法则性的论述代替了反思判断力在康德美学中的核心地位，进而是代替了目的在康德第三批判中的地位。法则性被视为系统美学的一般前提，而这个判断是与天才密切联系着的："天才是对法则性（Gesetzlichkeit）的揭示；因此它揭示了新的法则（Gesetze）。没有达到天才高度的艺术家与其说从来没有违反过法则，倒不如说是从未违反过法则性。他最不缺乏法则。但它们只是技术上的拐杖、记忆的桥梁和模板式的理论。然而，这些法则与法则性之间缺乏和谐，而在特定的艺术中，根据其与其他艺术的联系和区别，法则性必须被视为系统美学的一般前提。"[②] 正是因此柯亨才得出了如下结论：就美学问题而言，一切都取决于这样一个事实，即按照系统的法则性概念，审美的法则性概念可以从一开始就被发现和确定。在艺术创作中的天才并不能仅仅被看作对法则的揭示，而是应该从"艺术的理性"的层面予以审视。因为法则只是一些技术上的拐杖、记忆的模式或模板式的理论，这对于任何一个艺术工匠来说都是可以做到的，例如一个平庸的诗人完全可以在背诵记忆前代诗人的名篇佳句和典故上做到如数家珍，一个在深圳大芬油画村批量复制世界名画的平庸画手也可以在作品的外形上仿造出惟妙惟肖的复制品，但他们之所以不是天才，就是因为天才诗人如李白可以组合、连接、综合出前人写不出但又能构成对读者的审美感受以巨大冲击震撼的语言意象，天才画家如梵·高能够做到以独特的色彩调配和构图为将一种超越经验和知性范畴的理念借助作品传达出来，这都是绝对的、纯粹的、普遍的"艺术的理性"，而非尘世的、充满匠气的相对的法则在起作用。也正是如此，作为天才的李白和梵·高才能在艺术上做到为后世的诗歌、绘画创作"立法"，也就是通过他们作品中所揭示的法则性而形成新的法则。而美学正是基于法则性的概念或方法

① Hermann Cohen, *Ästhetik des reinen Gefühls*, p. 71.
② Hermann Cohen, *Ästhetik des reinen Gefühls*, p. 70.

而考察这样一种普遍的艺术理性的"科学"，这就是柯亨所强调的界定——"美学的法则性就是艺术的理性"的内涵。

柯亨对此给出了更详细的说明："不是法则使艺术家成为天才，而是法则产生于法则的法则性；法则产生于最高的艺术作品本身无法完全摆脱的相对性。艺术作品的法则可以保留其历史弱点，但法则性在真正的天才、系统的法则性中显现出来。"① 换言之，只有对艺术的理性的理解才可以为美学研究带来审美的法则性。既然法则性的概念来自系统的法则性，而系统的法则性又是基于逻辑学的方法论得出的，那么要发现审美的法则性概念也就必须根据和按照逻辑学的方法论才能实现。正是在这里柯亨明确了作为艺术的理性的审美法则性意味着区别于幼稚的、传统的偏见，后者实际上指的就是以浪漫派的思维方式为代表的那种神秘化、非理性倾向。② 事实正是如此，柯亨的美学其实正是要重新确立一种古典主义的人文主义法则，这服务于他的整个哲学体系建构所抱持的一种对人文理性传统的复苏意图，他也正是循着这样的思路来反对浪漫主义的。但这涉及了另一个更深层的问题，即柯亨美学首先的意图是使美学体系化、系统化，而《纯粹情感的美学》意图并不仅仅在此，而是通过确保美学在哲学体系中的独立地位而使其成为一门科学，而为了倡导和证明某种美学，则势必涉及究竟是什么构成了健全可靠的、健康的美学价值这个问题。显然，这些价值就是德国古典主义的价值，即属于莱辛、席勒和歌德的那个传统。拜泽尔就指出，在柯亨的书中虽然没有明确提出，但在他的复杂地毯编织中一直隐含着一个主导图形，就是复兴古典主义、反对浪漫主义的核心议程。③ 事实上这里所涉及的是两个问题：第一个问题是法则性如何区分于法则，且高于法则的问题；第二个问题则是既然柯亨将美学视为与逻辑学、伦理学并列的一门科学，那么假如为了便于理解而借用康德的术语和思维方式来表述，则作为一种科学的美学的起点是什么，即作为一种先天形式的审美法则性如果落实在知性范畴的分析框架内，这种审美法则性表现为何种基本的科学事实？

前面已经述及柯亨通过把法则定义为一种相对的因果性关系判断，从而在

---

① Hermann Cohen, *Ästhetik des reinen Gefühls*, p. 71.

② "如果我们想从系统的角度发现审美法则性，我们就不能被幼稚的、传统的观点和偏见所引导。" 参见 Hermann Cohen, *Ästhetik des reinen Gefühls*, p. 71。

③ Frederick C. Beiser, *Hermann Cohen: An Intellectual Biography*, Oxford: OUP, 2018, p. 256.

纯粹知识的逻辑的意义上区分了法则的逻辑性与相对性两个层面，进而在法则的逻辑性这一方面追溯到数学逻辑判断，而函数的逻辑法则已经是一种纯粹思维的逻辑法则，这就已经不同于由相对性的因果原则主导的法则，从而严格区分开了法则性与法则。但这只是从逻辑学上证明了法则性不同于法则，且法则性概念因为与数学逻辑判断的关系而在逻辑学上显得先于法则概念。柯亨在这里尚未证明法则性为何高于法则。在接下来的论述中，为了使这一区分变得坚实且等级分明，柯亨从观念演化发展的哲学史角度说明了法则性高于法则的理由：首先是追溯柏拉图之前人类传统的、幼稚的观点，梳理了自古希腊文化区分了成文法（geschriebenen Gesetzen）与不成文法（ungeschriebenen Gesetzen）并赋予后者更高的约束力，到希腊哲学中与宗教的思维方向密切联系的永恒（Ewigen）的观念、"无定形"（Unsichtbare）的观念，再到先天（Angeborenen）的概念、原始起源（Ursprüngliches）的概念这样一条观念史线索，明确了在前柏拉图时期的神话思维方式中已经存在了"法则性高于所有法则"（Gesetzlichkeit ob allen Gesetzen）的原始思维，而不成文法的、永恒的、无定形的、先天的、原始起源的……所有这些概念其实都包含着"法则性高于法则"的原始思维与根本要求；其次是只有等到柏拉图提出"理念"（Idee）假说，才把此前充满神秘特征的原始思维转换成一种简单明了的方法论，"理念"也由此脱去了神秘的远古神话崇拜外衣，足以成为后来一切科学方法论的基础，也成为纯粹逻辑的中心和焦点，这标志着希腊文化的成熟。柯亨重构了哲学史叙事，将科学研究的方法论基础同柏拉图的理念论连接起来，借助柏拉图的理念论来为他的纯粹逻辑学说提供方法论支撑。事实上，在柯亨的论证思路中，法则性的思维就是柏拉图的理念说的基底或源头，而先天的、纯粹的思维显然是承接这一脉络的。换言之，经过这一叙事上的重述，柯亨不仅为自己的纯粹形式的思维寻找到了一个可追溯的连续性，即上溯到柏拉图的理念并连同理念这个概念也置入柯亨的法则性概念笼罩的概念史线索中，而且也把康德先验哲学纳入了合理的解释框架内，使得从前柏拉图时期的哲学思维起源到18、19世纪的美学这一整个西方哲学史脉络都具有了一个"法则性区分于法则，且高于法则，对人类思维其规定作用"的思维范式模型。柯亨对此有清楚的总括："在任何时代，人们都在寻求区分相对的律法法则（其起源往往在统治者的专断中被剥夺了所有神秘的理由）和具有约束力和义务的原始理由（人们认为自己无法超越这种理由）。"① 对法则与法则性的这种二元论区分在柯亨这里是极为关键的，因为柯亨在这里奠定了他的哲学推演模式。虽然我们依然可以从中看到康德对现象和自在之物做出区分的影响痕迹，但还是应该记得二者并不相同，柯亨实际上是要用法则性的解释形成一种"起源逻辑"，以这种起源在逻辑学上的纯粹性来统合形式的法则，这也就包括逻辑的形式（纯粹知识）、意志的形式（纯粹意志）、审美的形式（纯粹情感）。所有这些形式的法则都要追溯到形式的法则性起源。这是极度不同于康德的，因为在康德那里法则主要是指实践法则，是从自然通往自由的绝对保障。如果用地毯图案的比喻来做对比的话，康德哲学的基本图形是以人为出发点，在普遍的、理性的道德法则的指引下向着自由的目的提升，而柯亨哲学的基本图形则是以基于纯粹逻辑的法则性来构成科学的方法论原则，由此构成各门科学的规定形式，在此基础上沿着各门科学的方向向外一环扣一环地演绎，但这不是单纯的康德式的先天演绎，而是具有坚实科学方法验证的、提升版本的柏拉图主义，是一种对柏拉图和康德的融合提升。柯亨哲学包括美学在法则性概念的核心驱动下要解决的问题是如何构建一种具有普遍客观有效性的统一基础的、科学的可验证的、使经验世界互相分裂的各领域重新协调起来的方法论解释体系，美学要解决的就是审美的法则性如何在意识的结构内得到说明，又如何从抽象的意识结构落实到各门具体艺术，从而证明艺术是具有统一性的，这是其哲学体系的任务在美学内的一个对应的缩小版本，而这最终是与整个哲学体系发生互动来加强后者的。

回到柯亨美学的起点究竟是什么这个问题上来。因为要定位柯亨美学的起点，首先必须解决概念的问题，即美学应当从什么角度去探究美，究竟是具体的、特殊的、偶然的、相对的东西，还是寻找普遍的规律。康德美学就是从美的四个契机谈起，这是因为康德明确了反思判断力不同于规定性的判断力之处，就在于规定性的判断力是用已知的普遍概念去把握、规定特殊经验，这是认识事物必然遵循的轨迹，而反思判断力恰好要反过来，从被给予的特殊经验、感受出发去寻求经验现象中包含的普遍性。柯亨不是从反思判断开始，而是沿着认识论的逻辑学方法向下推论，这就促使他格外强调从法则的逻辑性一

---

① Hermann Cohen, *Ästhetik des reinen Gefühls*, p. 71.

维导出的具有柏拉图主义色彩的法则性而贬低相对的、具体个别的法则。①这就是为什么要先说明法则与法则性的区分，因为不讲清楚这个区分就无法明白柯亨与康德美学上的区别，也无法弄清楚柯亨对美学基本问题的重新定义和对美学任务的解决等一系列理论语境。法则性概念是柯亨美学的基本概念，这在第一个层面，即概念的层面上回答了柯亨美学的起点这个问题。接下来就要进入这个问题的实质了，即既然美学是各门科学中的一种，那么审美的法则性所对应的科学的基本事实是什么？这个基本的科学事实，实际上也就是柯亨美学的出发点。

二、从美学的法则性问题落实到寻找美学的基础

在柯亨对法则性的说明中，柏拉图式的理念为科学方法论奠定了基础，而法则性概念正是出于数学科学逻辑而得以区分于法则概念，因此柏拉图式的理念也就提供了一种方法论原则，这种方法论也就表现在法则性这个概念的具体运用上。作为方法论的法则性依然是一种抽象的运用，而既然它是一种科学的方法论，也就需要找到一个与它相对应的基本事实。这便涉及"**基础**"（Grundlegung）的问题。由于柯亨将其哲学体系下各个部门均视为科学的建构，美学毫不例外也属于一种科学，而科学的考察必定以某一事实为起点才具备基本的可靠性。所以对柯亨的美学来说，首先要阐明的问题就是作为这个系统美学的起点的那个事实或基础究竟是什么。在《纯粹情感的美学》第二章对法则与法则性的讨论中，柯亨首先就要解决这个问题。换言之，基于文化意识统一性的文化哲学端在于法则性的确立，而法则性的确立其根底则在于寻找到一个作为起点、起源、为整个科学的展开规定原因的"基础"。

在柯亨的哲学体系中，《纯粹知识的逻辑学》从数学物理学的事实开始，《纯粹意志的伦理学》从法学的事实开始，所以美学势必也要为自身找到一个相应的起点。在第二章，柯亨提出了这个问题：**是否有一些概念和原则可以作**

---

① 不过要注意，这种做法并不意味着形而上学倾向，而只是方法论层面上借助先验方法来重建人文理性的科学经验基础，其实深层意图恰好是反对浪漫派知性直观的形而上学思维模式的。更简单明确地说，柯亨对法则性、纯粹逻辑的偏好并不是构成性的，而是范导性的。只是这个问题要到后面详加说明。

为美学的起点、基础？甚至还存在这样的美学思想吗？[①] 要回答这个问题，必须首先解决**基础**（Grundlegungen）的问题，这是由人类对自然事物进行认识的方式决定的。用柯亨的话说，"只有通过**基础**（Grundlegung）这唯一一条道路才能找到、才能寻求**系统的法则性**（eine systematische Gesetzlichkeit）"[②]。因为要得到这种系统的法则性，或许会有一些其他的方式，比如通过启示的神秘的方式，或通过人类学上的合理性与实验的验证，但这些在柯亨看来都无法与逻辑学的方式相提并论，这是由于仅仅作为一个与所要研究的问题相关的基础，这本身就足以使其自身成为开端、起源。[③] 而其他任何方式的结果都不及逻辑学的方式更具有普遍合规律性，所以柯亨说其他任何结果都与逻辑学的基本规则相矛盾，因此只有通过寻找基础的方式才能产生有条理的结果。柯亨在此还回应了对基础适用于科学逻辑学、伦理学却不一定适用于美学的怀疑。他说明了伦理学法则性、美学法则性的方法论均来自对科学逻辑学的法则性的类比，尽管法则性的方法论在伦理学中的实施受到了部分干扰，但依然成立：因为伦理学的基础可以是纯粹的，在纯粹意志的伦理学中并不缺乏必要的、可以类比纯粹认识的逻辑学的概念。柯亨举例道，在逻辑学中，概念和原理对自然问题具有事实认知上的价值，而基础正是在自然问题上建立起来的：自然认知科学逻辑学的概念、原理（如空间与时间的概念、物质性与因果性的原理）都是直接以相关的存在问题和自然问题为基础的。对柯亨这里的话做解释，就是说，理念与自然科学问题之间是一种客观的关系。但有一点需要格外注意，即柯亨在这个论证过程中显示了他整个哲学以伦理学为中心的特征，也就是他格外强调目的论。柯亨鉴于自然科学认知逻辑学的概念、原理这些最终在外延上都可以归为理念的东西其实是建立在自然科学问题的基础上的，所以他发现理念和自然问题之间是通过一种客观事实的关系而发生联系的，这中间包含着目的的原则，即一种科学要对对象发生认识，总是要关心其中的目的的，例如生物学上要研究鸟能飞行这个现象，那么一定是要研究鸟为什么会飞的，也就是鸟之所以会飞是为了什么原因，是哪些目的造成了鸟会飞这件事实。柯亨强调正是这

[①] Hermann Cohen, *Ästhetik des reinen Gefühls*, p. 77. 第三节 "审美基础的问题" 开头就提出了这个问题。

[②] Hermann Cohen, *Ästhetik des reinen Gefühls*, p. 75.

[③] Hermann Cohen, *Ästhetik des reinen Gefühls*, p. 75.

种目的原则使我们意识到，基础其实是一种"逻辑规则"①，而不是存在于实验事物中的实体那样的客观基础。这可见康德的目的论论述对柯亨的影响之大。在康德那里，目的本来就是一种假设，它并不是千真万确存在的一项客观事实，而是用来推论的一种逻辑规则，只有在这种假设、规则的基础上，作为有限存在者的人才能够以其有限的方式去认识、理解自然事物。人本来就无法突破经验世界的现象去直接认识理念、自在之物，所以只能用自己能理解的方式建构一种"逻辑规则"的解释框架，这就是认知科学只能限于知性而不能达到理性的原因。柯亨随即论证了这个"基础"在伦理学中的类比使用，即人的概念本身成了基础，由此来解答人的行动中是否存在自由，"人"的观念也就意味着伦理的可能性。显然基础的、法则性的方法论在伦理学中完全是适用的。这样一来，柯亨就证明了统一于目的理念的、作为一种"逻辑规则"的基础是完全可以从自然科学、逻辑学的认识论类比到伦理学中的。既然如此，那么同样类比到美学的论证方式上就是一个完全可行的尝试，或者无论如何都不是多么可疑的。因此这就是关于**基础**的初步定义和辩护。

三、美学的基础在于审美对象的特殊性

接下来就要真正寻找到这个基础。这实际上是对审美对象或审美客体中所蕴含的法则性的证明，即法则性不容置疑地寓于客体对象之中，但法则性是如何寓于其中的，这还需要排除那些貌似已经无须质疑的对象，找到真正具有起点属性的对象。法则性的运用是柏拉图式理念在一种文化哲学整体方法论意义上的使用，换言之，法则性起作用就在于它提供一个唯一的真实世界，那些现实尘世世界中看似具有原初真实属性的范畴、概念在法则性所归属的先验逻辑理性方法映照下都丧失了其真实性，必须被逐一移除。事实上，柯亨在第一章中已经率先讨论了**艺术史**（Kunstgeschichte）或**艺术学**（Kunstwissenschaft）有无可能担当这个起点的候选选项，并随之排除了这个选项，因为"除非以美学为基础，否则就没有艺术史。……只有美学，作为一

---

① Hermann Cohen, *Ästhetik des reinen Gefühls*, p. 76.

门系统的哲学学科，才能够处理和论证统一性的问题概念"①。换言之，因为艺术史、艺术学之类的科学预设了美学的可能性，所以把美学建立在艺术史或艺术学这类科学的基础上会导致循环论证，因此必须要寻找一个无法继续推论的起点作为美学的基础。在第二章，柯亨又讨论了**美**（Schön）的概念或**崇高**（Erhaben）的概念有无可能成为美学的起点。因为以往的许多美学都把它们作为美学的主要概念。然而这两个概念依然无法担当起作为一门科学的美学之基础的重任，因为这些概念本身需要解释：确切地追问起来，什么是"美"，什么又是"崇高"？对这些概念的定义实在有太多种可能的方式，因此它们都无法成为一个坚实的起点。要找到这样一个稳固坚实的、无法继续追溯的基础，就要先解决**对象**（Gegenstandes）的问题。对象是一切认识的目标和内容，如果没有对象，知识就没有内容。所以要为一门科学寻找一种基础性的概念或原则，首先就要回答这门科学的对象究竟是什么这个问题。如果单纯参照传统的美学基本概念（如"美"或"崇高"）来回答第三节开头这个问题——"**是否有一些概念和原则可以作为美学的起点、基础，甚至还存在这样的美学思想吗**"，那么按柯亨的意见，这种回答不过是在同义反复，事实上并没有真的回答这个问题。因为传统的概念要么把美等同于真，从而把伟大形式下的崇高与真实性等同起来，要么直接就把崇高与道德相提并论，但这样做都失去了从这些概念中认识美学自身的基础的可能性。换言之，这些把美学的基础归于"美"或"崇高"概念的传统理解都是在向外部寻求某种东西作为美学的基础、起点，而根本不是寻找美学自身真正的基础。这样一来，美学的基本问题依然会被继续提出来，但它的方法论却根本不会在这些术语中被打开。目前的这些概念只是已知的基本概念及其范畴种类的变体。在柯亨看来，事实上并不存在任何关于美学的主题或对象的直接定义。美学的主题并不是一些被给定的对象，比如"美"或"崇高"这样的概念看起来仿佛是美学研究天然无可置疑的对象，似乎无须审查就自然而然地构成美学的"基础"。相反，我们要研究美学，首先要确定是什么与某一对象相联系的东西使这个对象成为美学的对象，而不是科学或伦理学的对象。

因此，需要追究对象何以成为一门科学的对象，而不是先入为主地认为一

① Hermann Cohen, *Ästhetik des reinen Gefühls*, p. 46.

门学科的研究对象是早已预先给定的、被给予的。而这就与每一门特殊的科学
其自身的**纯粹性**（Reinheit）有关，是不同的内在纯粹性区分了不同科学的研究
对象。在柯亨看来，没有对象，知识就没有内容；而这点同样适用于伦理学，
因为纯粹意志的问题涉及的都是人这个对象的问题。[①] 因此，对象就是使知
识得以成为知识、使意志得以成为意志的那种纯粹性的必须途径。进一步说，
"没有对象，就没有纯粹性（Reinheit）"[②]。在逻辑学和伦理学中，都不能缺少
对象作为内容来使知识成为知识、使意志成为意志、使知识和意志成为纯粹知
识和纯粹意志。美学同样如此。柯亨否认对象是被给予的，而是认为哲学体系
各部门的对象是自身生成的，即他认为在其中存在着自主性和独立性。具有纯
粹性的法则形式是生产性的，对其内容具有创造性，这是柯亨在逻辑学、伦理
学和美学中都如此强调纯粹性的原因。换言之，纯粹性的考量密切联系于柯亨
对被给定的、**被给予性**（Gegebenheit）这种状态的否定和反抗，他希望借助纯
粹性的内在自我规定特征来建立一种关于自主性的系统论说。在这个系统论
说中，逻辑学、伦理学、美学各自依赖不同的基础、对象、概念而共同形成联结
协调，这最终就构成了纯粹知识的逻辑学、纯粹意志的伦理学和纯粹情感的美
学。因此，既然美学同样如此，与逻辑学、伦理学的推论方式一样，那么就要
考察美学的对象。这个任务的关键是要理解必须像逻辑学、伦理学那样同样发
现作为一种纯粹对象的美学对象，而这种纯粹对象正是美学的基础、起点，就
如同人是伦理学的纯粹对象、出发点，空间、时间的概念与物质性、因果性的
原理等是自然科学的纯粹对象、出发点。在柯亨这里，纯粹性是一种贯穿其哲
学体系的方法论真理，考察对象必须在纯粹性的方法论指引下展开。

逻辑学的内容，即知识，其纯粹形式——纯粹知识不缺乏作为基础的对象
（自然科学的认识对象及其概念、原理），而伦理学的内容，即意志，其纯粹形
式——纯粹意志也不缺乏作为基础的对象（人），所以问题就是寻找美学所涉
及的那种纯粹形式的对象。有没有这样一个纯粹的客体能够为了系统美学的
需要而被分离出来？问题实际上也就是，是否存在一个独立的、独特的对象，
可以像美学问题所要求的那样，从其相应的基础上产生一个纯粹对象？而这个

① Hermann Cohen, *Ästhetik des reinen Gefühls*, p. 77.
② Hermann Cohen, *Ästhetik des reinen Gefühls*, p. 77.

对象又必定不是既定的、被给定的，而是不断动态生成的、自身为自身规定和立法的。针对这个问题，柯亨讨论了通常可能会考虑的一种答案，即**艺术作品**（Kunstwerke）。① 但是，因为艺术作品具有多重属性，它一方面首先必须是自然物，拥有物质性的材料、形体、外形，例如造型艺术和绘画需要角度、尺度、光线、色彩等物质因素，所以也就必须被作为认识对象被思考、评判；另一方面艺术作品中又不可避免蕴含着与精神（Geist）和灵魂（Seele）的思想联系，这种联系更多地不是针对自然，而是针对道德，用柯亨的话说："在描绘肌肉的抽动时，几乎不可能不出现道德观念。绘画、诗歌和音乐都是如此。"② 对这方面，读者很容易联想到《拉奥孔》中雕塑人物身体的扭曲、紧张所透露出的那个希腊神话故事传达的道德观念。拉奥孔破坏了庇护希腊的雅典娜等众神毁灭特洛伊的计划，泄露天机而意欲在危机时刻救下特洛伊全城的生命，因而触怒了众神。他和他的儿子们被雅典娜放出的巨蟒活活缠死，这个悲剧显示的是人的法则与神的法则之间的冲突，不亚于《安提戈涅》中的人神两种法则冲突。这桩悲剧本身的道德感通过艺术作品的自然物质形象而得到对象性的展现。拉奥孔肌肉的抽动、面容的扭曲中当然蕴含着道德观念，而不纯然是大理石的堆积刻画。而正如莱辛指出的，这种扭曲、紧张的身体又是恰当的、适度的，不是极度的挣扎，显示出的不是对死亡的恐惧，而是一种坦荡、肃穆，这当然是蕴含着道德观念在内的。安提戈涅誓要依照神法埋葬不被城邦律法允许埋葬之人的决绝，在诗句里当然也不仅仅是韵律和歌队声音的排列组织，而是精神和灵魂的跳荡。再比如鲁本斯的油画《强劫留西帕斯的女儿》，整幅绘画使用的色彩明暗、人物身体和神态的布局无不在物质性因素之外也传递着道德的教训。画面用人体组成了一个极富动感的、仿佛正在转动的 X 形，赋予整幅画面以动荡的不稳定感，人的肉体和马匹的明暗色彩对比极为鲜明，构图向画面四角放射式展开，塑造着一种充满戏剧性的暴力气氛。可是，如果单纯以这幅画满溢出的享乐色彩就判断它与道德无关，或者甚至是不道德的，那却是非常迟钝的。因为这幅画创作于 17 世纪初，鲁本斯是欧洲第一个巴洛克风格画家，这幅画作中线的运动、人体的质感和动态正是人文理性兴起的表现，画家

---

① Hermann Cohen, *Ästhetik des reinen Gefühls*, p. 78.

② Hermann Cohen, *Ästhetik des reinen Gefühls*, p. 79.

大胆而潇洒地描摹人体形象，正暗示着一个急剧动荡的时代和日益放大的人的主体正越来越备受瞩目。这幅声势浩大又充满混乱动荡的画作其实正是对人的礼赞。正因此，柯亨认为，艺术作品一方面是自然对象，另一方面又是道德对象，而且艺术作品不光与这两类对象相联系，还在方法论上受这两类对象的制约：艺术作品首先必须是自然对象，因此也就是自然知识的对象，但同时还必须是道德的对象，并作为道德知识的纯粹对象而被生产出来，所以这两方面是艺术作品、艺术创作牢不可破的两个基本条件。这就构成了审美对象的特殊性的问题："如果艺术作品的审美特性仍然受到逻辑和伦理特性的制约，那么它又如何能被证明是合理的呢？审美对象又如何能从自然对象中产生，而自然对象又必须同时是道德对象，并具有自身的独立特性？"[1] 因此，**艺术作品**作为对象本身（即纯粹的对象）的特殊性是值得怀疑的。[2] 就此而言，艺术作品的审美特性是受到认知和道德两方面限制的，尚无法为美学迥异于逻辑学和伦理学的新特殊性奠基。如何为美学这种新的特殊性奠基，依然是个还没有解决的问题。在这个问题没有解决的同时还面对一个难题，即如果美学不是从认知中找到其基础，也不是从道德中找到其基础，那这个基础究竟会在哪里？因为对认知的类比是一个最基本的类比（伦理学的基础也是基于一种对认识论中基础的类比而得来的），认知的方法提供的是一个最基础的方法论原则，这是由于人类的思维模式和有限的存在者状态决定了只能以认识一个对象的方式（即对象化的认知）去处理世界。换言之，除了对认知的类比，很难想象出还有别的什么类比方式来帮助寻找美学独特的基础。于是，问题还得回到关于对象的讨论上。

四、审美对象的问题转化为审美意识的范畴问题

但是须知，讨论对象是不能止步于对象的，因为柯亨已经表明对象必须不是被给予的、既定的，而是不断自身纯粹生成的，只有这样才能保证纯粹性。这是一个基本的贯穿始终的方法论。柯亨针对目前的困难处境，提示从**意识的范畴**（Die Kategorie des Bewußtseins）入手来解决。至此可以稍做一个小结：

---

[1]　Hermann Cohen, *Ästhetik des reinen Gefühls*, p. 80.

[2]　Hermann Cohen, *Ästhetik des reinen Gefühls*, pp. 78–79.

柯亨把美学的**法则性**问题具体化落实为美学的**基础**，即寻找审美基础的问题，这是第一步；接着如上所述，他又在与认识论的类比中把审美基础的问题解释为**审美对象**的问题，这是第二步；紧接着，柯亨明确了对对象问题的探讨绝不能仅限于关注对象，因为他的先验方法已经通过把柏拉图和康德结合起来的方式声明了他所研究的对象是纯粹的对象，而这种对纯粹性的强调正是柯亨的"批判唯心主义"（或批判的观念论、批判的理想主义）一个核心的关切——否定被给予性、被给定的状态，肯定一种自主性的自我纯粹生成。这正是柯亨第三步要做的事情：通过**意识的范畴**把审美对象的问题转化成审美意识的**可能性**（Möglichkeit）的问题。"迄今为止所讨论的所有关于审美的问题，尤其是审美对象的问题，都是关于审美意识的可能性（Möglichkeit eines ästhetischen Bewußtseins）、审美意识的对象问题。"[1] 换言之，审美意识如何可能，这带来了在认知和道德以外的第三种纯粹的生产方式（某种纯粹的美学）如何可能的问题，这其实也就是一开始所说的那个作为基础的法则性在纯粹的意义上如何作为方法论而得到运用的问题。审美意识的可能性问题是指向生成、创造、创作的，这不可避免地意味着必须要讨论天才问题。在天才问题上，柯亨显示了对康德美学中讨论天才概念的方式的批判超越，这一超越正是基于法则性概念背后运行着的方法论逻辑。对这个问题的说明牵扯到**主观性／客观性的区分和意识的统一性问题**，即假如从意识的统一性（这既是柯亨一直坚持的从此前的哲学传统中接受下来的一种方法论原则，也是一种旁人无法反驳的人类状况，即不在这个前提下讨论就无法理解人类的认识展开工作的机制）角度上去考虑审美意识作为一种特殊的纯粹意识范畴有其独立存在的依据，换种更明确的说法，美学之所以能够在哲学体系中具有独立地位，那就必须要能够证明主观意识并不是完全统摄在客观意识那种神秘属性之下的。这个问题的意思，实际上也就是完全可以为审美意识找到一个属于科学的基础性证明，而无须再像过去一样（尤其是像浪漫派一样）诉诸某种神秘的形而上学。在这个意义上，**柯亨把审美意识的可能性的问题又引向了意识的统一性的问题**。

那么这里实际上就引起了关注柯亨与康德的关系的必要。区分柯亨与康德哲学体系以及美学遵循的方法论的异同对于理解柯亨美学的独特性，特别

---

[1] Hermann Cohen, *Ästhetik des reinen Gefühls*, p. 84.

是法则性问题、形式问题的关键意义十分重要。显然，柯亨在这里从意识的范畴来介入美学的基础、出发点（实际上也是美学自身独立的合法则性证明）问题，就不得不考虑主观意识和客观意识的问题，而柯亨借重于"意识的统一性"的论说，正是意在弥合二者之间分裂的可能，试图用意识的统一性来为他沟通美学与逻辑学、伦理学赋予一个共同的基础。只有在这样一个共同的地基上，美学问题才有可能以类比的方式借助于逻辑学的方法论原则，而对客观事实的分析性认知也才有可能得到恰当的主观性综合，从而形成普遍有效的科学认知。逻辑学、伦理学、美学的统一体系由此才得以打通。在此意义上，柯亨明显继承了康德的思维方式，一方面是从知性范畴的规定角度去自上而下地规定人对客观世界的知识，并用这一套批判的模式来审查一切科学探究，是用普遍去规定特殊、把握特殊；另一方面在美学中是从主观感受向上返回去，从特殊中寻找普遍，因此需要论证美学自身的特殊性、独立性。所以美学的法则性需要类比逻辑学、伦理学的法则性，但又绝对不能是认知和道德，而必须是完全属于审美领域自身的某种纯粹性。这种思路显然带有康德的印痕。

但是，柯亨又明确对康德提出了批判，他认为康德对"意识的统一性"这个基本概念的使用"过于片面"，"因为它只形成了综合原则的统一"。[1]这点批评在《纯粹知识的逻辑学》中已经提出了，在美学中又一次点出。实际上柯亨在这个问题上的批评是与他对康德的先验感性论持严厉批评态度一脉相承的。更简单直白一些说，柯亨与康德的分歧就在于他认为从感性的角度来思考美学是不彻底的表现，是对"意识的统一性"的破坏，而这种破坏是植根于康德第一批判中还残留着先验感性论，而没有能够完全使用先验逻辑这一点中的。所以柯亨不提"反思判断力"，不提审美感受，而是提审美意识，提"意识的统一性"，并由此落到法则与法则性的区分和天才概念的问题上。他明确提出"意识的统一性必须成为新的原则"[2]。也正是如此，反过来又加强了上一段所说的他对主观性和客观性之间可能分裂鸿沟的弥合，因为在"意识的统一性"这个共同地基上，就不存在主观的、经验的感性范畴与客观的、自在之物那种无法

---

[1]　Hermann Cohen, *Ästhetik des reinen Gefühls*, p. 84.

[2]　Hermann Cohen, *Ästhetik des reinen Gefühls*, p. 84.

为有限存在者感知的先天范畴间难以沟通、越尝试沟通反而越扩大这个鸿沟的困难了。尽管康德后来尝试用审美的和目的论的判断力批判来沟通第一批判的知性、认知和第二批判的理性、实践，但他实际上还是证明了这个二元分裂的难以弥合。柯亨对康德的一个根本批评，就是康德之所以陷入这种二元分裂，根源在他的第一批判不彻底，导致了哲学体系内的各门不同科学没能确立在同一个基础上，所以根基很容易动摇。这也残留了形而上学的神秘意识内容。为了解决这个问题，需要把基础确立在"纯粹的逻辑学"上，以逻辑学的法则性形式类比到各门科学，在各门科学中寻找到各自的符合科学认知的法则性基础。因此，审美意识的问题最终只能是且必须是意识的统一性问题，只有这样才能环环相扣，不论是逻辑学、伦理学还是美学，都能无论采取什么论证方式、证明路径、具体各异的基础出发点，最终都能扣回到一个共同的基础。这样的整个哲学体系才是牢靠的，这样的各门学科才是有效的，这样的哲学体系与系统美学才是能够在彼此作用中互相协调的。而柯亨一直反对、批评的浪漫派那种诉诸知性直观的形而上学神秘客观意识的错误，显然正是康德的不彻底性必然招致的走向。

值得注意的是，与此同时，柯亨还指出了正是康德的一个论断支持了主观的审美意识的纯粹性，限制了客观性，从而为驱除美学中奥秘的未开化的神话迷信、所有种种美学的规律与规则的僵硬模板、天才大师及其作品不可超逾的订立标准的权威提供了支撑论据。这就是康德的这条论断："对趣味（taste）[*Geschmacks*]来说，任何客观原则都是不可能的。"[①] 拜泽尔认为柯亨在为自己的美学寻找起点的过程中，本来对康德持批评态度的他在这里反而表现出对康德的赞同，有使他自己的美学陷于受阻被困之虞。[②] 但拜泽尔的理解有些过于寻章摘句了，柯亨的用意更可能是以此证明康德走在了正确的道路上，只是对一些问题意识得不够，没能走下去，毕竟康德的时代许多问题还没有完全呈现出来，但康德的一些真知灼见已经打开了转折的开端，所以并不能完全弃置。甚至柯亨很可能以此来证明自己对康德的继承和超越，即他的美学和哲学体系足以成为康德合法的继承脉络上更彻底、更合格的康德遗嘱执行者。具体

---

① Kant, *Kritik der Urteilskraft* § 17, V, 231. Cf. § 8, V, 216. 参见康德著，李秋零译：《康德著作全集（第 5 卷）》，中国人民大学出版社 2007 年版，第 223 页。

② Frederick C. Beiser, *Hermann Cohen: An Intellectual Biography*, p. 255.

地说，柯亨的天才概念所包含的理性维度远高于康德在第三批判中对天才的论述。

这是对柯亨在第二章一开始就做出的那个论断的说明："系统哲学的所有成员都以法则性（Gesetzlichkeit）概念为条件。"[1] 更明确地说，是"如果审美领域不是合法则的，那么它将仅仅是感觉的混沌，因此就不可能存在关于它的科学。如果我们要有一门美学科学，那么，美学必须有它自己特有的法则形式，一个不同于逻辑学和伦理学的法则形式"[2]。正是在这点上，柯亨美学的第二章可以被解读为对康德的批判，而且这种批判是以一种看似赞同康德的形式提出的。当柯亨说美学领域有其自己的法则形式时，实际上就已经明确了他与康德的分歧。康德对趣味的客观原则提出了禁令，这并没有妨碍柯亨在表面赞同康德这一观点的基础上做出对自己有利的解释，即审美意识的主观的纯粹性使得美学可以为自身规定法则，这种法则必定是建立在作为立法者的天才的独创性上的，正如拜泽尔评论的："柯亨暗示，真正的美学家认识到天才符合法则，尽管他没有规定这些法则应该是什么；他让天才通过其自身的创造活动发现这些法则。"[3] 而柯亨对审美领域符合法则的确信使他相信仍然可以有一种艺术哲学。柯亨指出在过去的美学传统中存在着一种普遍的偏见，即认为美学中不可能有法则（Gesetze［law］）。在这些观点看来，好的艺术是天才（Genie［genius］）的产物，而天才是不能被规则、法则束缚的。法则的一系列规定压制、束缚了艺术家的创造力，它们对艺术来说是灾难性的，因为法则使艺术变得机械、充满人工的匠气和仪式化。康德在宣称不存在客观的趣味或品味原则，天才会制定自己的法则时，显得似乎是同意了这种偏见。而柯亨正是通过区分法则和法则性巧妙地回避了这个问题，把天才艺术的独创性与法则的机械性之间的关系问题转化为了法则性与法则的区分问题，从而使得艺术审美的独创性不再与法则相冲突，也就为他的如下观点——"美学符合法则，存在一种建立在哲学体系的意识统一性基础上的审美意识"提供了一个令人信服的论证。在这个界分中，法则性是自然界的常规运作，即使是天才也会遵守；而法则是人类对合法则性的事物的表述，对艺术家而言可能是属人的、尘

[1] Hermann Cohen, *Ästhetik des reinen Gefühls*, p. 69.
[2] Hermann Cohen, *Ästhetik des reinen Gefühls*, p. 90.
[3] Frederick C. Beiser, *Hermann Cohen: An Intellectual Biography*, p. 255.

世的、相对的和偶然的乃至令人窒息的，但这并不意味着艺术家的活动本身是无法无天的、不受法则约束的。柯亨指出针对美学产生怀疑的原因正是那样一种观念：认为某些法则作为艺术创作的规则、条条框框构成了美学的内容和目的。而这在柯亨看来实属启蒙时代所遗留的一种偏见（"平庸的思考方式"）。①

这样一来，柯亨就通过**审美意识的纯粹性**（die Reinheit des ästhetischen Bewußtseins）（借助引用康德的审美趣味的非客观原则和天才概念），为自己的美学预设了一个理性的事实（或基础、出发点）。这就是**天才**（Genie）概念。天才这个概念在柯亨这里成为美学问题的最终上诉法庭。**法则**来源于天才的创造力，但法则绝不应该被规定给天才，因为天才有能力推翻一切既定的法则，而天才之所以能这样做恰恰依据的是**法则性**。这样一来，依据法则性所实施的美学重构乃至整个文化哲学构建，就在一种柏拉图理念论方法的光线照射下严格区分乃至超拔于康德美学的合目的性概念中知性和想象力的游戏。这正如柯亨对启蒙时代固执于法则一元而并未意识到法则性区分于法则并高于法则的二元论那种"平庸"思考方式的鄙夷，实际上意味着一种来自更高、更洁净、更纯粹维度对整个旧的地表世界的重组。依靠这种理性含量和纯度更高的法则性，柯亨的美学乃至新文化哲学建构发动了一场人类意识领域里的"迦南征服"。事实上，在《美学》中被陈述的天才的指导规则已经隐含在柯亨早期的《康德美学的奠基》中了。② 法则性的形式通过天才这个事实（或基础）而得到在艺术经验世界（现象层面）的落实。美学的合法则性特征只有在天才身上才得到显明③，天才是艺术的立法者。④因此，天才就是柯亨为新的美学体系

---

① Hermann Cohen, *Ästhetik des reinen Gefühls*, pp. 69–70.

② Hermann Cohen, *Kants Begründung der Aesthetik*, Berlin: Ferd. Dümmlers Verlagsbuchhandlung, 1889, p. 190. "然而，无论人们如何果断地否定概念的规则，规则本身却被坚守并定义为**天才**。在天才那里，艺术的本质给出了规则。但是，天才并不是指先验批判中的人。即使作为一个人，它也无法报告甚至证明任何事情。它的决定之一是'它自己不能科学地说明它是如何产生它的产品的；但它作为自然给出了规则，因此作者自己不知道他是如何产生这种想法的，他也不能控制这种想法……以规则的形式传达给他人'（第175页）。先验的方法处处坚持要研究的文化事实的存在条件，坚持道德法则的'经验事实''如同事实''事实的类比'，也坚持天才的艺术作品：以便在它们对**与认知能力和实践理性**相对应的**情感**的客观影响中，确定它们所固有的先验性所依据的条件。"（此段译文为笔者所译）

③ Hermann Cohen, *Ästhetik des reinen Gefühls*, pp. 14, 71.

④ Hermann Cohen, *Ästhetik des reinen Gefühls*, p. 14.

所设立的一个探究起点或基础，也只有天才才可能成为美学这一哲学体系中有别于纯粹认知和纯粹意志的第三种法则性的探究所赖以展开的基本事实。

小　结

经过了对法则与法则性概念的严格区分之后，柯亨把美学的法则性问题落实为寻找美学的基础这个问题，并进一步把基础的问题解释为对象的问题，也就是"审美对象的特殊性"问题。而在柯亨的美学原则乃至哲学基本原则中，对象并不是既定的、被给予的，对象意味着处于不断的生成中，因此对象问题必然要从意识的结构和范畴中寻找答案，还需要分析审美意识的问题，更进一步则涉及主观意识与客观意识的区分问题和意识的统一性问题，对这两个问题的解答便更深地涉及了审美意识的纯粹性的问题，也就指向了"美学必须符合法则，必然存在着一种建立在哲学体系的意识统一性基础上的审美意识"这个结论。这种统一性最终都要围绕纯粹的法则性形式形塑不同的学科自身。在这点得到清楚阐明之后，柯亨的美学才得以真正展开，也就是对这种法则性的详细讨论——作为第三种法则性形式的"纯粹情感"。

于是，柯亨明确了这一点：既然已经证明了法则性是比法则更为根本的东西，那么与其他一切系统的法则性一样，美学的法则性必须作为基础得到确定。问题是这如何实现。认知科学和伦理学各自拥有其作为基础的法则性，而美学的这个作为基础的法则性在科学事实层面上就是"天才"(Das Genie)。"**天才**只是理性在艺术中的表现，是**法则性**在艺术中的表现。然而，天才在其作品中为自己奠定的基础（它也必须遵守这一基础）所包含的先决条件，丝毫不亚于理性为使天才的艺术作品在自身中复活，将其作为自身理性的财产加以占有和继承所需要的基础。"[1] 天才作为法则性对应在事实层面展开的理论原点，由此得到了其合法则性的证明。

---

①　Hermann Cohen, *Ästhetik des reinen Gefühls*, p. 75.

The Concept of *Gesetzlichkeit* and Cohen's Reconstruction of the Basic Problems of Aesthetics

Li Zekun

Abstract: The concept of pure form in Cohen's systematic aesthetics originates from the concept of *Gesetzlichkeit* (lawfulness), which is the deduction model of the whole Cohen's aesthetic system. Cohen's discussion of *Gesetzlichkeit* actually opens up a path of aesthetics that is very different from Kant's, which can be regarded as Kantianism's inheritance and renewal of Kantian critical philosophy in the context of the new era, i.e., the systematic construction of a new critical philosophy. Cohen uses the a priori method of logic to give scientific and valid constructive intention to his whole philosophical system. Cohen goes from the unity of consciousness to the core concept of *Gesetzlichkeit*, and introduces his formal theory of aesthetics through the solution of the problem of *Gesetzlichkeit*. Cohen's aesthetics of the concept of *Gesetzlichkeit* reconstructs the basic problems of aesthetics, and also follows a new line of reasoning to argue for the specificity and independence of aesthetics in the philosophical system. Therefore, the concept of *Gesetzlichkeit* is a key grip into Cohen's aesthetics.

Key words: Gesetzlichkeit, Gesetze, Cohen, Aesthetics, Pure emotion

特殊的图像物质性：有关乔治·迪迪-于贝尔曼图像理论中"pan"与"症状"的思考

姜雪阳*

摘　要：法国艺术史家乔治·迪迪-于贝尔曼发现图像中存在一种特殊的物质性"pan"，借此对艺术史学科中存在的确定性语气提出质疑。他首先借用弗洛伊德的"症状"概念，将其视为一种具有干扰性力量的非知，由此对图像研究中固有的范式与惯例提出批判。在此基础上，他追溯了"pan"的文学与精神分析学的背景，将其与画面细节概念进行对比，指出其作为图像症状的物质地位。最后，通过分析中世纪画家弗拉·安杰利科对道成肉身主题绘画的视觉描绘，找寻到"pan"的"非似"属性，并揭示出图像中的物质呈现。最终将物质从传统绘画从属地位中解脱出来，颜料摆脱了去描述和说明对象的束缚，绘画也超越了相似性模仿的范畴。

关键词：迪迪-于贝尔曼　症状　pan　弗拉·安杰利科

乔治·迪迪-于贝尔曼在艺术史领域中所做出的学术贡献是不可忽视的，他对艺术史学科提出的问题，首先让我们回到最基本的对"看"（voir）的再思考与对"知"（savoir）的再反思，接着再对艺术史"书写"本身提出思考，这些问题都是艺术研究者不可避免的话题。其实，这些问题的提出也展现出迪迪-于贝尔曼对艺术史学科中所存在的固有规范的批判，意在提醒我们要有选择地暂停并自觉地反思一贯认知中的艺术史实践。在他早期作品《在图像面前》一书中，他对"艺术史这门了不起的学科中常常占统治性地位的确定语气质疑"[①]，伴随

---

　　* 作者简介：姜雪阳，女，江苏淮安人，江苏第二师范学院文学院讲师，主要研究领域为西方艺术理论。

　　① Georges Didi-Huberman, *Devant l'image. Questions posées aux fins d'une histoire de l'art*, Paris：Les Éditions de minuit, 1990, p. 11.

着对艺术史认识论基础批判性的重新审视，他称之为"艺术史的批判性考古学"（a critical archaeology of art history）①，可见他已然投身于一场艺术史的批评史的战斗。在这场批判的过程中，迪迪-于贝尔曼重新思考视觉与再现的关系，对此他深受西格蒙德·弗洛伊德的精神分析学的影响，并提出"症状"（symptom）作为一种"非知"（non-savoir），即一种干扰性力量。它是图像研究中最为关键的批判工具，它能够重新审查艺术史范畴内的学科知识，而其中最值得关注的是作为症状的图像物质性地位"pan"的呈现。虽然在学界有关艺术史的讨论中，物质与形式、物质与精神等宏大的二元论已经被颠覆，但迪迪-于贝尔曼对图像物质性（the materiality of images）的阐释是一种全新的视角。此外，由于法语词"pan"在英译本中也保留了法语原词，所以给中文翻译也带来了挑战，故本文讨论继续保留法语原词。其实，在迪迪-于贝尔曼的任何文本中也无法找到对"pan"的明确定义，而这恰恰符合他的目的，即辩证地从多角度思考"pan"与"症状"。

一、图像的"症状"：从弗洛伊德的精神分析学谈起

1990 年，迪迪-于贝尔曼出版《在图像面前：关于艺术史之意图的提问》（ *Devant l'image. Questions posées aux fins d'une histoire de l'art* ）一书，开始正式阐述一种有关"症状"的图像分析方法，而这一概念的使用是基于他对弗洛伊德文本中症状概念的借鉴以及对歇斯底里病症的摄影图像学研究。其实，在他 1985 年的作品《道成肉身的绘画以及巴尔扎克的（无名的杰作）》（ *La peinture incarnée suivi de 'Le chefd œuvre inconnu' de Balzac* ）中就已引入有关"症状"的讨论。迪迪-于贝尔曼在书中提及巴尔扎克的短篇小说：画家弗兰霍菲（Frenhofer）致力于把他的恋人描绘得栩栩如生，但画家的模仿欲与其理想形式未达到绝对的对等，最后孤独地死去的故事。迪迪-于贝尔曼意在阐述被撕裂的形象（l'image déchirure）所携带的症状，以此强调打破模仿的经典理论并重新反思表象与视觉再现之间的关系。但迪迪-于贝尔曼对"症状"最原初

---

① Ralph Dekoninck, *Art History and Visual Studies in Europe-Transnational Discourses and National Frameworks*, in Matthew Rampley, Thierry Lenain, Hubert Locher, Andrea Pinotti, Charlotte Schoell Glass, Kitty Zijlmans eds., trans. Matthew Rampley, Leiden & Boston: Brill 2012, p. 114.

的思考是借助弗洛伊德对歇斯底里症与梦的分析，而对其进一步的讨论在《在图像面前》一书中有着全面的体现，同时此书标志着他开始自觉背离传统的艺术史术语。那么，"症状"是如何与艺术史的发展发生关联，它又能给图像思考带来什么？正如，迪迪－于贝尔曼自己提出了这样一个问题："在一个完全致力于研究呈现与提供可见的对象的学科中，症状到底意味着什么？"① 但在此之前有必要追溯在弗洛伊德的著作中症状是如何运作的，这有利于在逻辑上更好地理解迪迪－于贝尔曼是如何在他的写作中运用弗洛伊德症状的结构。

　　症状对弗洛伊德来说是无意识（unconscious）运作的一种视觉呈现，这个概念在弗洛伊德《歇斯底里症》一书中首次被讨论。弗洛伊德选取歇斯底里症作为研究对象，从病理学角度对患者呈现的状况进行研究，在此过程中发现症状是无法与某一明确的起源点相吻合的，也就是说病患所经历的原始创伤与发病的症状之间无法简单地建立关系。而这一观点的形成，是由弗洛伊德对法国著名神经学家让－马丁·夏尔科（Jean-Martin Charcot）研究歇斯底里症的方法反思而来。乔治·迪迪－于贝尔曼的博士论文《歇斯底里症的发明：夏尔科和"萨尔佩特里尔"的摄影图像学》（*Invention of Hysteria: Charcot and the Photographic Iconography of the Salpetriere*）于1982年出版成书，书中针对神经学家夏尔科有关歇斯底里症的摄影图像学研究进行细致的分析。夏尔科利用摄影的方式记录歇斯底里症发病时所展现的各种视觉图像，以此来分析症状的特点并对其进行分类。具体来说，萨尔佩特里尔（Salpêtrière）医院内的病患们的每一个姿势甚至每一个手势都会被拍摄记录，其目的是为了等待下一阶段的分析以及解释。对此，迪迪－于贝尔曼指出："医生与歇斯底里病患之间建立了一种互惠的魅力，医生对歇斯底里的图像有着永不满足的渴望，而歇斯底里病患则自愿参与，并通过他们日益戏剧化的身体实际提高了赌注。这样一来，诊所里的歇斯底里成了景观，成了歇斯底里的发明。事实上，歇斯底里被隐蔽地认定为类似于艺术的东西，接近于戏剧或绘画。"②

　　进一步，迪迪－于贝尔曼发现夏尔科的症状分析法与弗洛伊德的相差甚远。

---

① Georges Didi-Huberman, *Confronting Images: Questioning the Ends of a Certain History of Art*, trans. John Goodman, University Park: Pennsylvania State University Press, 2005, p. 31.

② Georges Didi-Huberman, *Invention of Hysteria: Charcot and the Photographic Iconography of the Salpêtrière*, trans. Alisa Hartz, Cambridge, MA: MIT Press, 2003, p. xi.

首先，他不赞同夏尔科对症状所进行的编码与解码的工作，他拒绝承认症状可以代表直接的因果关系，因为探寻症状无意识的过程才是重要的，而非是症状的外在可见表现。正如弗洛伊德所说，"症状不仅仅是一个已实现的无意识愿望的表达，一个来自前意识的愿望必须存在，而这个愿望是由同样的症状来实现的。因此，症状至少有两种确定方法，其中一种取决于冲突中涉及的每一种症状"①。所以说，夏尔科对症状特点的细致分类并对其进行逐一的解释，意在对症状进行一种综合。而弗洛伊德恰恰相反，他拒绝症状的单一对应的解释，而是强调症状中的对立冲突性。而这恰恰是弗洛伊德的关键概念"多元决定"（overdetermination）理论的特点，同时此概念对迪迪-于贝尔曼批判传统象征理论有很大的启发。"多元决定"代表症状的起源与其视觉表现之间不再具有任何直接的因果关系，此时症状在再现与象征之间出现了撕裂，也即它推动了能指与所指之间不停"延异"的状态。能指并非绝对地对应着所指，因为症状是由多种冲突且对立的可能性设定的，它不再是等待被阅读或是解释的符号。正如拉康对索绪尔有关能指与所指的平行对应观点的偏离，即能指与所指之间存在不可预测的关系。

弗洛伊德最著名的作品《梦的解析》（*The Interpretation of Dreams*），书中对梦的细致研究也是来自早期研究歇斯底里症的进一步推进。在书中，他将梦中图像的形成步骤总结为凝缩、置换和具象化，而梦形成的心理过程与症状相同，都是由于无意识的多元决定可归因于多种原因，最后形成梦的显性内容。弗洛伊德在书中列举过一个他亲身经历有关植物学家的梦境，以强调植物学和专著这两个词的多元决定和非线性的因果关系。也就是说，多元决定消除我们所能记住的梦，即梦的显性内容，与精神潜意识，即梦的潜在内容之间的一一对应的关系。对此，迪迪-于贝尔曼也指出梦中图像"拒绝表征、意指，拒绝将时间关系变得可见或可读，梦的工作将表征性叙事里应区分开的元素以视觉的方式组合到一起。因果关系成为共存（coprésence）关系"②。其实，梦的运作机制与症状的特征相似，所以弗洛伊德呼吁不要试图去"阅读"梦境，即使梦将人的欲望通过凝缩与置换的过程伪装成具象的图像，但梦和确切的相似性无法

---

① Sigmund Freud, *The Interpretation of Dreams*, Vol. 4, trans. James Strachey, Harmondsworth: Penguin, 1976, p. 724.

② Georges Didi-Huberman, *Devant l'image. Questions posées aux fins d'une histoire de l'art*, p. 17.

确定，因为它会在无尽的联想中被溶解。总的来说，弗洛伊德通过歇斯底里症的临床医学案例开始着手对症状进行分析，并在对梦的解析中再一次证明症状的"多元决定"特征。由此，迪迪－于贝尔曼意识到，正是由于"多元决定"特征的症状存在使得艺术作品不再是一系列等待去阅读和解码的视觉符号，正如他所说，"正是通过梦和症状，弗洛伊德打碎了表象的盒子"[①]。

迪迪－于贝尔曼受到弗洛伊德的启发，但并非是在临床上使用弗洛伊德的理论工具，而是侧重在批评方面。那他为何会选择从批评的角度去借用弗洛伊德的相关理论呢？正如他在《在图像面前》的导论所指出，"毋庸置疑，在弗洛伊德的领域里，存在着对知识的批判的所有要素，这些要素适合于重塑通常被称为人文科学的基础。正是因为他以令人眼花缭乱的方式重新打开了主体的问题——这个主体从此被认为是分裂的或被租用的，而不是封闭的，这个主体不善于综合，无论是超越性的——所以弗洛伊德也能够打开，而且是同样决定性的知识的问题"[②]。不难发现，迪迪－于贝尔曼的目标是想借助弗洛伊德的领域去打开传统艺术史中僵化的知识，试图去发现一个新的领域、一个新的知识对象。所以，他才会选择"症状"这一具有破坏性力量的谱系，以评判性的视角去看待艺术史与当代艺术，进而去寻找属于艺术史的新知识。正如在《看见与被看》(*Ce que nous voyons, ce qui nous regarde*)一书中，他重新质疑了我们习以为常的视觉观看问题，提出了"不可避免的观看裂变"："在我们身上，我们所看到的东西与回望我们的东西相分离，这种分裂是不可避免的。我们有必要从这个悖论开始，在这个悖论中，观看的行为只有通过将自己一分为二来展开。"[③]我们所看的物体，也会"回看"我们，迪迪－于贝尔曼在此所强调的是我们无法避免的视觉悖论，可以发现传统艺术史知识所存在的断裂。若是仅从二元的角度去反思图像，只会因意义的缺席而失望，或是因意义的无限丰富而迷惑。因此，精神分析的作用在此体现，它会冲破孤立的二元对立，而从"辩证"的视角寻找突破口，这无疑对评判视觉经验的本体论起到了关键作用。

---

① Georges Didi-Huberman, *Confronting Images: Questioning the Ends of a Certain History of Art*, trans. John Goodman, p. 144.

② Georges Didi-Huberman, *Confronting Images: Questioning the Ends of a Certain History of Art*, trans. John Goodman, p. 6.

③ Georges Didi-Huberman, *Ce que nous voyons, ce qui nous regarde*, Paris: Les éditions de minuit, 1992, p. 9.

由此，迪迪-于贝尔曼首先将批判的矛头指向遵循新康德主义的艺术史家潘诺夫斯基，他反对潘诺夫斯基的图像学分析方法，即将图像视作一种稳定的象征符号，在一定的范畴内寻找可破译的图像意义。在迪迪-于贝尔曼看来，潘诺夫斯基观看图像的方式与神经学家夏尔科对待症状的方式一样，都试图将图像或是症状进行综合，将其中的特殊性与冲突性消除掉，以便获得"象征"与"再现"之间固定对应的意义解释。对此，迪迪-于贝尔曼指出，选择主动忽略视觉的不稳定层面，或将图像中的"非知"（non-savoir）清除出去，这些做法的都是不可取的，因为图像是一种不断运动且具有冲突性的"症状"，而非一种固定不变的"符号"，即迪迪-于贝尔曼所说的"符号是一个物体，症状是一种运动"[1]。具体而言，迪迪-于贝尔曼在《在图像面前》一书中，开始探究一种症状美学："因此，有必要提出一种现象学，不仅是作为移情环境的可见世界的关系，而且是作为结构和具体工作的意义的关系（以符号学为前提）。因而能够提出一种符号学，不仅是关于象征性的构形，而且是关于事件，或偶然性，或图像形象的奇点（这是以现象学为前提的）。这就是症状美学，是绘画中至高无上的偶然性美学所倾向的。"[2] 可以发现，迪迪-于贝尔曼将现象学领域以及符号学领域相衔接，并将其视作"症状"问题讨论的两个面向，而非暴力地将其割裂只谈其一。因为对他而言，若仅选择局限于现象学领域去思考，很容易将自身限制在观看对象的单一的情感共鸣之中，也就是说现象学更多的是关注具体作品所带来的感性经验。相反，若局限于符号学的方法，则执着于从感性经验中抽离出普遍性，执着于挖掘作品背后那个被埋没的意义。所以，迪迪-于贝尔曼采取介于两个面向之间的"症状"概念，即"从事实（图像的现象学方面）和图像学（图像的符号学方面）的角度找到分裂的方式"[3]，强调症状冲突矛盾的"运动"方式，由此暗指图像背后的意义交替。这使得图像自身呈现出一个"裂口"（opening），以此来避免强加在图像之上的确定意义，因为图像的

---

① Georges Didi-Huberman, "Dialogue sur le symptôme" (avec Patrick Lacoste), *L'inactuel*, No. 5, 1995, p. 199.

② Georges Didi-Huberman, *Confronting Images: Questioning the Ends of a Certain History of Art*, trans. John Goodman, pp. 263–264.

③ Georges Didi-Huberman, *Confronting Images: Questioning the Ends of a Certain History of Art*, trans. John Goodman, p. 166.

观看"这不仅是一个看（voir）的问题，而且是一个知（savoir）的问题"①，这便是多元决定的症状在视觉中呈现不稳定的运动性给予图像的力量。图像的意义不再是单一的或是封闭的，相反，图像意义是多重的，就像身处于一个开放的网络之中，图像总是在与网络中别的图像发生联系，进而在不同联系中得到了更多元的意义。然而，在迪迪-于贝尔曼有关图像"症状"的讨论中，最引起注意的便是作为症状物质性地位的"pan"在艺术作品中所揭示的无限可能性。正如，画家维米尔的作品《花边女工》前景处出现红色颜料形成不明物体，就像一场不确定意义的爆发时刻。对此，迪迪-于贝尔曼指出："一个朱红色的碎片被放置，甚至被抛出，几乎盲目地投射到画面上，在那里与我们对峙，它是一个'pan'，一块颜料。"②

二、特殊的物质性：何为图像中的"pan"？

迪迪-于贝尔曼对"pan"的设定到底有何深意？它与"症状"的关系又是如何？解答这些问题之前，有必要先对"pan"这个法文词进行中文意思的说明。1990年法文本《在图像面前》由2005年翻译成英文本，但是"pan"一词译者还是保留了法文原词，可见在英语中没有直接的对应词，这也给笔者的中文写作带来困难。法文原词在法文字典中，它首先是个名词，字典中常用的意思有两种：其一，可翻译为织物、织品、布段；其二，可以翻译为墙面、多面体的面。但在什么情况选取哪一种意思，或许得结合迪迪-于贝尔曼所选取图像素材的情况，因为迪迪-于贝尔曼从未在书中给予"pan"确切的定义。有关这个词的讨论最早出现在1984年的《道成肉身的绘画》③一书，但随着迪迪-于贝尔曼构建图像理论体系不断地变化，"pan"的思考也在不断地刷新。直到1990年《在图像面前》一书出版，此书附录有对"pan"的较为完整的论述，将其泛指为图像中症状性内容。毋庸置疑，"pan"具有症状的一些基本特征，此外它

① Georges Didi-Huberman, *Remontages du temps subi, l'œil de l'histoire 2*, Paris: Les Éditions de minuit, 2016, p. 1.

② Georges Didi-Huberman, "The art of not describing: Vermeer-the detail and the patch", *History of the Human Sciences*, Vol. 2, No. 2, p. 154.

③ 本书在第一节有出现完整书名，此处为了避免重复特意缩写，完整书名为《道成肉身的绘画以及巴尔扎克的〈无名的杰作〉》（*La peinture incarnée suivi de 'Le chefd œuvre inconnu' de Balzac*）。

还体现出"症状"的物质性书写。由此可见，从精神分析背景思考"pan"是必不可少的，但这之前也不能忽视作为起源性的文学背景。

马塞尔·普鲁斯特在《追忆似水年华》(*À la recherche du temps perdu*)中有一段知名的片段引起迪迪-于贝尔曼的注意。主人公观看画家维米尔的画作《德尔福特的风景》，将垂死的目光定格在矮小的黄色墙面上，并不断重复说"黄色的矮墙(petit pan de mur jaune)……"，直至去世。迪迪-于贝尔曼分析了这块黄色墙面的特殊性："对他而言，维米尔画中作为颜料的黄色是一个'pan'，也是画中一块令人惶恐的区域，并且油画被看成是'珍贵的'和创伤性的物质因。"[1]也就是说，这块黄色的墙面物质(pan)对于主人公来说是一个创伤，它有点类似梅洛-庞蒂所说的"刺点"(punctum)，带来一种视觉上的撕裂并作为打击的物质形式刺穿了观者。由此可见，"pan"的物质性可以视为自身作为画面颜料的物质性本身，也可以视为症状的特征在"pan"之上得到扩展。而在画面中它代表着一个症状性的且非具象性的时刻，这是一种关键时刻，因为它扰乱了画面主体的符号化再现与象征式解读。同时，它也传达出一种视觉矛盾，不仅作为画面中具体的物质存在，还暗指了一种复杂的意义结合体。在上一节中，迪迪-于贝尔曼描述了在弗洛伊德的影响下提出"症状"所触及现象学(无意识的)与符号学(有意识的)两个领域，这个特征同时在"pan"之上体现。当颜色不再假装颜色之外的东西，仅呈现出他的物质性时，症状性的"pan"就此运作。对应于刚才所讨论的黄色墙面，当它仅将自己作为墙的物质性呈现在主人公眼前，它将不带有任何符号视角去描测外在意义，此时具有症状辩证性特征的"pan"就此超越了限定其空间可见形式思考的视觉场所，进一步它超越了图像的框架并释放出意义的无限性。

通过对"pan"进行文学性的溯源，此时可以知晓迪迪-于贝尔曼未在书中给予"pan"任何明确定义的目的，正因为他想要强调"pan"的辩证性，它作为图像的症状，是图像中的关键时刻[2]，这一点在迪迪-于贝尔曼将"pan"与对皮肤反思的例子中有进一步的展现。问题的产生是从观者对"pan"进行视觉

---

[1] Georges Didi-Huberman, *Confronting Images: Questioning the Ends of a Certain History of Art*, trans. John Goodman, p. 246.

[2] Georges Didi-Huberman, *Fra Angelico: Dissemblance and Figuration*, trans. Jane Marie Todd, Chicago and London: The University of Chicago Press, 1995, p. 233.

上的锁定而起：它不仅是一个可见的表面，还藏有一定的深度，这意味着思考图像视觉性表面与其视觉性深度之间有一定的理论运作。在《道成肉身的绘画》一书中，迪迪-于贝尔曼指出我们的皮肤"不仅仅是一个表面的问题"[①]，事实上，皮肤"既是一个'极限表面'，又是一个'极限中心'"[②]。也就是说，当我们观看绘画中的人物形象，常规上会将所描绘的皮肤视为身体与外围世界相区隔的一个"极限表面"，也就是观者的有机体与周围世界之间的界限。但当皮肤上呈现出属于皮肤下方血液的微红色时，此时极限的区分已模糊不清，图像呈现出的幻觉性会导致图像观者信以为真。正如巴尔扎克小说中的画家弗兰霍菲为了描绘出栩栩如生的情人裸体画像，调试出一种肉红色的（incarnat）颜料，迪迪-于贝尔曼将其视为一种症状的颜色。因为此刻有一种表面与深度的辩证法在发挥作用，即皮肤对于身体，如同"pan"对于图像，是一种向我们展示其深度的表面。但为什么在描绘人物时会因无法描画出真实人物的灵气而感到苦恼，这是由于皮肤描绘的困难所致。迪迪-于贝尔曼认为，皮肤之所以难以描画，是因为"皮肤拥有一种'双重含义'，一个是'呈现自己'的意思，将身体与世界其他部分区分开；另一个则是'退出'的意思，隐藏、隐退起来"[③]。毋庸置疑，这是一种相互冲突的双重含义，症状的辩证性隐匿其中。当化为肉身的人物形象在图像中给予最直接的视觉呈现，但有一些隐藏的视觉物（血液）在此以"pan"的模式（皮肤的肉红色）显现出来。而这就是图像中的症状；作为一种痕迹具有一定的指示性，将可见与不可见的矛盾对立面结合起来。"pan"的物质性在其中发挥了最重要的作用，它将不可见的东西以物质的形式展现出来。迪迪-于贝尔曼对"pan"颜料物质性的强调，就是为了区别于图像学中的象征阐释。"pan"不急于寻求图像的稳定意义去揭示无形或神秘的事物，只是作为一种物质痕迹去稍加暗示，此时传统图像学中"再现"与"象征"的对应逻辑已然断裂。这就是迪迪-于贝尔曼不急于为"pan"寻求一个明确定义的目的，即从辩证多元的视角去观看图像。

① Georges Didi-Huberman, *La peinture incarnée, suivi de Le chef-d'œuvre inconnu par Honoré de Balza*, Paris: Les éditions de minuit, 1985, p. 32.

② Georges Didi-Huberman, *La peinture incarnée, suivi de Le chef-d'œuvre inconnu par Honoré de Balzac*, p. 33.

③ Georges Didi-Huberman, *La peinture incarnée, suivi de Le chef-d'œuvre inconnu par Honoré de Balzac*, p. 52.

　　然而，"pan"最深层次的理论结构是具有精神分析背景的，迪迪-于贝尔曼在借鉴雅克·拉康"异化"（alienation）概念的基础上拓展了对"pan"结构性的反思。拉康在《精神分析的四个基本概念》的第十六章专门讨论异化及其相关的分离概念，他从一个有关选择的问题开启异化的思考。异化是存在与意义之间的非选择，正如他所说，"如果我们选择存在，主体就会消失，就会躲避我们，就会落入非意义。如果我们选择意义，意义就只能在被剥夺了那部分非意义的情况下存活，这部分非意义……在主体的实现中构成了无意识"①。也就说，当选择存在的时候，主体消解了；若是选择意义，而主体被剥夺了无意识。可见，异化是一种强加的选择，使拉康的主体只能在分裂中出现："异化并非是降临于主体且能够被超越的一种偶有属性（accident），而是主体的一项基本的构成性特征。主体从根本上是分裂的，是异化于自身的，而且也没有任何从此割裂中逃脱的出口，没有任何'整体'（wholeness）或'综合'（synthesis）的可能性。"②所以，在拉康这里异化不能被辩证化，主体永远保持分裂，而此观点颠覆了之前的认识论，即对康德超验的且稳定的知识结构造成了破坏。对此，迪迪-于贝尔曼深受启发，推进了"pan"加强了主体性分裂导致图像对"撕裂"（rend）的思考。因为他认为观看的主体正在面临着看（voir）与知（savoir）的悖论，这与拉康的异化是相似的，都是一个选择的问题。正如，在《看见与被看》一书中，迪迪-于贝尔曼描述了有两类观看主体选择时的进退两难，即"宗教信仰者"与"同语反复者"。一旦他们在辩证中做出的选择只会导致"知道而不看，或看而不知道"其中之一的结果，而这两种结果都会造成损失。所以，视觉主体需要处于"看与知"之间张力的模糊性地带，而非投身于解决冲突或是寻求综合。而"pan"就是引领主体进行视觉撕裂的关键，它作为图像中的症状具有一种干扰的力量，得以让主体在撕裂的图像（l'image déchirure）中冲破象征的确定性解读。

　　迪迪-于贝尔曼选取画家维米尔的《花边女工》去说明"pan"所具有的干扰（disruption）力量。面对这幅作品，迪迪-于贝尔曼没有将注意力集中在任何一个细节，而是抓住了画面中的一个意外区域。画面前景中有一块红色颜料

---

① Jacques Lacan, *The Four Fundamental Concepts of Psycho-Analysis*, trans. Alan Sheridan, New York and London: Norton, 1998, p. 211.

② 迪伦·埃文斯著，李新雨译：《拉康精神分析介绍性词典》，西南师范大学出版社2021年版，第17页。

区域，他认为这是一个展示视觉和意义不确定性的爆发时刻，画面的模仿性表象的再现逻辑已然被置于危机之中。毋庸置疑，这幅作品展现出画家维米尔高度写实的绘画技巧，画面主体是一位女子独自坐在房间里，安静地从事着她的纺织工作。在女子双手的左边放着一捆朱红色和白色的线，这些线摆脱了木箱的束缚，混乱地散落在大量的蓝色织物中，尤其前景中红色的线向前涌动，退到画面深处的大量深蓝色中显得异常显眼。由于这幅作品仅宽24.5厘米、高21.0厘米，所以小尺寸造成的亲密感会诱惑观者近距离地观赏，而此时前景的红色颜料在深蓝色的背景中显得更加咄咄逼人。迪迪-于贝尔曼指出这块红色颜料："由于其色彩的侵入性，这幅画作的'瞬间'让我们看到了一小块颜料区域，其功能是作为一个线索或信号，而不是作为一个模仿的形式或皮尔斯意义上的符号；是作为一个物质和偶然的原因，而不是一个形式和最终的原因。"①当观者面对这一抹红色颜料时，正处于一个"绘画的新时刻"，红色颜料带来的视觉冲击是一种色彩的入侵，是画中症状以"pan"的物质形式呈现的时刻。因为在他看来，红色颜料描绘的织线没有遵从模仿再现的原则，而是与所任何真实性与相似性拉开距离。所以，它取消本应该承担的再现身份，在颜料物质的自由呈现中干扰了原本画面安静的模仿再现氛围。也就是说，观者并非只是在一定距离内观看可见事物的简单呈现，相反，观者面对的是一种不断带来视觉反思的有深度的图像画面。看到与知道之间的张力渐渐显现，面对所见并非所知的深渊，观者也逐渐感到不安。正如迪迪-于贝尔曼所说，"'症状颜色'并不试图解释一个看不见或神秘的事物，因为它们从表面上就暗示了这一点。而'pan'总是能够'干扰'表象"②。此时，作为颜料本身的物质性"pan"，它不再被压抑，而是作为图像中心直接干扰了画面中的模仿再现原则，这一点却常常在艺术史的研究中被忽视。

在传统艺术史研究中，对维米尔画作的研究多以"暗箱"（camera obscura）的绘画方式来解释这些模糊的红色颜料，即织物落在景深是处于失焦状态，所以视觉上是模糊的；相反，如果物体在聚焦处出现，则会被清晰描绘。此外，

---

① Georges Didi-Huberman, "The art of not describing: Vermeer-the detail and the patch", *History of the Human Sciences*, Vol. 2, No. 2, p. 154.

② M. Hagelstein, "Georges Didi-Huberman: une esthétique du symptôme", *Daímon: Revista de Filosofía*, No. 34, 2005, p. 89.

也有对迪迪-于贝尔曼的质疑声：认为其对"pan"的发现其实算作图像中的细节分析。实则不然，迪迪-于贝尔曼指出："细节是被定义的，它的轮廓限定了一个被代表的对象，一些正在发生的事情，或者说是在模仿空间中的位置；它在画面的拓扑中的存在，因此是可指定的和可定位的。而'pan'不是划定一个对象，而是产生一种潜在性：一些东西发生了，在表象的空间里游荡，并拒绝被'包括'在画面中，因为它创造了一个爆炸或闯入。"[1] 由此可见，迪迪-于贝尔曼将细节视为一个趋于封闭的符号系统，而"pan"与其相反，是一种开放且异变的存在。进而，可以发现对细节的关注属于图像学中依赖符号的象征形式进行解读的范畴，最经典的表述是潘诺夫斯基在《图像学研究：文艺复兴时期艺术的人文主题》导言中所介绍的图像分析三层次的表格。[2] 细节分析属于图像学分析的第一阶段可以很容易识别，因为图像学的分析是一种综合的过程，它将意义进行归类、将主题进行分类，所以直接忽视图像中绘画的物质性。与此不同，迪迪-于贝尔曼拒绝将理性知识强加于图像之上的解读方法："观看不能简单地等同于知道，观看实际上潜藏着自身的模糊性、不确定性和意义延迟的支配性，这些恰恰是图像的力量。"[3] 图像中"pan"作为颜料的物质性存在，它破坏了细节再现的逻辑一致性，破坏了象征符号中能指与所指——对应的关系，以此保证图像多重意义可能性之间的张力。观者应主动关注图像中的"pan"，将其纳入到图像的整体逻辑中，而不是直接忽略视觉所及但知识无法解释的物质因。

三、非似与呈现：以弗拉·安吉利科绘画作品中的"pan"为例

迪迪-于贝尔曼对图像物质性的强调，在对弗拉·安吉利科（Fra Angelico）绘画作品中"pan"的分析中得到扩展。此时，"pan"的物质性以一种完全不同

① Georges Didi-Huberman, "The art of not describing: Vermeer-the detail and the patch", *History of the Human Sciences*, Vol. 2, No. 2, pp. 164–165.

② Erwin Panofsky, *Studies in Iconology: Humanist Themes in the Art of the Renaissanc*, New York: Oxford University Press, 1939, p. 13.

③ Matthew Rampley, "The Poetics of the Image: Art History and the Rhetoric of Interpretation", *Marburger Jahrbuch für Kunstwissenschaft*, 35 Bd., 2008, p. 20.

的方式发挥作用，它不仅破坏模仿再现的逻辑，还是被想象为神性的纯粹呈现（present）。迪迪-于贝尔曼《在图像面前》开篇将目光投注在弗拉·安吉利科于 1440—1441 年左右绘制《报喜图》。该壁画位于圣马可修道院的一间牢房中，这间牢房是修道院修士的祈祷和反省的地方，而所绘制的壁画宣布了道成肉身的奥秘。这幅作品与同时期同母题的其他画家作品呈现出颜色绚丽、细节突出、层次丰富的美学特性不相符，《报喜图》整体视觉效果呈现出一些 "单薄感"：一方面，来自画面叙事元素细节的单一；另一方面，来自画面整体色彩的单调。画家在 "自愿逆光" 下绘制壁画①，创造了一种猛烈的眩光效果，所使用的白色颜料更突出了这种效果。此时，迪迪-于贝尔曼产生疑惑：画面中大片石灰绘制的 "白色" 真的只是墙面吗？但事实上，这是图像 "pan" 的症状性呈现，它作为画面背景所起到的作用已然超出了艺术史学界在传统上赋予它的作用，因为它是不能解释的、不能确定的，但它具体发挥了什么作用？

迪迪-于贝尔曼认为安杰利科所描绘的圣母报喜地点，是一个丰富的 "记忆联想" 网络的一部分，而白色的墙壁是一个记忆的地方，可以让人想起圣母的报喜与基督复活的奥秘，唤起未来的救赎。同时，他提醒我们中世纪的艺术多从神学的角度被阐述，从阿尔伯蒂开始，然后是托马斯·阿奎那，作为一种记忆的艺术（ars memoriae）②："记忆的艺术在这里，是一种理解《圣经》中道成肉身的古老时间的方式。它明确地建立在一个伟大的理论上，即人们不是通过时间，而是通过地点来记忆。"③ 也就是说，《圣经》中的事件不是通过过去的时间，即那个独特事件发生的时间来记忆，而是通过地点来记忆的。所以，当伫立在拥有神圣记忆的地方并感到神性的召唤，是因为物质性的 "pan" 邀请我们停留在图像前去发挥联想的空间。安杰利科描绘基督道成肉身的神秘，即 "降生" 主题的壁画作品，此类绘画是一种超越了历史（storia）和超越了对现实形象的（figurative）模仿行为。道成肉身打破了人与神、可见与不可见、瞬间与永恒之间的隔阂。但《圣经》故事的叙述无法在一般的现实历史进程中实现，这势必是一种超越，即利用通过绘画行为传达它的神性所携带的 "不可见性"，

---

① Georges Didi-Huberman, *Devant l'image. Questions posées aux fins d'une histoire de l'art*, p. 21.

② Georges Didi-Huberman, *Fra Angelico: Dissemblance and Figuration*, trans. Jane Marie Todd, Chicago and London: The University of Chicago Press, 1995, p. 298.

③ Georges Didi-Huberman, *Fra Angelico: Dissemblance and Figuration*, trans. Jane Marie Todd, p. 298.

但这势必也是对模仿现实生活的一种超越。在安杰利科的绘画中所展现的超越就隐藏在那大片代表"无"的白色之中，它诉说着圣母与天使之间的神性联系是一种无法用形象性模仿现世人身的外形去表征的存在，正如无法用世俗言语去转述的圣言一般。此时，迪迪-于贝尔曼所说的"不可见和不可言喻"①的神秘性，在《报喜图》中安杰利科却巧妙地用一片"白色"的物质性进行表现。利用白色"pan"的包容性去消解所有过度破译所带来的多余，一切虔诚的、隐藏的、潜伏的神秘性在白色中获得了最大的开放性，拥有这片"白色"的《报喜图》也就拥有了超越"天使报喜"和"圣子降生"的无限意义。而在传统艺术史中，艺术史学家会在报喜主题的作品中寻找可辨认的、可识别的风格化细节，但面对这幅《报喜图》会感到挫败。因为艺术史家面对此处特殊的物质性，只能无措地放弃之前所运用的图像学方法，放弃他预先建立的概念，而被图像症状所折服。

此外，迪迪-于贝尔曼为强调"pan"的物质性，在通过对画家安杰利科一系列虚构的大理石板（marmi finti）的仔细研究中得到了放大。迪迪-于贝尔曼著有《弗拉·安杰利科：非似与形象》（*Fra Angelico: dissemblance et figuration*）一书，它与《在图像面前》在1990年同年出版，可将其视为《在图像面前》中提出有关艺术史理论问题所提供的实际应用。迪迪-于贝尔曼在《弗拉·安杰利科：非似与形象》中，将主要精力放在对1440—1450年画的壁画《阴影中的圣母》（*Madonna delle Ombre*）的分析上，此作品可以堪称症状美学的典范。《阴影中的圣母》表现的是一次神圣的对话，画面主体是被八位圣人围绕的圣母和圣婴，而在画中的场景下有四块颜料形成了一个"以红、绿、黄为主的色彩斑斓的表面"②。初次看到这些模仿大理石板肌理的彩色颜料，会将其视为具有装饰功能的纯粹装饰物。但迪迪-于贝尔曼发现这三米长的虚构大理石板与文艺复兴时期绘画创作手法明显不同，更令人惊讶的是，据目前艺术史学家对这件作品的评论只涉及上半部分，而下半部分有关虚构大理石的文献分析明显缺席。对此，迪迪-于贝尔曼表示："为什么会出现这种盲目性？因为'人文主义'艺术史只看到它事先知道的东西，它是'临床'绘画的一部分，这对应着瓦

---

① Georges Didi-Huberman, *Confronting Images: Questioning the Ends of a Certain History of Art*, trans. John Goodman, p. 19.

② Georges Didi-Huberman, *Fra Angelico: Dissemblance and Figuration*, trans. Jane Marie Todd, p. 51.

萨里的模仿画想法。因此，弗拉·安杰利科所画的斑点（taches）就像文艺复兴时期经典的'完整而有规律的绘画'中的'不合逻辑的运动'，事先是无法描述的，甚至是看不见的。"① 而弗拉·安吉利科是如何想到利用彩色大理石的视觉形式呈现基督"道成肉身"的奥秘呢？其实，对基督"道成肉身"（Incarnation）教义的描绘会涉及上帝的不可见性和不可代表的限制，这个问题通常被理解为与《出埃及记》中关于禁止画像的希伯来禁令有关，以及引申出历史上的圣像破坏运动。对于圣像破坏者来说，圣像的呈现是由人世间的物质材料绘制形成，其具有的物理化学性难以说服力证明上帝的神性在场。正如列维纳斯谈到"实显效应"②，其分为有限与无限两个方面，有限的方面朝向人，无限的方面朝向上帝，意在强调即使通过具体人物形象隐喻上帝向人们显现，但此处的显现并不能穷尽上帝的无限超越性。人无法通过自己的知识彻底地把握上帝，这种尝试是对神的亵渎和降格，至此引发了对圣像的破坏。由此从中窥见有关上帝的悖论性，即形象中无法形容的、话语中无法叙述的、言语中无法解释的、地点上无法限制的以及幻象中看不见的。

基于此，迪迪－于贝尔曼追溯到早期基督教神秘主义者伪狄奥尼修斯（Pseudo Dionysius）的否定神学，伪狄奥尼修斯强调上帝是无形的、不可知和不可言说的，它的存在超越了人类思想和表述的限制，因此，伪狄奥尼修斯引入了"非似"（dissemblance）的概念以最好地呈现神性。何为"非似"呢？按照《弗拉·安杰利科：非似与形象》的英译者简·玛丽·托德（Jane Marie Todd）从词源学的角度对"非似"进行的解释，"哲学家约翰·邓斯·司各特（John Duns Scotus）③ 提出法语'非似'（dissemblance）可追溯至拉丁文'dissimilitudo'，它与英语同族，保留了隐藏和欺骗的概念；更确切地说，在中世纪背景下，它暗指世俗外表的欺骗性和上帝的隐藏性。其次，这个法语词指'相似'（ressemblance）的反义词'不相似'，因为'非似'的关键不是对表象（semblance）重复，而是对表象的背离"④。正如，安杰利科《报喜图》中白色石

────────────

① Georges Didi-Huberman, "Dialogue sur le symptôme" (avec Patrick Lacoste), *L'inactuel*, No. 3, 1995, p. 205.

② 列维纳斯著，吴蕙仪译，王恒校：《从存在到存在者》，江苏教育出版社 2006 年版，第 4 页。

③ 约翰·邓斯·司各特，约 1265—1308 年，中世纪苏格兰经院哲学家、神学家、唯名论者，著书有《牛津论著》《巴黎论著》。

④ Georges Didi-Huberman, *Fra Angelico: Dissemblance and Figuration*, trans. Jane Marie Todd, p. xiii.

灰绘制的墙面或是《阴影中的圣母》泼洒颜料形成的彩色大理石板，它们并不是模仿可见的方面，相反，它们都是通过物质性的颜料绘制出圣礼开展的"过程"，即将人与上帝连在一起的重要仪式的过程。这个仪式过程最重要的环节就是"投射"的行为，迪迪－于贝尔曼考证到这个行为类似于东正教"涂抹圣油"的仪式。我们可以想象，安杰利科拿着沾满颜料的画笔，在颜料的飞溅中投射出无数的"神圣痕迹"，以此激发圣徒们虔诚地冥思。正如伪狄奥尼索斯声称，"利用物质，人们可以被提升到非物质的原型……当然，人们必须小心翼翼地把相似之处当作不相似之处来使用，以避免一对一的对应"[1]。伪狄奥尼索斯赞同利用物质性去展现宗教庄严神性，由此可见，安杰利科的彩色大理石板作为纯粹的颜料"pan"宣布了自己的物质性地位："在表现任何东西之前，它呈现的是物质颜料；同时它所表现的也是物质，是一种虚构的多色大理石。"[2]因为，安杰利科画面中的"pan"不是模仿基督的外表，而是模仿神性展现的过程，因为它的物质性让我们看见神性形成过程中的动态痕迹，它作为一种症状暗示整幅作品形成的视觉线索。

安杰利科会想到用泼洒颜料的方式去呈现不可见的神性，其实这种"非似"的投射物也是有宗教寓言可循的。这些无法用精确自然物命名的斑点与西方著名的一处遗迹相吻合，它位于伯利恒（Bethlehem）[3]的洞穴内，是一堵与基督诞生有关的神圣墙面，墙体呈现出天然的红色但其上有很多白色的斑点。15世纪的朝圣者们普遍认为白色斑点是圣母在给婴儿期的耶稣喂乳时，随手将耶稣嘴角流出的乳汁擦去后无意泼在墙面上形成的。直到今天，无数的朝圣者会刮掉墙面上这种白色物质并把得到的粉末带走，他们把这种乳粉当作良药和祝福并认为它是珍贵和奇迹般的遗物。安杰利科在墙面上泼洒的斑点是一种纯粹的物质颜料，这与洞穴之内的物质材料极其类似。而现代艺术批评家却求证出墙上的白色物质是石灰石，而且它不是定量的，为了回应教徒虔诚的需要定期向墙面上进行重复投射。虽然批评家的求证意在对这神奇的白色斑

---

① Pseudo-Dionysius, *The Celestial Hierarchy, in Pseudo Dionysius: The Complete Works*, trans. Colm Luibhéid and Paul Rorem, New York: Paulist Press, 1987, pp. 143–192.

② Georges Didi-Huberman, *Fra Angelico: Dissemblance and Figuration*, trans. Jane Marie Todd, p. 55.

③ 伯利恒是位于巴勒斯坦中部的城市，传为基督降生的地方，对基督徒们来说意义非凡。伯利恒有很多有关基督教的圣地，如伯利恒星洞、耶稣逃亡埃及曾落脚的乳洞、圣凯瑟琳教堂、十字军庭院、无辜婴儿墓穴和首先拥抱耶稣的牧羊人的田野等。

点进行祛魅，但安杰利科壁画中的颜料"pan"的痕迹却拥有无限的神性灵韵。安杰利科作为虔诚的基督徒，在修道院的墙面上泼洒颜料，他通过"非似"的手法赋予基督形象的可预见性，这不仅模仿了基督可想象的一面，而且模仿了基督超越历史叙述得以存在的方式。这便是安杰利科在圣马可白色走廊中绘制这"不确定性"的目的：不满足以"具象"的形象呈现基督在阴影中的清晰度，而势必作为一个非似和神秘的不透明性。由此可见，在安杰利科的作品中"pan"的物质性是对神的物质呈现，此时上帝是被呈现（presented），而非是被具体形象所代表（represented）。至此，物质从传统绘画中的从属地位中解脱出来，颜料摆脱了去建构描述和说明对象的束缚，绘画也超越了相似性模仿的范畴。正如，迪迪-于贝尔曼所提醒的，人文主义艺术史所推崇的具象表现的模仿相似性的主题是需要被批判的，理论上预先确立的概念应用于图像是一种误导，是无法解释图像中所出现的物质性。迪迪-于贝尔曼借由对弗拉·安杰利科有关"道成肉身"作品的思考，就是想要撕裂图像模仿范畴，让图像中的物质、症状全部呈现。

结　语

乔治·迪迪-于贝尔曼援引弗洛伊德的症状概念作为批判表象的理论武器，通过强调症状"多元决定"的特征去质疑艺术史这门学科中经常占统治地位的确定性语气。此外，通过对图像特殊物质性地位"pan"的思考，将物质性从图像的理念形式中解脱出来，推进了症状图像不再是能指与所指——对应的关系。其次，也改变了观者对图像再现的理解，它们不再是纯粹的模仿和相似性的象征解码，而是一种物质上的不透明。最后，借由弗拉·安杰利科作品中"pan"再一次提醒传统艺术史家的观看方式存在着的局限性，因为图像的物质性是传统艺术史家无法解读的"非知"，而他们只会主动抹去图像症状留下的痕迹，用可见的可解读的认识论范畴去迎合视觉。总的来说，通过对迪迪-于贝尔曼图像理论中"pan"和"症状"的思考，它们给予的启发式和批判性价值让我们认识到，摆脱束缚我们视觉经验的知识和范畴是当务之急，不要试图将图像还原为既定的知识，而是应该接受图像的症状，因为它作为"非知"起到干扰图像概念性话语的作用，会释放出图像复杂的多意性。在迪迪-于贝尔曼随后的著作中，症状的批判价值开始启发我们思考图像的时间性问题，艺术史和图像的历史并非是线性的，而是不合时宜的承载者。

The Special Materiality of Images: Reflections on "pan" and "Symptom" in Georges Didi-Huberman's Theory of Images

Jiang Xueyang

Abstract: The French art historian Georges Didi-Huberman discovered the existence of a special kind of materiality, "pan", in images, thereby questioning the deterministic tone that exists in the discipline of art history. Borrowing Freud's notion of "symptom" as a kind of non-knowledge with disturbing power, he first criticises the paradigms and conventions inherent in the study of images. On this basis, he traces the literary and psychoanalytic background of the pan, contrasts it with the notion of pictorial detail, and points to its material status as a symptom of the image. Finally, by analysing the visual depictions of medieval painter Fra Angelico's paintings on the theme of the Incarnation, he seeks out the "dissemblance" attributes of "pan" and reveals the material representation in the images. Ultimately, the material is freed from its subordinate position in traditional painting, the pigment is freed from the constraints of describing and illustrating the object, and the painting transcends the realm of imitation of resemblance.

Key words: Didi-Huberman, Symptom, Pan, Fra Angelico

"时间空间化"：哈维时空压缩论与中国古典诗歌中的空间美学观照

佘诗媛*

摘　要：大卫·哈维的"时空压缩论"和中国古典诗歌都体现了对"时间空间化"的空间美学观照。从这一维度入手，可探析个中关联。哈维将"时间空间化"视作资本主义扩张带来的加速跨越多层空间障碍，乃至"通过时间消灭空间"的创造性破坏，本质上是一种废止，背后是无限制扩张、征服和主宰的欲望。这一理论拓展丰富了马克思主义美学的内涵；"时间空间化"在中国古典诗歌中则表现为用以跨越层层空间阻隔、遨游无穷空间的"瞬间化"时间以及诗画一体，对实现对象的"同时性"呈现。其以小农经济为基础反映封建社会生产生活方式，借由想象空间，绸缪往复，抚爱万物，强调顺应和亲近，在物我交融中追求天人合一，确立以审美为内涵的人生最高精神境界。探究二者差异的同时应把握人类心理和文学活动的共通性，即出于恐惧心理而对无限空间的共同求索。

关键词：时间空间化　大卫·哈维　时空压缩论　中国古典诗歌　经济基础

时空毫无疑问是人类不懈求索的终极话题。然而，长期以来，中西学界存在重时间轻空间的倾向，或单论时间，或只让空间沦为附加因素，将二者不分轩轾的等同或泛泛而谈，导致所谓"空间时间化""时间统领空间"等结论的最终走向仍化归时间性。在中国，这一趋势可追溯至五四新文化运动时期"学界

---

* 作者简介：佘诗媛，上海大学外国语学院在读硕士，主要研究方向为维多利亚文学与中西诗学。

对古典诗歌传统的清理"①。正是在这个对中国古代诗学研究的第一阶段，某些颇受西方哲思影响的文论家和美学家如王国维、宗白华、朱光潜等，承上启下，有意无意间将"时空"划为中国古代诗学的议题范畴，重新发掘古典诗歌的时空之美。但不论是王的"意境说"还是宗的"节奏说"，都存在重时间美的趋向。前者口中的意境是"获得这个终极性高远空间的再创造的过程的时间绵延的生命存在之美，即时间美"②；后者更直言"时间的节奏率领着空间方位以构成我们的宇宙。所以我们的空间感觉随着我们的时间感觉节奏化了、音乐化了"③。推而广之，我国古典诗歌艺术终归是时间性的艺术，诗歌之美大致要归结于时间之美。这种看法对我国学界影响深远。目前大部分文学理论都将诗歌及其他文学艺术视为语言艺术，语言具有线性的时间属性，故而诗歌等也是具有时间性的艺术，"几乎成了一种习而不察的认识了"④。这样的研究虽看似新鲜，但却在过于强调中国古典诗歌"时间性"这一艺术特征的过程中，忽略了对其"空间性"的描述，而且与西方基本自《拉奥孔》以来对诗是时间性艺术的传统理解并无二致，是轻视甚至忽视"时间空间化"的结果。

至于何为"时间空间化"呢？目前尚未有比较清晰明确的界定。简单来说指的是"用空间或带有空间性的事物或形象意象来理解时间或时间性的事物，从而使本来是时间或时间性的事物带有空间或空间性的色彩"⑤。该理念的提出与西方学界自20世纪60年代以来的"空间转向"密不可分。空间从时间演绎的容器上升到人类的基本生存方式，背后是一批新锐批评家、理论家的涌现。其中，大卫·哈维（David Harvey，1935—　　）便是当今空间理论的领军人物。他创造性地提出了"历史—地理唯物主义"的理论框架，着眼于后现代语境下资本主义在生产、流通、消费等方面的变迁，重点探察西方现代主义和后现代主义在文艺等审美体验中的特性。哈维剖析巴尔扎克（Honoré de Balzac，1799—1850）、福楼拜（Gustave Flaubert，1821—1880）等人的文学作品，聚焦"时间空间化"现象，由此形成的"时空压缩"（time-space compression）理论与

---

① 蒋寅：《中国诗学的思路与实践》，广西师范大学出版社2001年版，导论，第1页。
② 马正平：《生命的空间——〈人间词话〉的当代解读》，中国社会科学出版社2000年版，第349页。
③ 宗白华：《美学散步（彩图本）》，上海人民出版社2015年版，第122页。
④ 邓伟龙：《中国古代诗学的空间问题研究》，华东师范大学2009年博士学位论文，第9页。
⑤ 邓伟龙：《中国古代诗学的空间问题研究》，第9页。

中国古典诗歌的空间美学特质在某些方面有一定关联，体现在对空间压缩和扩张（Compression-Extension）的展现。近三十年来，国内虽有学者（如陈振濂、李元洛、赵奎英等）逐渐开始重视空间性和时间空间化，但这方面的研究仍稍显不足，有待深入。因此，笔者尝试从空间美学的维度，择取哈维的"时空压缩论"和中国古典诗歌，强调不同社会发展阶段的生产方式所构成的经济基础，对彼此间的这种关联进行深切观照，以期平等开展建设性对话，在区别之下了解到更多中西方诗学的共性。

一、时空压缩论中的"时间空间化"

哈维对"时空压缩"理论的阐释散见于他的两部著作《后现代的状况》（*The Condition of Postmodernity: An Enquiry into the Origins of Cultural Change*，1990，以下简称《后》）和《巴黎，现代性之都》（*Paris, The Capital of Modernity*，2003，以下简称《巴》）。

首先，哈维受到爱因斯坦相对论的启发，指明空间概念在爱因斯坦那里发生了重大变化，即以时空一体来取代时间与空间的个别概念，觅取度量光速运动现象的可能出现了。这就表示，将空间概念看作"多维"概念是现实可行的。对于哈维以文化多元化视角阐释地理学意义上的空间概念，这不仅仅是序曲和前奏，更提供了一个基本的阐释框架。其次，哈维不同意时间优先的论调，并将空间上升为一种美学范畴。他在《后》中批评了多种社会理论，这些理论发源于卡尔·马克思（Karl Marx）、马克斯·韦伯（Max Weber）、亚当·斯密（Adam Smith）和马歇尔·麦克卢汉（Marshall McLuhan）等思想家，大都赋予了时间以优先于空间的特权。[①] 哈维认为这不利于理解当下社会的种种问题。在如今这个以时间碎片化为显著特征的后现代社会中，如何跳脱出时间优先于空间的片面时空观，正确看待时空间的关系就成了当务之急，成了理解现代与后现代流变转折和不同特征的关键。也只有在这个基础上，人们才能更好地处理后现代社会中诸如人的异化、疏离、破碎等一系列弊病。哈维给出的办法

---

① 大卫·哈维著，阎嘉译：《后现代的状况——对文化变迁之缘起的探究》，商务印书馆2003年版，第256页。

是将空间上升到美学的范畴中去。因为美学理论深刻地关注着"时间空间化"（the spatialization of time）①的问题，这才是在找寻根本原则，方能在风起潮涌、流离转徙中传递关于（后）现代社会的真相和原理。接着，哈维列举了一些他认为最能突出"时间空间化"美学的现象：建筑家借由建构空间传播价值，雕塑家凭借立体空间隐含理念，画家借助平面空间引申无限遐想。由此，哈维循序渐进到他尤为喜爱和关注的文学领域。文学家笔下的"时间空间化"表征在他看来也不遑多让。诗人笔下的文字在经验洪流中抽象取义，借由"印刷术的发明把词语嵌入了'空间'之中"，而书写便是"一系列像一群群虫子一样穿过一页一页白纸而在整齐的线条中行进的细小记号"——因而是一种明确的空间化。②哈维随后也充分运用同样的概念来研读（后）现代主义的文艺作品，进一步将之定义为具有"时空压缩"性质的审美特征。至此，哈维择取了"一个考察美学和艺术问题的特殊角度"③，重要立足点就是"使时间空间化"的压缩方式。

哈维认为，"时空压缩"可以用来准确总结并阐释世界内在地朝着人类崩溃的错觉：

> 这个词语（时空压缩）指的是空间和时间的客观属性发生革命性变化的过程，这一过程如此之快，以至于我们不得不（有时是相当彻底地）转变自己表现世界的方式。我之所以使用"压缩"一词，是因为资本主义的历史有力证明了这样一个事实：概括地说，资本主义的特点是生活节奏加快，层层空间障碍被无情克服，以至于有时世界仿佛在冲我们坍塌下来。④

紧接着，书中插图生动形象地展现了"时空压缩"的形成过程。图一是随着交通工具的更迭，人类在相同时间内可跨越的空间不断增加，导致世界地图似乎在随之不断缩小。图二是 1987 年阿尔卡特公司的一张海报。画面中，人

---

① 中文出处同上，英文出处见 David Harvey, *The Condition of Postmodernity: An Enquiry into the Origins of Cultural Change*, Cambridge, Massachusetts: Blackwell, 1990, p. 205。

② 大卫·哈维著，阎嘉译：《后现代的状况——对文化变迁之缘起的探究》，第 257 页。

③ 阎嘉：《时空压缩与审美体验》，《文艺争鸣》2011 年第 15 期。

④ David Harvey, *The Condition of Postmodernity: An Enquiry into the Origins of Cultural Change*, p. 240.

类赖以生存的地球日削月朘：电信网罗下，它已化为小小的"地球村"，而就生态和经济的依存程度来说，它也仅仅是个"飞船球"。这就形象生动地说明了空间压缩与人类生产生活的紧密联系。进入工业革命以后，西方在贸易、金融、城建等各方面发生了种种巨变，资本积累加快步伐，尤其是在全球化的时代进程下资本加剧流动，空间壁垒被不断打破，在此过程中时间的缩短带来空间的压缩，可称之为"时间空间化"。

　　哈维认为，这种加剧"压缩"会导致人们在时空表达和美学抒发上面临各样新型挑战，遭遇前所未有的焦虑，从而带来一系列文艺、社会和政治上的回应。这部分内容他主要在《巴》中通过剖析巴尔扎克和福楼拜的文学作品予以揭示。哈维指出巴尔扎克在《人间喜剧》系列著作中表现出了对"时空压缩"甚至"时空废止"的强烈关注，并指出这与19世纪30年代和40年代铁路的出现有很大关联："资产阶级不断地想降低并去除时空藩篱，这种革命的欲望此时有了世俗的表现方式。"①而巴尔扎克精心描述了这一世俗面向——他们必须"吃光时间、榨光时间"—— 并在作品中表明压缩时空的驱动力无所不在，"人们拥有过多的能力废止只与自己有关的空间，完全将自己孤立于自己居住的环境之外，并且借由近乎无限的火车头动力来穿越遥远的有形的自然距离。我在这里并且有能力到别处！我依赖的不是时间，不是空间，不是距离。世界是我的仆人"。②尽管巴尔扎克尚处于现代主义艺术运动诞生前的时代，但仍然收获了哈维的高度评价，这正是由于巴对时空问题的瞩望及其所展现的敏锐审美直觉。此外，哈维还对比了其与福楼拜的文学创作，认为后者是在"用一把分析式的解剖刀逐字逐句地仔细解剖各种事物"③，城市在其笔下化身为"静态的艺术作品"，由此创生了一种实证主义的美学。然而，巴尔扎克在作品中所传达出来的社会、政治以及个人的意义在福楼拜这里就所剩无几了。可见，哈维虽然赞扬了文学作品恢宏描绘城市各色景观这一做法，但他真正欣赏推崇的这类作品同时可以深入挖掘时空变迁带来的集体心理和社会变革层面的影响。

---

① 大卫·哈维著，黄煜文译：《巴黎城记——现代性之都的诞生》，广西师范大学出版社2010年版，第58页。

② 大卫·哈维著，黄煜文译：《巴黎城记——现代性之都的诞生》，第59页。

③ 阎嘉：《时空压缩与审美体验》，《文艺争鸣》2011年第15期。

二、中国古典诗歌中的"时间空间化"

"时间空间化"也体现在中国古典诗歌之中。谈及中国古代时空观这方面的问题，很多学者倾向于"重时轻空"，但近年来学界对这一说法屡出新议。例如，赵奎英曾指明，中国古代非但不曾轻视空间，还透露出空间方位情结。她从方位隐喻思维、空间化象形字、阴阳五行四时配四方的结构模式出发，论证空间化时间在空间方位上铺展开来，成为意象化的、可逆的、趋于凝缩的封闭圆环，具有非线性发展的同时性结构，隐含着诗性本源。赵一路追溯到商代甲骨卜辞，卜辞被破译后显示，"四时是蕴含在四方之中的，古人是通过空间方位观念隐喻性地理解时间，隐含了时间空间化的根源"[①]。时间的空间化对中国古代的语言文字、思维方式等产生了直接影响，同时令传统艺术在形式结构上呈现为"同时性"整体，在内在精神上追求天人合一的虚空境界，生成了古典诗歌中深邃的空间美学。

首先，古典诗歌在视觉上浓缩了每一个叙述名词本身，这种浓缩并不以正面的加厚意象内涵为立足点，而是以负面的削弱其他名词的旁侧干扰为准绳。换言之，是以孤立来达到突出和深厚。正如陈振濂所言，"视觉的诗最符合空间的表象特征，足以与绘画、雕塑等真正的视觉艺术携手联欢"[②]，因为这种诗形式上更为浓缩简练，而且汉字的存在本来就是"符号空间的可视存在"，空间诗学因此"在汉字为媒介的文化区域中得天独厚"。[③]诗歌的创作过程更是一种"浓缩"（concentration），是"一连串伟大的经验"，更是一种"瞬间呈示的视觉整体"。[④]这种以浓缩的形式作"瞬间"的呈现便与前文哈维理论中压缩去往某空间的时间有异曲同工之妙。"观古今于须臾，抚沧海于一瞬"——以魏晋陆机吟咏的这一著名诗句为代表，我们可以看到眼前呈现的是空间化了的时间，时间已被无限缩短，用以展现跨越层层空间阻隔，遨游大千世界的喜

---

① 参见赵奎英：《诗·言·思——试论中国古代哲学言语与思维的诗化》，《山东师大学报（社会科学版）》2000年第3期。
② 陈振濂：《空间诗学导论》，上海文艺出版社1989年版，第23页。
③ 陈振濂：《空间诗学导论》，第91—92页。
④ 陈振濂：《空间诗学导论》，第19页。

悦。诗人的眼睛不是按线性时间顺序左右观之，而是在空间中飘瞥上下四方，一目千里，"乾坤万里眼，时序百年心"（杜甫），"诗云鸢飞戾天，鱼跃于渊，言其上下察也"（《中庸》），"俯仰自得，游心太玄"（嵇康）以时间化的空间领悟宇宙，达到了"俯仰终宇宙，不乐复何如"（陶渊明）的境界。类似例证不胜枚举。王羲之"仰观宇宙之大，俯察品类之盛，所以游目骋怀，足以极视听之娱，信可乐也"；苏轼"纵一苇之所如，凌万顷之茫然"；左太冲吟"振衣千仞冈，濯足万里流"……诗人们忘却时间，畅游大千世界。"鹏之徙于南冥也，水击三千里，抟扶摇而上者九万里，去以六月息者也"（庄子），"大鹏一日同风起，扶摇直上九万里"（李白），《逍遥游》中的鹏鸟更表达了古人这种不知时间为何物，畅游宇宙的自如。

其次，古典诗歌倾向于表现对象的"同时性"。"诗中有画，画中有诗"，是苏东坡对王维诗画双绝的有力评价，可见古代诗人对诗中如画空间的追求。在西方秉承莱辛等人的传统努力证明诗画歧途的同时，中国古代诗人却热衷于与绘画"攀亲家"。无怪乎陈振濂直言"中国诗之所以没有走上单纯的说理或单纯的叙事道路，至少部分地也要归功于绘画的良好影响"[1]。中国诗的成功很大程度上在于诗人的情通常不作直接的一览无余的抒泄，而总是通过一定的"景"，即视觉形象所构成的意象来委婉含蓄地表达出来。不同于西方画家惯于使用"焦点透视"法则，即将视角固定在一个位置上，物体在同一画面上正确体现近大远小的关系，中国画的画家不固定在一处，而是按需移动立足点进行观察，称为"散点透视"或"移动视点"。透视方法不同导致传统中西画派的空间感大相径庭，西方绘画尤其是古典派更像是在照相，只能摄入镜头所包含的人或物，画布上的空间是受限的，是在时间中沿直线展开的；而中国画不受视域的限制，"横看成岭侧成峰"，凡是符合表意需要的意象，各个立足点上的物像均可组织入画，有时甚至糅合了画家自己的想象，彻底挣脱了现实的束缚，画布上呈现出打破了线性时间限制的令人遐想的无限空间。古代诗人正是借鉴了中国画的这种透视法，不论远近相对、真实假想，使那表意的种种凝练意象排列组合，"同时"呈现在一篇诗文中，"其间折高折远，自有妙理"[2]，以

---

① 陈振濂：《空间诗学导论》，第 23 页。
② 宗白华：《美学散步（彩图本）》，第 110 页。

大观小，似乎是把全部景致组织成了一幅气韵生动的"近景"画。在古典诗歌的"画布"上，时间似乎是凝滞的，又似乎是瞬息万变的，脱离了一味向前做线性运动的时间，随俯仰无边的空间灵活流转，实现了对空间整体的"同时性"统观。诗歌中的"每一个词语都能成为电影中的'特写'，一组事物可以同时被'置于前景'，从而消解了语言的线性限制"[1]，达到了诗画交融的境地。"窗含西岭千秋雪，门泊东吴万里船"（杜甫），"画栋朝飞南浦云，珠帘暮卷西山雨"（王勃），"窗影摇群动，墙阴载一峰"（岑参），"江上晴楼翠霭开，满帘春水满窗山"（李群玉），"云生梁栋间，风出窗户里"（郭璞），"一水护田将绿绕，两山排闼送青来"（王安石），"云随一磬出林杪，窗放群山到榻前"（谭嗣同）……举目所及，是压缩的空间，而非直线向前的时间。诗外时间虽在流淌，但在诗中，时间已不起任何作用，在同时性中被空间化了，乃至达到了空间化的永恒。

总之，中国古典诗歌一方面在形式上以具有天然空间性的汉字为表征，以浓缩凝练的意象为准绳，通过"观古今于须臾，抚沧海于一瞬"的"瞬间"呈现使时间空间化，时间被无限缩短，用以展现跨越层层空间阻隔，遨游无穷空间的喜悦。另一方面，诗人网罗天地于门户，诗画一体，运用"散点透视"法则，随表意需要自由移动视点，不论远近、向背、真假，凝练种种意象"同时"压缩似的描绘在一篇诗文中，如近景画般达到了对表现对象的"同时性"呈现。

三、"时间空间化"背后的异与同

如此看来，"时间空间化"可作为哈维时空压缩论和中国古典诗歌中所强调的空间美学的共性视之。二者均展现了一种压缩时间从而跨越空间的"时间空间化"，点出不知时间为何物，同时联结世界、畅游天地的空间之美。

其中，我们可以捕捉到一个共通点：对无限空间的追求。斯宾格勒（Oswald Spengler）曾在《西方的没落》（*Decline of the West*，1926—1928）里指出每种文化都会依托"主要符号"（prime symbol）来展现文化内核，在近代欧洲文化这种符号便是"无限的空间"（infinite space）[2]，像浮士德那种孜孜以求、

---

[1] 赵奎英：《中国古代时间意识的空间化及其对艺术的影响》，《文史哲》2000 年第 4 期。

[2] Oswald Spengler, *Decline of the West*, trans. Charles Francis Atkinson, New York: Random Shack Publishing, 2016, p. 96.

不知餍足的状态就是西方文化最好的象征。哈维也指出，文艺复兴以来，这种对无限空间的求索大大加速了资本主义的发展，无限空间的概念"使人至少可以在理论上无须挑战神的无穷智慧而把地球当作一个有限的整体来把握"[①]。而在中国古典诗歌中，对无尽空间的追求比比皆是，正如上文所提有俯仰天地的气概。"地形连海尽，天影落江虚"（李白），有限地形紧连无垠大海，是将有尽融于无尽之中；老子云"大象无形"，诗人正是"由纷纭万象的摹写以证悟……用太空、太虚、无、混茫，来暗示或象征这形而上的道，这永恒创化着的原理"[②]。"无"绝非泯灭主体的虚无，而要让其在相应的时空中，像俯拾地芥一般地遁入空灵。"无"实际上暗指无限，主体进入如此这般无边无际的时空之中，方会萌发一种"大象无形，道隐无名"的境界。

　　而这背后，皆源于一种对空间的恐惧。现代发展心理学的相关研究表明，相较于时间意识，空间意识在儿童心理中萌芽要早得多，而前者往往还要依赖于社会训练。原始人类群体心理相类于此。古典哲学到生命哲学也一以概之地推断过人类的死亡恐惧很大程度上源于时间意识。"生年不满百，长怀千岁忧"，这份恐惧更是任何文学文化活动的原始动力，促使人类进行各类审美实践赋予短暂生命以全新意义。孔建平等学者就此指出，比时间意识提前不少的空间意识又何尝不是出于一种恐惧心理？进而，空间恐惧成为中西方文艺的不竭之源——神话的原创动机之一。"原始人的恐惧归根到底就是对未知空间的恐惧。各路神祇的主要作用就是填塞这令人畏惧的空间。"[③]古希腊众神各司其职，在宙斯的带领下镇守着吉凶未卜、险象环生的外在空间。《山海经》中"精卫衔木石，将以填沧海"、"斩鳌翼初皇，炼石补天维"、鲧禹父子"窃息壤以堙洪水"等叙事中各路人神形象化的动作同样反映了先民们的造神动机：用叙述的具体所指来纾解空间恐惧。对未知空间的恐惧切实源自对死亡的恐惧，是"生命得以存活，得以延续的心理机制"[④]，促使人类开展各色文艺实践，无论中西。

　　然而，需要指出的是，哈维提出"时空压缩"理论的宗旨之一是为了更好

---

① 大卫·哈维著，阎嘉译：《后现代的状况——对文化变迁之缘起的探究》，第308页。
② 宗白华：《美学散步（彩图本）》，第133页。
③ 高小康：《人与故事》，东方出版社1993年版，第64页。
④ 孔建平：《空间意识与中西早期文学叙述样式》，《东方丛刊》2002年第2期。

解释现代主义向后现代主义转变的关键节点问题，指向的是资本主义生产力和生产方式的历史变革。在此语境下的"时间空间化"的关键在于"通过时间消灭空间"（annihilation of space through time）[1]，他强调的是资本主义通过制造和破坏空间来压缩所需时间，从而减少空间障碍。这一过程的激励因素所在皆是"为了排除空间障碍而做出的创新，在资本主义的历史中都是极有意义的，它把这种历史变成了一件非常地理化的事情——铁路和电报、汽车、无线电和电话、喷气式飞机和电视，以及近年远程通信的革命，都是这方面的例子"[2]。其矛盾在于只有加倍制造诸如通讯、交通、物流网络等在内的种种特殊空间才能克服资本主义行进中的阻碍。由此可见，哈维时空压缩论中的"时间空间化"揭露了资本主义现代化进程中主动剥削破坏自然的扩张性，无怪乎是一种"废止时空的理想"[3]，其对"无限空间"的追求漫溢征服时空和主宰世界的浮士德式进取心和取代性欲望："数学原理也可以被用于在平面上表达地球的全部问题。结果，看来空间虽然是无限的，但对人类居住和行动的目的来说，却似乎是可以征服的和可以控制的。"[4]哈维直言，巴尔扎克在哪里才能找到无限？他其实是在逃到外部世界还是想象空间"这两种可能之间摆荡着"[5]。资本家与资产阶级更是在"征服时空和主宰世界（大地之母）"中建构着他们"所谓的崇高"，透露出"资产阶级现代性神话"。对巴尔扎克来说，未来的时间和过去的时间瓦解到现在的时间当中，而这也是希望、记忆和欲望汇合的时刻，这是个人的启示与社会革命的巅峰时刻，是巴尔扎克喜爱和畏惧的崇高时刻。[6]

　　而在中国古典诗歌中，对空间的恐惧借"想象空间"纾解了。诗人对"无限空间"的追求化为了"天人合一"的物我交融，强调的不是征服和主宰，而是顺应和亲近。无论是"仰观宇宙之大"进而"游目骋怀"还是"扶摇直上九万里"，无论是"窗含西岭"还是"珠帘卷山雨"，都是在想象中将自我投射于广袤

① 大卫·哈维著，阎嘉译：《后现代的状况——对文化变迁之缘起的探究》，第308页。英文出处参见 David Harvey, *The Condition of Postmodernity: An Enquiry into the Origins of Cultural Change*, p. 205.
② 宗白华：《美学散步（彩图本）》，第290页。
③ 大卫·哈维著，黄煜文译：《巴黎城记——现代性之都的诞生》，第59页。
④ 大卫·哈维著，黄煜文译：《巴黎城记——现代性之都的诞生》，第308页。
⑤ 参见大卫·哈维著，黄煜文译：《巴黎城记——现代性之都的诞生》，第48—56页。
⑥ 参见大卫·哈维著，黄煜文译：《巴黎城记——现代性之都的诞生》，第59页。

空间之中畅游嬉戏，而非破坏空间，何谈废止。这就使得中国古典诗歌和哈维文论在"时间空间化"这个维度上呈现了显著区别，其根源同样要到古典诗歌诞生发展的经济基础中去探究。从生产关系和统治阶级的剥削方式上来看，西周到鸦片战争之前，中国古代社会长期停滞在自然经济占主导地位的农业经济体制，这段历史间的古典诗歌可以看作一个整体，是适应封建生产关系而产生的意识形态。中国诗人受到小农经济的深刻影响，创作出的古典诗歌由此呈现出独特的人文特征。

一方面，"日出而作，日入而息"的农耕经济客观上限制了人们的出行需求和速度，导致空间流通速率和范围较之近现代社会大幅缩水，这就使得诗人往往借助想象延伸自己的空间乃至无限，侧重表达主观意志的审美。在具体创作中体现为古典诗歌的时空处理，往往是以"不涉理路，不落言筌""不着一字，尽得风流"为指向，追求"羚羊挂角，无迹可求"、言有意而意无穷的主观心理时空境界，给人以无限、无穷的艺术联想和想象。① 人心（主体）和自然（客体）在能动和主动性的作用下浑然一体，"神与物游"（刘勰），相互交融，"遵四时以叹逝，瞻万物而思纷。悲落叶于劲秋，喜柔条于芳春。心懔懔以怀霜，志眇眇而临云"（陆机）。在这过程中便赋予了客体生命的气息乃至情怀（这与哈维指出的巴尔扎克将巴黎视作娼妓的占有欲是有所区别的），达到如同庄子所说的"上下与天地同流""浑然与万物同体"的境界。有了这样的境界，主体便可生成"观古今于须臾，抚四海于一瞬"的别样时空美学。依着主观的心灵律，主体意志经由古典诗歌随时空处理和情感流露而展现。由心灵律动而产生的"神思"使得在"想象空间"中，审美境界可在方寸之间囊括无垠寰宇、顾盼亿万斯年、穿梭无穷人生，自由而灵活。尤为可贵的是，"以农为本"的传统生产方式决定着人与自然的依存关系，奠定了古典诗歌最高境界——"天人合一"的意境。农耕文明取之于自然，用之于自然，它不力求征服破坏空间，而是亲近自然，顺应万物生长的客观规律，"若夫乘天地之正，而御六气之辩，以游无穷者，彼且恶乎待哉！"畅游天地还是要有所凭借的，但若顺应天地万物的本性，驾驭着六气的变化，遨游于无穷的境地，就无须凭借外部的力量乃至暴力去打

---

① 参见黄健：《"观古今于须臾，抚四海于一瞬"——论中国古典美学的时空观》，《人文杂志》2010年第6期。

通时空的制约或阻碍，不虞通过一种主体自由的方式得以实现"不知所往""不知所求"而无拘无束、逍遥物外之"心游"。这实际上是在倡导一种全新的人生审美境界：天与人合一。中国古典诗歌能够使人的想象力与形象化的宇宙进行持续生动的交流，而这可能性根本上是基于农耕经济带来的有限空间流通和密切自然依赖。

另一方面，自给自足的农耕生产生活方式也使得古人具有浓厚的乡土情结，自洽又自得其乐。表现在古典诗歌中，就是虽也追求无限，却可于无限回归有限：诗人们的"意趣不是一往不返，而是回旋往复的"[1]。"去雁数行天际没，孤云一点净中生"（韦庄）、"行到水穷处，坐看云起时"（王维）、"山重水复疑无路，柳暗花明又一村"（陆游）等等，都写出了不同于浮士德式的精神追求，转而生发出一种"此心安处是吾乡"的悠然之美。类似的美感体验可以追溯到《诗经》："十亩之间兮，桑者闲闲兮，行与子还兮。十亩之外兮，桑者泄泄兮，行与子逝兮。"在采桑这种具体的小农劳作的形式之下，呈现出的是一派清新恬淡的田园风光，是扎根于物质而又超越了物质需求的精神愉悦，几千年前的"桑者"由此吟咏出属于高级精神层次的美感体验。《礼记》有云："不能安土，不能乐天，不能乐天，不能成其身。"土地与人生价值的紧密联系可见一斑。"以农为生的人，世代定居是常态，迁移是变态。"[2] 文人士大夫在建功立业后辄思"告老还乡""解甲归田"，这种当时较为普遍的心态主要还是由农耕经济主导的生产生活方式造就的。以土地为根基的物质生活体现在诸诗人的精神生活中，古典诗歌中的山水田园也就"隐含了独特的安贫乐道、隐逸逍遥等人文因子"[3]。西晋永嘉之乱加上南方沃土已有世家把持，北方氏族大多选择迁往江南山区开庄拓土。由庄园经济搭桥，山水随着文人骚客的审美视野在文学题材中正式占据一隅并蓬勃发展，历代"采薇"之歌不绝于耳。"众鸟欣有托，吾亦爱吾庐"（陶渊明）——诗人从无垠世界复归万物，复归自我，复归到自己的"宇"中去，转而又由此想象无限，以小观大："枕上见千里，窗中窥万室"（王维）、"我是青都山水郎，天教懒慢带疏狂"（朱敦儒）。如此循环往复，不知疲倦，不向无限空间做无限制的追求，于无穷处抚爱万物，表达着本体，方不致

---

① 宗白华：《美学散步（彩图本）》，第 130 页。
② 费孝通：《乡土中国》，北京大学出版社 1998 年版，第 7 页。
③ 曹威伟：《简论农业经济对中国古典诗歌主题的影响》，《船山学刊》2008 年第 1 期。

走向一片虚无。

"时间空间化"在哈维那里是资本主义以时间上的加速克服了空间上的障碍，导致耗费在跨越空间上的时间锐减，乃至人们深感现存就是全部的存在。这一理论丰富了马克思主义美学的内涵，从地理唯物主义的角度出发，拓宽了对现代主义和后现代主义的研究；"时间空间化"在中国古典诗歌中表现为"瞬间化"的时间，用以展现跨越层层空间阻隔，遨游无穷空间的喜悦，以及诗画一体以实现对象的"同时性"呈现。前者揭示资本主义"通过时间消灭空间"的废止本质，背后是无限制扩张、征服和主宰的欲望；后者是小农经济基础下社会生活的反映，借由想象，人在物我交融间求索与天地往来的精神，强调顺应和亲近，绸缪往复，盘桓周旋，抚爱万物，确立以审美为内涵的至高境界。"中西二学，盛则俱盛，衰则俱衰，风气既开，互相推助。"① 我们在捕捉不同的同时，也应看到背后出于恐惧心理而对无限空间的共同求索，以及由此达到的超脱体验，把握人类心理和文学活动的共通性。

"The Spatialization of Time": Spatial Aesthetics in Harvey's "Time-Space Compression" Theory and Classical Chinese Poetry

She Shiyuan

Abstract: There is a view of spatial aesthetics as the "spatialization of time" embodied in David Harvey's "time-space compression" theory and classical Chinese poetry. We can explore their connection from this dimension. Harvey sees "spatialization of time" as creative destruction brought about by capitalist

---

① 王国维：《观堂别集》，上海古籍出版社 1983 年版，第 9 页。

expansion that accelerates the crossing of multiple spatial barriers, leading to the "annihilation of space through time", essentially a kind of abolition, behind which is the desire for unrestricted expansion, conquest and domination. This theoretical innovation provides an inspiring resource for the development of Marxist aesthetics. In classical Chinese poetry, "spatialization of time" is expressed as "instantaneous" time also used to cross spatial barriers and linger within infinite space, as well as the "simultaneous" presentation of objects through the combination of poem and painting. This is achieved by imagination towards space back and forth with love and care for all things, emphasizing conformity and closeness, pursuing the unity of the universe and human beings in blending things and me, and establishing the highest spiritual realm of life with aesthetic connotations. While revealing the differences between the two, the commonality between human psychology and literary activities should be grasped, furthermore, the common search for infinite space out of fear behind them.

Key words: The spatialization of time, David Harvey, Time-space compression, Classical Chinese poetry, Economic foundation

在图画与剧场之间：迈克尔·弗雷德的"姿势美学"及其批判[*]

敬 毅[**]

摘 要：安东尼·卡洛的绘画式雕塑位于现代主义还原论与极简主义物性论之间，是弗兰克·斯特拉抽象绘画在雕塑领域的功能对应物。如何承认却不突显物性，是现代主义艺术理论的核心关切，斯特拉抽象绘画通过纯粹视觉和推论结构来实现这种构想，卡洛彻底抽象的雕塑作品则诉诸句法构造和姿势效验。迈克尔·弗雷德由此将基于卡洛作品的"姿势美学"视作克服极简主义"物性美学"的现代主义范例。然而，弗雷德不仅阉割了布莱希特的"姿势戏剧"，也误用了梅洛-庞蒂的"姿势现象学"。为此，贝克特的前卫戏剧与罗丹的破损雕塑或可例证一种前卫主义版本的"姿势美学"，追求用介入取代自律，用"另类准则"取代形式趣味，用绵延取代瞬间，用行动取代作品，以此来超越现代主义。

关键词：迈克尔·弗雷德　现代主义艺术　物性美学　姿势现象学　姿势美学

引 言

安东尼·卡洛（Anthony Caro，也译为卡罗）的抽象雕塑在迈克尔·弗雷德对格林伯格现代主义还原论和极简主义物性论的双重批评中占据一个关键

---

　　[*] 基金项目：本文系国家社科基金项目"实践范式下的视觉文化研究"（项目编号：22BZW036）和重庆市社会科学规划项目"气氛美学的发生现象学研究"（项目编号：23NDQN55）的阶段性成果。
　　[**] 作者简介：敬毅，西华师范大学文学院讲师，主要研究方向为西方美学与视觉文化。

位置，既是抽象绘画在雕塑领域的功能对应物，也与极简主义雕塑处于同一时刻。对卡洛作品的持续评论，几乎贯穿弗雷德作为艺术批评家的整个高峰生涯（大约为 1963 年至 1967 年）。关于卡洛的系列文本特别敞显了弗雷德的批评立场与理论主张，其要点可概括为对一种"姿势美学"（The Aesthetics of Gesture）的呼吁。如果说极简主义的物性倾向和剧场化效应建构了"物性美学"的基本范式，那么在现代主义否定极简主义的批评站位中，这种"姿势美学"是否构成对"物性美学"的否定？概括来讲，弗雷德从卡洛"彻底抽象"的作品中发展出一种遵从句法构造、突出姿势效验的"姿势美学"，成为克服极简主义实在性与剧场性及其"物性美学"的现代主义范例，从而确立起现代主义"姿势美学"与极简主义"物性美学"的对抗。不过，弗雷德的论证存在着对布莱希特"姿势戏剧"和梅洛-庞蒂"姿势现象学"的误用。本文力图超越这种人为对立，以贝克特的前卫戏剧与罗丹的破损雕塑为例，重新勘定一种前卫主义版本的"姿势美学"。

一、卡洛的绘画式雕塑：在还原论与物性论之间

为了确认卡洛绘画式雕塑和弗雷德批评的关键，必须将其放置回历史现场中进行定位。当时，现代主义还原论和极简主义物性论之间已然剑拔弩张，这正是卡洛雕塑的"姿势美学"应运而生的时代背景与理论氛围。一方面，格林伯格将作为现代主义之本质的"自我批判"引入艺术领域，表明现代主义艺术必须通过一种自我证明来确立自身无可替代和不可还原的自主价值，艺术作品应当专注于自身的媒介属性，放弃任何媒介混杂、种类间性、跨学科或跨媒介的可能，以便在其纯粹性中寻获质量标准以及独立自主的保证。[1] 形式主义理论主张拒斥绘画中的文学性、叙事性和表现性内容，只关注绘画中诸多形式要素（线条、色彩、平面）的组织安排。经此"还原论"（reductionism）方法，格林伯格将绘画艺术不可还原的本质确定为平面性。于是，作为空洞的扁平表面，一张空白画布几乎就已经作为一幅图画而存在，尽管可能不是一幅成功的

---

① Clement Greenberg, "Modernist Painting", in Charles Harrison & Paul Wood eds., *Art in Theory 1900–1990: An Anthology of Changing Ideas*, Oxford & Massachusetts: Blackwell Publisher Ltd, 1992, pp. 754–760.

图画。另一方面，正是转向空白画布的现代主义绘画跨越了门槛，赋予极简主义以合法性，后者反讽性地落实了格林伯格还原论，借此确立起极简主义的物性（objectness，弗雷德称之为 objecthood）论立场。极简主义是现代主义发展进程中的副产品："恰恰是就其对现代主义的理解而言，除了实在主义者，格林伯格已没有真正的信徒可言。"① 极简主义在拓展格林伯格现代主义的同时背离了格林伯格，将格林伯格对客观绘画的呼吁解读为实在物品的创造。莫里斯认为，现代艺术从描绘性图像到实在性物体的转移，是由琼斯所确立的游戏规则，背景的消除使物体得以孤立出来："之前中立的东西变成实在的东西，而之前的图像变成了物（a thing）。"② 限于绘画结构，琼斯的旗帜与靶子只能算作"半个"物体，并未将艺术的"建构之物"转变为"现实"，这一任务是由极简主义来完成的，在三维空间中争取了"物性艺术"的正式登场。其实，莫里斯本人就是"煽动性、混合媒介和一种新的顽固的、拟物的雕塑的示范者，这种雕塑似乎否认了视觉的、绘画的或图像事件的可能性，而非常明确地描绘了一种理论话语"，这种"理论话语"正是一种"物性美学"（The Aesthetics of Thingness），致力于"探索作为可见、可说与可意识的复杂交叉的物或形象"。③现代主义艺术尽管承认图画基底的物性，却仍然不过是一种用于表达的媒介，意在让观者信服所看的作品是艺术（绘画身份）而非物品（客体身份），为此，必须悬置自身物性。极简主义则竭力突显这种物性，意在将作为形状的媒介甚至实在物品本身宣布为艺术。悖论在于，极简主义"完全实在"的物品在超越绘画的同时也终结了绘画。④

弗雷德据此提出对还原论和物性论的双重批评。一方面，还原论观念是错误的，无论是还原为某种品质（实在性），几套规范（平面性），抑或创作难题（承认绘画基底的物性）。被钉起来的空白画布并不是一幅"令人信服"的绘画，缺乏品质与趣味，有名无实。另一方面，弗雷德竭力否定极简主义突显物性（使物性实在化）、剧场性（观众的在场和对于被看的意识）与"在场"

① 迈克尔·弗雷德著，张晓剑、沈语冰译：《艺术与物性：论文与评论集》，江苏凤凰美术出版社2013年版，第47页。
② 罗伯特·莫里斯：《雕塑笔记：超越物体》，载安静主编：《白立方内外：ARTFORUM当代艺术评论50年》，生活·读书·新知三联书店2017年版，第84页。
③ W. J. T. 米切尔著，兰丽英译：《图像理论》，重庆大学出版社2021年版，第233—235页。
④ 李卉：《〈布里洛盒子〉的物导向研究》，《文艺论坛》2020年第1期。

（presence，指真实时间中对绵延体验的关注）的艺术追求，真正的现代主义作品必然要克服物性（使物性中立化）、反剧场性（假装观众不存在）并寻求"在场性"（presentness，指审美静观中的视觉经验与瞬间把握）。弗雷德试图矫正这种必然迈向物性的艺术走向，其现代主义艺术理论的核心关切可以表述为：如何"承认"却不"突显"物性。极简主义只是摧毁而不是解决了这个问题。对他而言，现代主义艺术中克服物性和剧场性的制作实践，是由斯特拉和卡洛来实现的。

斯特拉对于绘画应当如何创作出图画结构与图画要素"承认"却不"突显"图画基底物性的方法论示范，使其成为弗雷德心目中现代主义绘画的范例，其关键在于"纯粹视觉"与"推论结构"（deductive structure）两个概念。在形式主义批评中，承认图画基底的物性，首先意味着承认图画基底的平面性（二维性）与图画基底的形状（比例与尺寸），由此引申出两个关键的形式问题：一是平面性划定中的视觉性问题（格林伯格）；二是所绘内容与画布边缘推论结构中的媒介形状问题（弗雷德）。现代主义艺术对触觉联想的破除导向了一种新的视觉性模式。在古典绘画和部分早期现代主义作品中，雕塑式错觉与逼真画错觉暗示了一种三维性的深度空间错觉，现代主义画家则诉诸专属于绘画艺术的"纯粹视觉"，将自身限定在视觉经验中，所产生的只是可看的错觉，一种视觉性错觉或者说光学错觉。这种模式尽管并不否定图画基底的实在性，却抵销了或者说中立化了图画表面的平面性，同时也导致对基底形状更为明确的承认，于是在20世纪60年代，绘画形式问题的重心从平面性问题转移到形状问题上来。事实上，现代主义的整个内部发展可以视作从图画表面的平面性、调校画面要素与画框边缘的立体主义到抽象绘画中的推论结构的演进谱系。弗雷德指出，斯特拉条纹画表明一种基于基底形状而非基底平面性的新画面结构模式的出现，这可追溯到纽曼的"拉链"（zips）画，画框边缘的几何结构与物理边界在图画内部得到重复，图画要素仿佛是从画布边缘中"推理"出来，借此生成绘画。然而在20世纪50年代剩余时间里，画布边缘问题被忽视，直到诺兰德选择直面这一形式问题。实际上，唯有斯特拉在面对这一问题时表现出"一种明确而又完全的自我意识"，甚至在他早期黑色画中，"条纹构成的不同直角构形导致了在相对不变的矩形画布里的各种变化"，在后来的铝粉画和黄铜画中，这种逻辑愈发坚定，"绘画完全由画布边缘的不同形状而生成，变化只出现于作为一个整体的诸系列的内部，而非特定形状的内部"。[1]斯特拉的作品表现出奇异的"非实体性"，以此达到视觉性的效果，图画表面的平面性是被暗示的而不是在可触的意义上被加以体验的。所绘形状依赖于实在形状，这就承认了图画基底的物性，但是这种形状又被视错觉抵消了，观者更多是在体验颜料、色彩与画布编织的属性，从而并没有突显图画基底的物性。承认却不突显，这就使绘画保持了自身的艺术身份，避免沦为极简主义实在物品，因为推论结构只有在绘画创作的语境中才是有意义的。

通过让实在性成为错觉，斯特拉处理并解决了诉诸纯粹视觉的画面错觉与基底实在特征之间的冲突，这一解决方案成为现代主义悬置物性的范例。在现代主义还原论与极简主义物性论的双重视野下，弗雷德赋予卡洛抽象雕塑可比肩斯特拉抽象绘画的艺术地位。斯特拉的绘画与卡洛的雕塑之间本身就具有意味深长的亲缘关系，例如在《本宁顿》（*Bennington*，1964）和《黄色秋千》（*Yellow Swing*，1965）中，也存在与斯特拉绘画中一样的由实在性制造的错觉。借助零散建构与异质形状组合制造不连续性的形式策略，卡洛的抽象雕塑强调了两种存在方式，也就是"物性体验"和"绘画体验"之间的分离与不可共存性。例如，在《一个清晨》（*Early One Morning*，1962）中，卡洛依照将世界压扁塞进绘画垂直性的经验，建构了作品的审美模型：通过"侧面"所观察到的家具样式，与从"正面"所得到的绘画式体验之间的不可共存性。在这种建构而成的雕塑物体中，一方面是对三维物质实体的直接体验，一方面是对绘画式构图与图像连贯性的视觉理解，表明了物性体验与绘画体验的相互脱节与不可兼容。卡洛雕塑类似一种"无形绘画"，其方式在于将材料转化为"画意"（pictorialism），将实体转化为绘画平面，将物性转化为形状。卡洛和斯特拉是弗雷德批评事业中的两个路标，分别代表了现代主义内在逻辑在雕塑领域和绘画领域中的精彩演绎，当句法构造与姿势效验被用作核心诉求时，弗雷德显然已经将一种"姿势美学"交付于现代主义，实现了从绘画（斯特拉）到雕塑（卡洛）的流畅衔接。

---

① 迈克尔·弗雷德著，张晓剑、沈语冰译：《艺术与物性：论文与评论集》，第320页。

二、句法构造与姿势效验：基于卡洛雕塑的"姿势美学"

卡洛1959年访美的经历，同现代主义艺术家（斯特拉、诺兰德、奥利茨基和大卫·史密斯等）与批评家（格林伯格和弗雷德）的交往，促使他的作品从具象的表现主义转向抽象的形式主义。不久之后，其将雕塑作为绘画来实践的作品构成了一种现代主义范例。可以说，以卡洛雕塑为主要范例的"姿势美学"是弗雷德艺术批评中的核心线索，他有时也用这种视野观照抽象绘画，借此确立了极简主义剧场化的"物性美学"与现代主义形式自律的"姿势美学"之间的对立。这种"姿势美学"的界定性特征可概括如下：

首先，抵制触觉联想并诉诸纯粹视觉的现代主义逻辑。卡洛将抽象绘画的现代主义逻辑引申至雕塑当中，通过错觉透视来实现雕塑的"绘画主义"。例如《116号》（CXVI, 1973）所引发的"对细节与表面的缓慢感知"与通常对"施于绘画表面的细致持久的注意力"之间的相似，或者在《142号》（CXLII, 1973）和《182号》（CLXXXII, 1974）中，观者对轧钢尾片的体验"涉及一种错觉式的比例感，犹如我们对架上画的联想"。[①]对卡洛而言，一件雕塑要求观众的视觉探索，却抵制任何触觉联想，以此来确证作品的独立和完整："你要用你的眼睛代替你的身体……我讨厌'我可以用手摸到它'之类的说法……放松情绪、想象自己走向但没有完全进入，这是我大多数作品的重要特征。"[②]格林伯格的影响是显而易见的，现代主义绘画和雕塑排除了传统的可触性与再现性，激起了纯粹视觉的新绘画空间与雕塑空间："我们没有被给予事物的错觉，而是被给予事物状态的错觉：也就是说，物质是无实体的、无重量的，只像一个幻象一样存在。……旨在以最小的可触性表面的支出，提供最大可能的视觉性的'工程学'壮举，从范畴上来说属于雕塑这一自由和总体（total）媒介。"[③]正如阿纳森所说，卡洛雕塑"对于作品作为物质物体存在的强调，要少于对其非

---

① 迈克尔·弗雷德著，张晓剑、沈语冰译：《艺术与物性：论文与评论集》，第236页。

② 布赖恩·麦卡维拉著，汤静编译：《影响、交流和刺激——安东尼·卡罗自述》，《世界美术》2002年第3期。

③ 克莱门特·格林伯格著，沈语冰译：《艺术与文化》，广西师范大学出版社2009年版，第181—182页。

物质化的视觉性外表的强调"，纯粹诉诸视觉经验"及其对布局单元的强调、对被聚集在一起的不同因素之间和谐平衡的强调，将它们稳当地安置于现代主义的大本营中"。①

其次，基于语言学类比的"句法构造"原则。卡洛抽象雕塑中的结构元件（工字形横梁、撑柱、圆柱体、长管、金属片、钢丝网、长三角铁等）、肉身存在的姿势显现（面孔、躯体等）与句法要素（词汇、音符、句段等）之间的"同一性"，在于元素与元素之间的排列组合，安置方式的细微调整都会引发构造状态的变化，并导致意义结构的更改。匿名的独立要素凭借相互之间的并置而单独获得形式的和表现的意义，对这种"句法构造"模式的强调促进了分离和分散，而不是各要素的聚集。值得注意的是，在现代主义绘画推论结构谱系中，画面要素的视觉性与图画基底的实在性之间的"推论"也被弗雷德比作口头语言中的"句法规则"，关注着色元素如何通过并置来产生意义，现代主义绘画于是和现代主义雕塑分享同样的语言学类比。凭借"句法构造"概念，弗雷德其实整个地建构了一种同时适用于现代主义绘画与雕塑的"姿势美学"。卡洛抽象雕塑接近由立体拼贴演变而来的构成雕塑，隶属于"拼贴—构成"的艺术谱系。通常来讲，拼贴起源于分析立体主义试图与现实重新接触的需要。毕加索后来开启了综合立体主义阶段，将拼贴真实地推进到画布之外的真实空间中，其结果即构成—雕塑（construction-sculpture）："雕刻与立体造型之间的区别已变得不相关：作品或是其中一部分可以被铸造、锻打、切割，或者干脆拼在一起；它不再是雕塑而成，而是构筑、建造、拼合、安排而成。由于这一切，雕塑媒介就获得了一种新的灵活性，我从中发现雕塑得到了比绘画更广阔的表现力的机会。"②卡洛雕塑正是将材料与现代主义技术相结合，以此来构建表意性姿势的基本要素的结果，力图将观众的注意集中到姿势本身："在卡洛的作品中，借助由一段段钢梁、铝管、钢板、铝片组合而成的形态，借助常用的涂绘色彩，姿势是被唤起的，无拘无束。"③

最后，通过抵抗实在性、物性与剧场性的经验模式，展示人类在世存在的

① H.H.阿纳森、伊丽莎白·C.曼斯菲尔德著，钱志坚译：《现代艺术史》，湖南美术出版社2020年版，第569页。

② 克莱门特·格林伯格著，沈语冰译：《艺术与文化》，第180页。

③ 迈克尔·弗雷德著，张晓剑、沈语冰译：《艺术与物性：论文与评论集》，第293页。

现象学结构。卡洛抽象雕塑的尺寸大小源于与人体比例之间的类比，放大或缩小卡洛的作品都会导致灾难。事实上，三维雕塑相比二维绘画而言所具备的更多的形式可能性在于，雕塑物理存在的那一维度符合人类借以生存、感知、经验、行动并与他者照面的现象学结构。弗雷德认为，卡洛雕塑作品无疑是反实在性的和反剧场性的，这种认识在现象学和后期维特根斯坦哲学中也有其对应："好像雕塑随着卡洛而变得致力于一种新型的认识事业：不是因为其生产性冲动变成了哲学家式的，而是因为击败各种剧场（theater）的明确新需要已经意味着，用对在世模式的原初参与来创作雕塑的抱负现在能够被实现，只要能为那种参与找到反实在的——即彻底抽象的——表达方式。"[1] 在弗雷德看来，艺术的彻底抽象并非是对身体和世界的否定，而是保存高级艺术却又不沦为剧场的唯一方法。卡洛桌面雕塑中"把手"（handles）的功能并不在于引导观者去抓取作为物质对象的实在把手，而是被邀请在想象中将其作为一个艺术实体，在其抽象性中抓取一个缺口或间隙。卡洛的雕塑作品通过模仿姿势的效验，而不是直接模仿姿势，实现了对物性与剧场的反抗。"卡洛的雕塑似乎将这样的意义本质化了——仿佛我们的言行的意义可能性本身，就足以使他的雕塑成为可能。毋须赘述，所有这一切使得卡洛的艺术成为反实在主义的、反剧场的感性的源泉。"[2] 卡洛拒绝观众站立到雕塑"之中"，而是倡导观者在雕塑"之外"诉诸视觉性的审美静观。这显然是对极简主义雕塑邀请观众身体参与的拒绝，这种参与会使一种环境论成为必需从而沦为剧场。与现代主义绘画一样，雕塑制作也应当遵从一种画意的在场性，而非剧场的绵延体验。将作品从绵延中抽离，因为作品存在着被理解和领悟的确定瞬间，到时所有关系都会变得显明，意义由此产生并传递给观者，其本质在于绘画内容在任何时候对观者都是开放且有效的，即时且完整的。

三、弗雷德"姿势美学"的理论依据及其误用

弗雷德基于卡洛雕塑的"姿势美学"主要借鉴的是梅洛-庞蒂身体现象学

---

[1]　迈克尔·弗雷德著，张晓剑、沈语冰译：《艺术与物性：论文与评论集》，第187页。
[2]　迈克尔·弗雷德著，张晓剑、沈语冰译：《艺术与物性：论文与评论集》，第171页。

中的"姿势"概念、索绪尔的"句法"概念、狄德罗的"戏剧式绘画"观念、布莱希特的"姿势戏剧"以及斯坦利·卡维尔的"媒介"思想。问题在于，弗雷德至少误用了布莱希特和梅洛-庞蒂的观点，它们其实更适用于例证极简主义的美学旨归，而非确证现代主义的形式品味。

美国式绘画中克服剧场化的创作与观看惯例并非史无前例。弗雷德后来将大致从大卫到马奈这段时期法国绘画的发展也概括为一种"去剧场化"传统。画家的首要任务是中立化"绘画是被制作出来为人观看"这一原初惯例，专注于自身行为与姿势，否定观众在场的意识。例如，狄德罗的戏剧式绘画观念要求发展出一种能在绘画中找到的新的舞台表演艺术，认为剧作家应该追求"tableaux"（木版画，舞台造型，生动场景），画面统一、保持静态、呈现自足以及能在瞬间一瞥中被理解，剧场里的观众应当被想象为是站在一幅画前，一连串的"tableaux"像在画布上变戏法似的接连不断，并呼吁建立一个全无观众的舞台空间。[①] 反观极简主义，因其作品本身的空无，对物性的展示仰赖于观者的身体参与，从而诉诸剧场性的在场体验。正是这种编排观众的情境设计、追求越界的跨媒介实践和诉诸无穷的绵延与在场的剧场模式激发了弗雷德对极简主义的批评。

问题在于，当弗雷德引用布莱希特来论证现代主义克服剧场性的时候，存在着一定程度的误用。这包括两个方面，首先，弗雷德误解了"距离"与"间离"，前者是古典审美范式静观的必然要求，诉诸移情与认同；而后者强调反对静观，主张批判性介入的表演模式。布莱希特不是战胜剧场的范例，而是诉诸剧场的典型。其次，在观众与绘画的关系问题上，弗雷德用形式主义的视觉专注否定了极简主义的身体参与，从而阉割了布莱希特的史诗戏剧，他对布莱希特的引用悖反地推进了对于极简主义观演关系的肯定。史诗戏剧也被本雅明称为"姿势戏剧"，因为演员最重要的成就在于"使姿势（Gesten）变得可以援引（zitierbar）"[②]，他必须像排字工人懂得断句那样"中断"自己的姿势，以便揭露事件与真实。姿势戏剧立足于某种政治意图，在观众与表演之间预设了一

---

① 迈克尔·弗雷德著，张晓剑译：《专注性与剧场性：狄德罗时代的绘画与观众》，江苏凤凰美术出版社 2019 年版，第 86—87 页。

② 瓦尔特·本雅明著，陈敏译：《无法扼杀的愉悦：文学与美学漫笔》，北京师范大学出版社 2016 年版，第 171 页。

种可称之为"延迟参与"的东西，禁止演员"入戏"到人物中去，其方式便是间离与陌生化，切断演员与煽情之间的传递。弗雷德对姿势戏剧的阉割，既是对其政治性（改变观众继而改变世界）的阉割，也是对其身体性（观众的身体与反思意识共同在场）的阉割。狄德罗戏剧式绘画观念与弗雷德现代主义辩证法诉诸审美静观、设置"第四堵墙"以及维护艺术本真性的绘画观念，无疑和布莱希特姿势戏剧是无法兼容的，当弗雷德试图将这种专注性绘画的古典模型延伸至现代主义绘画作品，却又试图借助布莱希特来论证其合理性时，这种援引显然是不合时宜且不恰当的。

卡维尔与弗雷德的思想互渗体现在"媒介""物性""承认"和"惯例"几个概念上，最终汇合于现代主义的基本范式当中。卡维尔仿照格林伯格指出，就像绘画媒介的物性基础是画布的平面性一样，电影媒介的物性基础是依赖于摄影机与放映机的"一系列自动的世界映射"，这种物性使得电影的本体论条件成为可能，这种条件就是电影"许可我们在隐匿自身的同时观看世界"。[①]承认却不突显物性，卡维尔也将电影交付于现代主义命运。电影观众的本体论处境是"不可见"（隐匿自身）和"可见"（观看世界）。"隐匿自身"源于隐身的需要，表明一种私生活不受打扰的愿望。弗雷德对剧场性的排斥，就是因为剧场对观众的预设取消了这种边界感，审美静观的专注状态荡然无存，观众面临被冒犯的危险。相反，当知觉主体遭遇极简艺术时，"特定的在场"物体会反过来察看观者，知觉对应物的这种折返性目光就是"凝视"，物体在视觉无意识的转换机制中变成了某种类型的"准主体"，正是观众与凝视物体之间的这种视觉辩证游戏触发了极简主义的剧场化效应。[②]特定物品折返回来的凝视消解了卡维尔"隐匿自身"的隐私保护，只有这样才能实现布莱希特所追求的震惊观众与意识改变。

弗雷德最重要的理论来源当属梅洛-庞蒂，特别是他所主张的言语与姿势的可类比性。对于梅洛-庞蒂来说，言语表达与姿势表达具备同样的方式与力量，人们无须首先想到便能支配自己的身体，就如同人们并不需要想到语法结构就能直接使用词语进行言说一样。在索绪尔看来，表达的意义只能在符号

---

① Stanley Cavell, *The World Viewed: Reflections on the Ontology of Film*, MA: Harvard University Press, 1979, p. 40.

② 肖伟胜：《极简主义物性追求的意识现象学内涵及其剧场化效应》，《文艺争鸣》2022年第5期。

结构的内部，即一种纯粹差异的系统中得到确认，意义只有嵌入词语的差异之间，才能在语言中显现。观看卡洛雕塑的观众处境，就像刚学会说话的小孩身处自顾交谈的长者当中的情形，这些对具体语词的意义尚且不明的小孩其实是在"对口头词语在相互连接时构造出来的抽象构型（abstract configurations）作出反应，对伴随语词，甚至占有语词的姿势（gestures），包括声音和身体的姿势作出反应"，他们听到的周遭语言"既是抽象的，又是示意的（gestural）"。① 姿势在前语言的经验领域中处于本源的位置。弗雷德由此认定："（在梅洛-庞蒂的论文里）语言之为差异（亦即，之为'纯粹'关系）的索绪尔观念，与一种姿势及身体化的主题之间的张力，抓住将卡洛的突破性成就进行充分理论化的困难。"②

遗憾的是，相比现代主义，极简主义更能呈现梅洛-庞蒂的"姿势现象学"思想，即人与物（包括他人）在世界中的共在，和基于表达的相互理解。弗雷德正确地发现了这一点（认为极简主义所宣扬的这种"物"在日常生活中其实就是"他人"）却错误地排除了这种艺术的意义所在。在梅洛-庞蒂看来，显现中的身体姿势是身体意向性的具体方式，也是身体主体在世界上的存在方式。作为知觉主体的人类"生活在一个经验的宇宙中，生活在相对于机体、思想和广延的实质性区分而言的中性环境中，生活在与各种存在、各种事物以及他自己的身体的直接交往中"③。我们的身体与情感反应都唤起了人们在世界上的存在与行为方式，我们同物体之间的身体关联都是经由意向性的象征姿势联结起来的。"身体的痕迹、情感的映射、观看体验的记录皆被编织到姿势标记当中，这是一个充满动感的铭文，可以作为共情和邀请的场所，如同一系列模仿描述那样。"④ 关键在于，他人的身体也是可见事物之一，他人是同样可以使用目光或视觉的身体，是能观看和能触摸的身体，是能感受自己身体的身体，在目光的相互凝视与确认中，主体发现自己与他人在同一世界之中共同存在。言语表达和姿势表达都基于主体与他人的这种相互显现，也即主体间性："动作的沟通或理解是通过我的意向和他人的动作、我的动作和在他人行为中显现的

---

① 迈克尔·弗雷德著，张晓剑、沈语冰译：《艺术与物性：论文与评论集》，第289页。
② 迈克尔·弗雷德著，张晓剑、沈语冰译：《艺术与物性：论文与评论集》，第354页。
③ 梅洛-庞蒂著，杨大春、张尧均译：《行为的结构》，商务印书馆2005年版，第279页。
④ R. Bathurst, T. Cain, "Embodied leadership: The aesthetics of gesture", *Leadership*, 2013, 9(3): 358–377.

意向的相互关系实现的。所发生的一切像是他人的意向寓于我的身体中，或我的意向寓于他人的身体中。"①正是以现象学为根基，极简主义转向对于"此时此地"的强调，致力于将概念的纯粹性与特定时空中知觉、身体的偶然性杂糅在一起，借此实现了在诸多物件之间的重新定位，探索在既定地点的身体参与及其知觉效果。②正是由于极简主义将自身展示为遭遇他者，从而更好地例证了现象学的旨归。塞拉认为，主体是"自身可视动作的集合"，就像阿伦特所谓"行动者在言行中的彰显"③一样，姿势与动作形成于公共世界，人们借此认识自己。极简主义呈现了这种与公共世界照面的认识模式与存在模式，将身体意义的原点从"内部"转移至"表面"，进而展示了身体显现的空间，以及这种显现所持续的时间。④

四、超越现代主义："姿势美学"的前卫版本

如前所述，斯特拉绘画与卡洛雕塑皆被视作克服极简主义物性和剧场性的现代主义范例，弗雷德于是确立起现代主义"姿势美学"与极简主义"物性美学"之间的对立。然而，这种对立并非不可避免，现代主义绘画本身甚至已经迈入了物性显现的阶段。⑤鉴于弗雷德对梅洛-庞蒂和布莱希特等人的部分误用，我们可以重新定位一种超越现代主义的前卫主义"姿势美学"范式。贝克特的前卫戏剧与罗丹的破损雕塑或可作为例证。例如，贝克特戏剧中的"姿势美学"意在通过角色的"错误动作"（例如沉默、静止、踟蹰或无能）来攻击语言学，将感知和意义建构问题化，展示人类经验与感知的有限性，借此来表达不可表达之物。从美学的角度讲，正是连续动作的中断、停顿、沉默与孤立以及节奏的紊乱建立起了戏剧的张力。这种姿势美学中的"视觉中性"（visually neutral）并非试图阐明任何特定的信条或真理，因为在对错误动作的呈现中显

---

① 梅洛-庞蒂著，姜志辉译：《知觉现象学》，商务印书馆 2001 年版，第 241 页。
② 张忠梅：《定位艺术的内涵、形态及其审美特征研究——虚拟艺术之后的公共艺术实践》，《西南大学学报（社会科学版）》2023 年第 4 期。
③ 汉娜·阿伦特著，王寅丽译：《人的境况》，上海人民出版社 2021 年版，第 138—142 页。
④ 敬毅：《异质时空与辩证影像：当代艺术中的慢速实践》，《天府新论》2023 年第 4 期。
⑤ 刘海明：《西方现代主义绘画的物性美学研究》，西南大学 2021 年博士学位论文。

现出来的并非知识，而是"无知"（ignorance）与"无能"（impotence）。① 戏剧舞台上这种对无能的展示，正如代词和指示词在贝克特文本中的功能："贝克特把这些代词呈现为语言，传达了语言在传达上的无能，从而揭示其内在的否定性。"②

往前追溯，罗丹雕塑制作中的"句法构造"与"姿势效验"其实也确立了一种"姿势美学"范式。如同布莱希特的"姿势援引"，将身体残片作为句法进行嫁接，用于表达，是罗丹雕塑的合成美学。罗丹将结构引入人体，也就是"那种有感觉的、有机的元素被机械的、不合作的以及不相容的元素侵入，而给人留下深刻的印象"，这种"不相称"原则导致某种"瘫痪无力的感觉"，导致"潜在能力发挥的无能状态"。③ 这种潜能无法实行的状态即是贝克特戏剧中的无能，亦即阿甘本姿势本体论中的"媒介展示"（the demonstration of mediality）④ 与"非作"（inoperativity）。此外，罗丹作品也图示了交互主体性的现象学结构。"我的自我必须在一种交界处形成，即介于我意识到的自我与我身体做出的所有动作、姿势、运动中出现的外在客体之间的交界处。"⑤ 姿势介于"内部"（形体结构）与"外部"（操作过程）之间，对身体的雕塑意识可以显现为表面的姿势，而姿势本身则表达了主体自我确立的瞬间。

确切而言，姿势是承载身体的方式，是无须借助言辞的意义传达，是独立于语言的视觉理解，是表达存在的身体行动。"姿势是一种铭文，将身体解析为符号或操作单位；因此，它们可以被视为揭示了一种共有的人体解剖结构对一种文化特有的一系列身体实践的服从。同时，姿势显然属于运动领域；它们提供的动觉感觉超出了姿势本身在该文化中可能表示或完成的意义。"⑥ 当我

---

① Palmstierna Einarsson Charlotta, *Mis-Movements: The Aesthetics of Gesture in Samuel Beckett's Drama*, Department of English, Stockholm University, 2012, pp. 24–32.

② Alex Murray, *Giorgio Agamben*, London & New York: Routledge, 2010, p. 16.

③ 列奥·施坦伯格著，沈语冰、刘凡、谷光曙译：《另类准则：直面20世纪艺术》，江苏凤凰美术出版社 2013 年版，第 420 页。

④ 敬毅：《技术控制、媒介展示与承认伦理——社交媒介中的理想形体》，《北京电影学院学报》2022 年第 7 期。

⑤ 罗莎琳·克劳斯著，柯乔、吴彦译：《现代雕塑的变迁》，中国民族摄影艺术出版社2016年版，第 29 页。

⑥ Carrie Noland, *Agency and Embodiment: Performing Gestures Producing Culture*, Cambridge & MA: Harvard University Press, 2009, p. 2.

们将姿势理解为一种美学时，必须认识到关于姿势的意识存在于我们的感知当中："事物在胡塞尔的思想中是鲜活的，因为它向我们的感官做出姿势，正如我们的感官也审视和覆盖它的形式一样。姿势，由文化决定并通过一个主体显现出来，是一种遭遇与体验的现象。作为人类，我们摆弄姿势就像呼吸一样容易；这是我们对每天面临的事情的自动身体反应。"① 概言之，作为"身体使用"（the use of body）② 的姿势概念展示的是人类的"在媒介中存在"（being-in-a-medium）③，而对姿势媒介与肉身存在之间原初关联的思考，正是前卫艺术实践的核心。

就此而言，"姿势美学"始终要超越现代主义和形式主义，回归到现象学与存在主义的反思当中。为此，需要废弃弗雷德阉割版本中的现代主义价值与趣味，取消"姿势美学"与"物性美学"之间的人为对立。这种前卫版本的"姿势美学"，其要点包括：就艺术与社会的关系而言，要求超越现代主义的自律性，寻求介入现实的日常革命；在艺术传承与创新方面，应当超越现代主义的"趣味"模型，听从"另类准则"（other criteria），尊重多元与差异；就审美体验与接受来说，要超越现代主义的瞬间、沉浸及其精英趣味，将艺术体验面向绵延敞开，开启审美体验的经验转向；就艺术制作及其范式变革而言，用行动替换作品，用身体介入替换纯粹视觉，着手处理"在媒介中存在"的现象学结构。例如，行动绘画揭橥了身体主体在作为"具身场域"（一种与身体相互蕴涵且交互构造的气氛空间）的画布中的具身介入所引发的艺术革命。④ 画家转变为行动者："施行于画布上的姿势，意味着从政治、美学和道德价值中解脱出来。"⑤

---

① F. Mohamed, N. L. Mohd Nor, "Puppet Animation Films and Gesture Aesthetics", *Animation*, 2015, 10(2), pp. 102–118.

② Giorgio Agamben, *The use of bodies*, trans. Adam Kotsko, California: Stanford University Press, 2016, pp. 3–108.

③ Giorgio Agamben, *Means without End: Notes on Politics*, Minnesota & London: University of Minnesota Press, 2000, p. 57.

④ 程赟：《现象学视阈下的气氛美学研究》，西南大学 2022 年博士学位论文，第127—144 页。

⑤ Harold Rosenberg, "The American Action Painters", in Charles Harrison & Paul Wood eds., *Art in Theory 1900–1990: An Anthology of Changing Ideas*, p. 583.

结　语

不难发现，不久前被正式提出的"姿势美学"[①] 在国外已经有了一些探究。由于"姿势"（Gesture）概念本身的丰饶，任何意义上的姿势美学都将面临跨媒介与跨学科的未来图景。弗雷德尽管试图依照现象学路径设想一种姿势美学，他的形式主义品味和现代主义追求却阻碍了这种美学的适用性与兼容性。前卫艺术中的大量实践，为这种美学思想的确立与发展提供了更为广阔的试验场。显然，姿势美学的概念、谱系与运用应当也势必会得到更多的关注与讨论。

Between Picture and Theater: Michael Fried's "The Aesthetics of Gesture" and A Critique of It

Jing Yi

Abstract: Positioned between modernist reductionism and minimalist objectism, Anthony Caro's painterly sculptures are the functional counterparts of Frank Stella's modernist paintings in the realm of sculpture. How to "acknowledge" but not "highlight" objectness is the core concern of modernist art theory. Frank Stella's abstract paintings realize this concept through "pure visuality" and "deductive structure", while Anthony Caro's abstract sculptures resort to "syntactic structure" and "gestural effect". Michael Fried thus regarded "The Aesthetics of Gesture" based on the work of Anthony Caro as a modernist example of overcoming minimalism "The Aesthetics of Thingness". However,

---

① 敬毅：《身体及其重影：数字电影"非人类角色"的姿势美学》，《江西社会科学》2022年第1期。

Fred not only emasculated Brecht's "gestural theater", but also misused Merleau-Ponty's "Phenomenology of Gesture". For this reason, Beckett's avant-garde plays and Rodin's damaged sculptures may exemplify an avant-garde version of "The Aesthetics of Gesture". This aesthetic pursuit uses engagement to replace autonomy, "Other Criteria" to replace formal interest, duration to replace instant, and actions to replace works, in order to overcome modernism.

Key words: Michael Fried, Modernist art, The Aesthetics of Thingness, Phenomenology of gesture, The Aesthetics of Gesture

面向"自我"的精神分析艺术批评

——以《圣母子与圣安妮》为契机的反思

刘　宸[*]

摘　要：弗洛伊德、夏皮罗与拉康对达·芬奇名作《圣母子与圣安妮》的图像分析呈现出精神分析艺术批评在言说艺术家"自我"时的三种面向：弗洛伊德以达·芬奇的"秃鹫幻想"还原出图像中的"恋母情结"，试图构建起神话般的自我统一体与科学般的精神分析话语；夏皮罗以宗教史、艺术史观点修正了弗氏的误构，揭示出图像中内在自我与外在历史的张力关系；拉康从达·芬奇自然观念的双重面向出发，在图像叙事中阐释出自我的有限经验与无限潜能。这三种面向为精神分析艺术批评的未来发展提供了重要的启示：一种面向"自我"的批评应当以扎实的历史文献为根基，将艺术家自我放置在广阔的历史背景、时代语境以及不断流变的作品意蕴中加以深入的考察。

关键词：自我　精神分析艺术批评　《圣母子与圣安妮》　达·芬奇

1910 年，弗洛伊德将他对文艺复兴时期艺术大师列奥纳多·达·芬奇（Leonardo da Vinci）的童年心理学研究公之于众，随即引发激烈讨论。弗洛伊德原计划对这位"人类中的伟大人物"及其名作《圣母子与圣安妮》进行精神分析，发掘出创作背后"可以被认识、理解的每件有价值的事"①。然而，由于引用文献的翻译错误以及观念先行的强制阐释，他的分析被学者们批评为"论据

---

　*　作者简介：刘宸，上海大学文学院中文系博士后，复旦大学中文系文艺学专业博士，纽约社会研究新学院访问学者。研究方向为当代西方美学。
　①　弗洛伊德：《达·芬奇的童年回忆》，车文博主编：《弗洛伊德文集》第十卷，九州出版社2021年版，第110页。

不当的理论建构"[①]。这一批评甚至威胁了精神分析方法在艺术史、艺术批评领域的合法地位。例如埃德蒙·威尔逊（Edmund Wilson）指出"弗洛伊德的方法并不旨在解释列奥那多的伟大才华"[②]。罗杰·弗莱（Roger Fry）也认为弗洛伊德只为我们呈现出"不纯粹的艺术家的肖像"[③]。随着 20 世纪五六十年代艺术史理论与法国精神分析的蓬勃发展，迈耶·夏皮罗（Meyer Schapiro）、雅克·拉康（Jacques Lacan）等理论家从各自不同的理论背景出发，回到弗洛伊德的艺术批评，阐释出更为丰厚的理论内涵。如果说弗洛伊德对达·芬奇"自我"的建构是种神话式的误构，那么夏皮罗进一步探讨了自我误构与艺术史叙事之间的张力关系，拉康则解构了自我的统一性，将之与达·芬奇科学研究中的自然观念联系起来。在他们的阐释下，面向"自我"的精神分析艺术批评呈现出更为多元的理论价值，为当下艺术批评理论与实践提供了诸多方法论上的启示。

一、秃鹫幻想中的自我神话

在达·芬奇手稿的《大西洋古抄本》中，他记载了自己的一段童年回忆："当我还在摇篮里的时候，一只秃鹫向我飞来，它用尾巴撞开了我的嘴，并且还多次撞我的嘴唇。"[④]这段奇特的回忆吸引了弗洛伊德的注意。他颇有创见地指出，这段回忆并非达·芬奇对真实发生的事实的记录，而是后来虚构的"变换到童年时代里去的一个幻想"[⑤]。这一幻想表露出达·芬奇的恋母情结，并最终构成了《圣母子与圣安妮》的深层主题。

弗洛伊德以象征主义的阐释方式开始他的推论。在他看来，"秃鹫撞击嘴唇"象征了口唇期欲望的满足以及婴儿对于母乳的渴望。这表明达·芬奇尚未摆脱他对母亲的依恋，并且，这种依恋需要通过幻想的形式才能得到象征性的满足。这一推论不光以"弑父妻母"的无意识理论为依据，还得到了文字学、

① Eric MacLagan, "Leonardo in the Consulting Room", *The Burlington Magazine for Connoisseurs*, Vol. 42, No. 238, 1923, pp. 54, 57–58.
② 威尔逊著，徐隆、朱叶译：《文学的历史性阐释》，《文艺理论研究》1981年第2期，第148—155页。
③ 弗莱著，沈语冰译：《弗莱艺术批评文选》，江苏美术出版社 2010 年版，第 245 页。
④ 弗洛伊德：《达·芬奇的童年回忆》，车文博主编：《弗洛伊德文集》第十卷，第 128 页。
⑤ 弗洛伊德：《达·芬奇的童年回忆》，车文博主编：《弗洛伊德文集》第十卷，第 128 页。

神话学、历史学文献资料的支持。例如古埃及象形文字中的“秃鹫”代表的就是“母亲”，由于它们单性繁殖的特征，往往被视为受人敬佩的母神。这一母神神话后来被意大利教会神父们借来宣传圣母“圣灵感孕”的纯洁品性，成为达·芬奇时代家喻户晓的宗教故事。至此，一条从“秃鹫”到“圣母”的逻辑链条得到了清晰的勾勒。[1]弗洛伊德还从达·芬奇传记中找到有关他童年生活的记载，进一步澄清了画作背后的情感动机。达·芬奇是父亲的私生子，出生后就与生母卡特琳娜相依为命。三至五岁时，父亲将达·芬奇接回家中，由继母阿尔贝拉领养。幸运的是，两位母亲都对达·芬奇关爱备至，使他度过了温馨的童年。这段资料解释了为何《圣母子与圣安妮》上出现的是两位母亲，也指明了达·芬奇的恋母情结是他对两位母亲的依恋。更为精彩的论述出现在弗洛伊德的图像分析。在1923年增补的注释中，弗氏比较了《圣母子与圣安妮》的伯灵顿草图（The Burlington House Cartoon）与最终版本之间的人物造型变化。他发现，草图中一对一的母子关系（耶稣—圣母、施洗者约翰—圣安妮）转换为一对二的母子关系，而两位母亲的空间关系也由原先的水平并置转换为前后分明的景深层次（圣母在前，圣安妮居后）。用弗洛伊德的话说，我们看到“列奥纳多感到多么需要打开两个女人梦一般的融合”[2]。可见，两位母亲身体的分离是达·芬奇有意为之的刻意布局。通过将画面视觉重心固定在耶稣与两位母亲的三元关系中，达·芬奇无意识中的恋母情结得到了图像的确证。

之前的传记作家与艺术史家虽然对达·芬奇的“秃鹫幻想”耳熟能详，但是从未严密论证它与艺术创作的心理关联。可以说，正是从弗洛伊德开始，一种以达·芬奇的“自我”为核心的精神分析艺术批评才得以建立。《弗洛伊德传》的作者厄内斯特·琼斯（Ernest Jones）评价道，弗氏的研究“阐明了这位伟大人物的内在本质……揭示了达·芬奇是如何受到早期童年经历影响的”[3]。从“秃鹫幻想”到《圣母子与圣安妮》，作为内在本质的恋母情结是达·芬奇文字、图像背后一以贯之的深层主题，它构建出这位伟大天才从童年到成年、从无意识到意识的自我统一体。在弗洛伊德看来，自我统一体强调了自我是一个

---

[1] 弗洛伊德：《达·芬奇的童年回忆》，车文博主编：《弗洛伊德文集》第十卷，第133—136页。

[2] 弗洛伊德：《达·芬奇的童年回忆》，车文博主编：《弗洛伊德文集》第十卷，第160页。

[3] 琼斯著，张洪亮译：《弗洛伊德传》，中央编译出版社2018年版，第246页。

相对稳固的精神实体，它意味着任何童年时期的回忆都会在未来以幻想的方式被召回精神结构，而任何潜藏在意识背后的无意识冲动也将以伪装的方式重返现象世界。这一观念反映出弗洛伊德早期"地形说"（无意识、前意识、意识）对"科学性"的追求与标榜。根据艺术史家彼得·福勒（Peter Fuller）的论述，1910 年前后的弗洛伊德亟须"让精神分析更像是通过布吕克的机械主义视觉理论和海尔姆霍兹的生理理论而达到明显的'科学确定性'"[1]。弗氏设想，唯有以稳固的统一体为根基，关于自我的讨论才能具有生理学一般的科学性。因此，在以自我统一体为根基的艺术批评中，"科学的"精神分析方法以达·芬奇为分析对象，以他的手稿、画作为分析材料，最终还原出一个将恋母情结"升华"为艺术作品的艺术家形象。这种方法被后来学者评价为"病理学的范例"（paradigmatic for pathography）[2]，它以达·芬奇研究为契机，最终目的是"阐明精神分析理论"[3]，证实精神分析方法的可靠性。

然而，弗洛伊德设想的自我统一体与科学方法论却因史料的讹误与观念的先验预设而遭受众多质疑。在文献方面，埃里克·麦克拉甘（Eric MacLagan）指出，弗洛伊德参考的德译本《大西洋古抄本》翻译有误，错把"鸢"（Nibio）译为"秃鹫"。[4] 鸢与秃鹫虽然同属鹰科，但是两种鸟在埃及文化中拥有截然不同的象征义。鸢代表的是会和小鸟抢食的"恶母"，而非秃鹫所代表的圣母。因此，文献翻译的错误直接推翻了弗洛伊德看似严密的逻辑推论。在传记方面，詹姆斯·贝克（James Beck）批评弗洛伊德借鉴的梅列日科夫斯基版本对达·芬奇童年生活的叙述带有较强的虚构性，达·芬奇经历的两位母亲并非他的生母与继母，而是祖母与继母。这意味着恋母情结的具体对象很难坐实，也缺乏实证依据。上述两种批评自然也影响了自我统一体的稳固性以及精神分析方法的科学性。就自我统一体而言，艺术史家将其视为神话式的先验预设。例如在彼得·福勒看来，弗氏为达·芬奇建构的自我依旧建立在传记批评

① 福勒著，段炼译：《艺术与精神分析》，四川美术出版社 1988 年版，第 33 页。
② E. H. Spitz, *Art and Psyche: A Study in Psychoanalysis and Aesthetics*, New Haven and London: Yale University Press, 1985, p. 56.
③ E. H. Spitz, *Art and Psyche: A Study in Psychoanalysis and Aesthetics*, p. 57.
④ Eric MacLagan, "Leonardo in the Consulting Room", *The Burlington Magazine for Connoisseurs*, Vol. 42, No. 238, 1923, pp. 54, 57–58.

的主体叙事范式之上,这是"一个想象的客体、幻想的镜子"①。利奥·博萨尼(Leo Bersani)则注意到弗洛伊德叙事时的失焦现象,他"在母爱的创伤与对达·芬奇的性、艺术和科学生活进行以父亲为中心的叙述之间游移"②,并未成功建立起统一的自我。既然统一的自我并不存在,那么号称客观、科学的精神分析艺术批评方法论是否存在呢?这一问题同样得到了诸多否定的回答。布莱恩·法雷尔(Brian Farrell)认为,即使弗氏的方法是科学认识论,它也无法处理"与达·芬奇的智性、美学、艺术作品多样性相关的诸多问题"③。拉康在《研讨班七》中也有相似的论调,认为"关于在'美'的创造方面表现出来的东西的本性,分析师无话可说"④。故此,对于艺术批评而言,以生理学为榜样的"科学的"精神分析方法并不具备天然的合法性,而以自我统一体为根基的批评实践也只是神话式的象征批评。

　　弗洛伊德在达·芬奇研究中的功过得失为精神分析艺术批评的推进与发展提供了诸多方法论上的启示。首先,自我的无意识冲动与艺术创造并非"单一决定论"式的因果关联,而是受到艺术史传统、经济制度、社会环境等一系列外部因素影响的多元关系。精神分析若要以科学的方法介入创作动机研究,就不能忽视上述外部因素在自我生成过程中的重要作用。其次,艺术家的自我并非稳固不变的精神实体,而是随着力比多冲动的变化,在不同阶段、不同情境下呈现出不同面貌。精神分析或许不能为艺术家的自我或创作动机提供某个终极答案,但在变动不居的生成过程背后,若能揭示出自我与外部世界的矛盾与张力,这种方法才有可能为艺术批评提供新的视角。最后,作品之于艺术家并非客体之于主体的二元关系,而是互相映射、相辅相成的共生关系。如果精神分析艺术批评继续将作品视为艺术家无意识的表征,那么这种方法又回到了传统"再现论"的老路上。新的批评方式需要突破表征或再现的逻辑,召唤一种更为辩证的"精神—图像"分析,由此建立自我与图像的有机关联。当然,这一任务将是弗洛伊德之后精神分析艺术批评的重任。

---

① 福勒著,段炼译:《艺术与精神分析》,第42页。

② 博萨尼著,潘源译:《弗洛伊德式的身体——精神分析与艺术》,上海三联书店2009年版,第65页。

③ Brian Farrell, *Introduction to S. Freud's Leonardo da Vinci and a Memory of His Childhood*, Harmondsworth: Penguin, 1963, p. 257.

④ 拉康著,卢毅译:《研讨班七:精神分析的伦理学》,商务印书馆2021年版,第349页。

二、自我与历史的辩证张力

1956 年，夏皮罗《关于弗洛伊德与列奥纳多的一次艺术史研究》①又一次将学界的目光引向"臭名昭著"的精神分析艺术批评。在这篇著名的论文中，夏皮罗以包罗万象的多学科视角补充了弗洛伊德缺失的历史背景，并将弗氏建构的艺术家自我放置在它与外部历史的张力关系中加以考察，揭示出达·芬奇是如何接续艺术传统，又是在何种程度上对之加以拒绝的。诚如沈语冰所言，"夏皮罗所做的，只是批评弗洛伊德在列奥纳多研究中的错误，进而指出精神分析理论的适用范围"②。可以说，夏皮罗的研究并未给精神分析贴上"反历史""强制阐释"的负面标签，而是在扎实的历史文献基础上探究它介入艺术批评的新可能，为今后的艺术史研究提供多元的理论资源。

夏皮罗的论述主要以宗教史和艺术史为文献依据，他将历史视为自我之外的他者，探究《圣母子与圣安妮》如何展现自我与历史之间的辩证张力。在宗教史方面，夏皮罗引用意大利文艺复兴时期的民间基督教信仰来反驳"秃鹫幻想"中的恋母情结。在当时的宗教习俗中，"小动物落在婴儿嘴上"的事件往往预示了成年时的好运或天才，大人们也会在小孩出生时送出这种寓言式的祝福。因此，敲击达·芬奇嘴唇的鸢鸟是"未来鸿图的征兆"③。当艺术家将这种民间信仰移置为自己童年时期的回忆，这折射出他对自我天才的确认以及对于美好声名的渴望。此外，夏皮罗还敏锐地注意到，这段回忆出现在《大西洋古抄本》的鸟类研究笔记中，它的上下文都是对鸢鸟飞行状态的描述。这或许表明，达·芬奇提及鸢鸟的动机不一定来自哺乳时期欲望得以满足的力比多冲动，而是受到科学研究的驱使。综合上述两点，夏皮罗推测"列奥纳多将鸢视为自己的命运之鸟，同他所关注的科学问题有更紧密的关系"④，达·芬奇想借鸢鸟撞击嘴唇的美好寓言表达他在科学研究上的勃勃野心，希望自己作为科学

---

① 夏皮罗著，沈语冰译：《艺术的理论与哲学——风格、艺术家和社会》，江苏凤凰美术出版社2016年版，第150—193页。
② 沈语冰：《图像与意义——英美现代艺术史论》，商务印书馆 2016 年版，第 212 页。
③ 夏皮罗著，沈语冰译：《艺术的理论与哲学——风格、艺术家和社会》，第 159 页。
④ 夏皮罗著，沈语冰译：《艺术的理论与哲学——风格、艺术家和社会》，第 158 页。

家的美名也能像鸢鸟一样展翅高飞。这一论断打破了弗洛伊德建立的从"秃鹫"到"圣母"的逻辑链条以及从无意识到意识的图像表征逻辑。既然如此,《圣母子与圣安妮》的创作动机又为何呢?夏皮罗依旧以广博的艺术史知识呈现出精彩的解答。总的来说,达·芬奇在这幅名作中"试图解决艺术心理学当中最难解决的一个问题,那就是,一个新的构思是如何产生的"[①]。这里,"新的构思"是指突破中世纪神像的呆板传统,从而彰显出世俗家庭自然而生动的人性光辉。为了解决构思难题,达·芬奇做了许多尝试,例如他去除圣安妮与圣母背后的头光,将两位神圣母亲描绘为人间的母亲。他还将伯灵顿草图中僵硬刻意的坐姿转换为最终版本中动态平衡的叠坐,使之"看起来是圣母不经意间运动的一个自然结果"[②]。这样一来,三人的空间构型就由安妮三尊的古老造型形式(大金字塔形、对称构图)转换为更有人性、更加生动的世俗家庭结构。但是,达·芬奇并未全然抛弃传统。在圣安妮与圣母的构图上,他原本可以顺着伯灵顿草图的计划将两位母亲的头安排在同一水平(以体现她们对孩子而言的平等地位),但最终还是复归到圣安妮在上、圣母在下的传统神圣秩序。由此,夏皮罗认为,达·芬奇尽管"更加人性化地去表现人物,但他还是保留了形式及其不自然的象征结构"[③]。可见,《圣母子与圣安妮》体现出艺术家在遵循传统与追求创新之间的纠结与反思。

在夏皮罗的论述中,达·芬奇的自我并非统一的精神实体,它没有从童年延续到成年的发展线索,也没有从无意识转变为意识的表征系统。相反,自我是不确定、变动不居的历史"事件",它始终处在自身与历史的张力关系中:自我既由历史构成,自我又重构历史。这样的自我观念并非艺术批评或精神分析的首创,而是来自文学批评。在 T. S. 艾略特的著名论文《传统与个人才能》中,他已经将艺术家的自我放置在由传统或历史组成的"观念性秩序"中加以考察。对艾略特而言,不管是艺术家还是艺术作品,它们的存在并非孤立的、稳固的个体性存在,而是与之前的艺术史传统构成有机的历史性关联。对作品而言,"一件新艺术作品产生时所发生的情况,也就是在它之前的一切艺术作

---

① 夏皮罗著,沈语冰译:《艺术的理论与哲学——风格、艺术家和社会》,第 163 页。
② 夏皮罗著,沈语冰译:《艺术的理论与哲学——风格、艺术家和社会》,第 170 页。
③ 夏皮罗著,沈语冰译:《艺术的理论与哲学——风格、艺术家和社会》,第 170 页。

品所同时发生的情况"①，换言之，一件艺术作品呈现的不只是它自身，更是整个过去与现在的艺术史。在此，新与旧处在相辅相成的共生关系之中，新必然产生于旧，而当新的创造融入此前旧的观念性传统，"整个现存的体系，必须有所改变"②。达·芬奇在《圣母子与圣安妮》中表现出来的自我与历史的张力，正是这种传统与个人才能之间的辩证关系。通过夏皮罗的分析，我们看到的是一个对科学研究痴迷、同时对艺术传统了然于心的"科学—艺术"家形象。他渴望在科学、艺术领域名垂青史，故而在"秃鹫幻想"中寄托了功成名就的野心，又在绘画图像中突破传统的神性结构，将"人性的温存"转化为文艺复兴绘画的新传统。

无独有偶，20 世纪 50 年代的法国精神分析理论也为自我与历史的辩证张力提供了丰富的理论资源。在拉康著名的《镜像阶段》报告中，自我已然不是弗洛伊德以及自我心理学意义上的稳固实体，而是借由外部他者建构起来的"统一体"幻想。在拉康看来，本质上支离破碎的自我在面对外部他者时就像照镜子一般，从中看到了理想而完整的自我形象。这一形象会使主体获得幻想性的满足，误以为这就是自我，从而对镜像产生认同（identification）或转化（transformation）。③因此，自我的建构始终发生在自我与他者彼此交融的幻想场域之中，最终构建出"理想自我"（Ideal I）。顺此思路，夏皮罗建构的达·芬奇自我成功揭露出"理想自我"背后的张力与纠结，它解构了自我的统一体幻想，表现出自我面对外部历史、外部他者时的顺应与拒绝。《圣母子与圣安妮》正是这一张力关系的图像证明，它向观者呈现出自我与历史的辩证法，表征了自我与他者相遇时的游移与纠结。

夏皮罗的精彩分析提醒我们注意自我的多元构成，告诫任何想以单一质素为中心建立宏大叙事的批评家，务必注意理论运用的限度。他谦逊地表示，自己对达·芬奇个性、风格与图像的阐释也只是"一种"阐释，而不是"绝对"的阐释。由于"《圣安妮》形成的历史极其复杂"④，任何想要追根溯源、将创作动

---

① 周煦良等译：《托·史·艾略特论文选》，上海文艺出版社 1962 年版，第 3 页。

② 周煦良等译：《托·史·艾略特论文选》，第 3 页。

③ Jacques Lacan, *Écrits: The First Complete Edition in English*, trans. Bruce Fink, New York & London: W. W. Norton & Company, 2005, p. 76.

④ 夏皮罗著，沈语冰译：《艺术的理论与哲学——风格、艺术家和社会》，第 176 页。

机还原为单一决定论的方法都是徒劳的。在夏皮罗的推进下，精神分析艺术批评阐发出自我的多义性，用斯皮兹（E. H. Spitz）的话说，自我的真理已经从弗洛伊德的"一致真理"（coherence truth）转化为"符合真理"（correspondence truth）。[1] 这种真理追求自我与历史的符合，也追求信念与事实的符合。对艺术批评而言，真理的奥义或许不是提供某种亘古不变的终极答案，而是揭示出终极答案之不可能。正是在这不可能的基础之上，艺术家自我与艺术史之间彼此纠缠的张力关系才能为艺术阐释提供更加丰富多元的意义。诚如亚瑟·丹托（Arthur C. Danto）所言，理想的批评既要考虑以艺术家自我为导向的表层解释，更要兼顾那些未被自我意识到、潜藏在既有言说之外的深层解释。[2] 故此，面向"自我"的精神分析艺术批评若想突破重围，重新成为一种"科学"的艺术批评，它必将超越自我统一体的神话，向更为多义的深层阐释进发。

三、从双重自然到自我的双重面向

夏皮罗论文发表一年后，拉康就在精神分析研讨班中分享了他对达·芬奇艺术批评史的独到见解。[3] 在拉康看来，夏皮罗的分析固然精彩，但也留下诸多有待解决的问题，譬如两位母亲的微笑有何含义？耶稣手中的羔羊为何替代了施洗者约翰？草图中圣安妮指向天空的手指为何最终消失？当然，其中最关键的问题是，如何体现达·芬奇艺术创作与科学研究的内在关联？夏皮罗仅用突破传统、超越历史的"野心"叙事来串联两者，未能将更多有关科学研究方法与艺术创作风格方面的质素融入艺术史的论述。因此，拉康的分析力求"回到弗洛伊德"，在夏皮罗的基础上进一步拓宽艺术史的论域，同时推进精神分析艺术批评对多元自我的考察。

与夏皮罗相似，拉康认为《圣母子与圣安妮》的创作动机与达·芬奇的科学研究息息相关，但他并未沿用夏皮罗的艺术史方法，而是另辟蹊径，以"自

---

[1] E. H. Spitz, "On and Beyond Pathography: A Comparison of Two Models in the Psychoanalytic Interpretation of Art", *Visual Arts Research*, Vol. 9, No. 1, 1983, pp. 55–63.

[2] Arthur C. Danto, "Deep Interpretation", *The Journal of Philosophy*, Vol. 78, No. 11, 1981, pp. 691–706.

[3] Jacques Lacan, "From Hans-The-Fetish to Leonardo-in-the-Mirror", in Jacques-Alain Miller ed., *The Object Relation: The Seminar of Jacques Lacan Book IV*, Medford: Polity Press, 2020, pp. 403–426.

然"观念作为分析的切入口。拉康注意到，既往的科学史叙述将达·芬奇视为经验主义自然科学的代表人物，科学史家往往忽略他在科学原理上的创见，仅肯定他对自然的模仿与再现。在达·芬奇为数众多的人体解剖图、军械构想以及创造发明中，对自然的经验式观察乃是主要的方法论，"他从不怀疑自己从经验中得出的结论……经验是真理的唯一来源"[1]。但是拉康指出，经验只是达·芬奇自然观念的维度之一，他的科学野心不仅限于模仿自然，更在于以创造性的想象力重塑自然。换言之，达·芬奇不光是自然的再现者（nature's double），更是自然的共同创造者（co-creator）。[2] 众多光怪陆离的机械发明都能体现达·芬奇的创造性，例如在滑翔机模型的设计草图中，他参考了鸟类的骨架结构，并幻想这种前所未有的结构可以使人们像鸟类一样飞翔。这种以经验为基础、同时又超越经验的自然观念揭示出自然的无限潜能，体现了达·芬奇的形而上学野心。拉康认为，自然中的无限潜能比有限经验更为根本，因为正是它为后者提供了存在的可能，并使之成为可被理解的知性现象。因此，他用大写的自然（Nature）指代经验背后的本体论根源，即无限性；而用小写的自然（nature）指代知性经验，即有限性。无限与有限的双重自然反映出达·芬奇科学研究的独特方式，即将自然的无限潜能转化为经验的有限形式。这样看来，许多天马行空的科学构想或许并不具备世俗经验上的可行性，但它们无疑是对自然之无限潜能的具象性操演。故此，拉康借用柯瓦雷（Alexandre Koyré）的说法，认为达·芬奇在伽利略之前超前地预演了启蒙科学家对"宇宙之无限化"的思考。[3] 此外，拉康还将双重自然观念放置到精神分析的框架下加以考察。他认为，小写的自然就是想象界的小他者，它为人们呈现出可被理解的经验形式；而大写的自然则是象征界的大他者，它超越了经验的认知范围，却为经验提供无限的可能性。象征界的大他者是无言无形的，它只能被转化为想象界的小他者才得以显露。由此，达·芬奇的科学构思被拉康概括为"将绝对的大他者转化为小他者的形式，以使人产生想象性的认同"[4]。

---

① 德尼佐著，胡莲等译：《达·芬奇手稿》，江苏凤凰科学技术出版社 2019 年版，第 17 页。

② Jacques Lacan, "From Hans-The-Fetish to Leonardo-in-the-Mirror", in Jacques-Alain Miller ed., *The Object Relation: The Seminar of Jacques Lacan Book IV*, p. 421.

③ 柯瓦雷著，张卜天译：《从封闭世界到无限宇宙》，商务印书馆 2018 年版，第 2 页。

④ Jacques Lacan, "From Hans-The-Fetish to Leonardo-in-the-Mirror", in Jacques-Alain Miller ed., *The Object Relation: The Seminar of Jacques Lacan Book IV*, p. 422.

在双重自然的基础上,拉康认为达·芬奇的艺术创作同样体现了科学研究方法中的双重维度:一是图像表层的知性经验之维,二是图像深层的理性超验之维。并且,后者总是被达·芬奇以天才式的幻想转化为前者,以此弥补无限潜能在经验上的缺失。拉康指出,达·芬奇的许多画作都有意无意地暗示了这一观点,例如《施洗者约翰》《岩间圣母》《酒神巴库斯》,画面中的人物都有伯灵顿草图中圣安妮谜一般的手指。这些手指正是理性超验之维的象征,仿佛邀请观者去猜测它们究竟指向何处、有何意义。它们超越了观者们的知性经验,指向了意义的无限可能。拉康将这些手指形容为"隐藏的菲勒斯的象征"(symbol of the hidden phallus),认为它们"指出了列奥纳多作品中存在的缺失"。[①]在拉康那里,象征界的菲勒斯代表了"大他者中能指的缺失"[②],正是这一缺失召唤着主体调用种种想象界的能指去填补虚无,从而达成经验层面的意义认同。故此,手指为我们揭示出图像表层背后的深层意蕴,它就像《蒙娜丽莎》的神秘微笑一般,标志着意义的无限性与丰富性。这种无限性通过《圣母子与圣安妮》的图像叙事得到了进一步的确证。在圣母、耶稣、圣安妮与羔羊的四元关系中,拉康敏锐地注意到,圣母满怀爱意地企图抱回正在和羔羊玩耍的耶稣,而圣安妮一只手放在圣母背后,仿佛要阻止自己的女儿,成全玩意正浓的耶稣和羔羊。在此,拉康参考了文艺复兴后期加尔默罗修会对这幅画的象征主义阐释:羔羊象征献祭,耶稣抱住羔羊象征他自愿为人类牺牲,而身为母亲的玛利亚企图拉回自己的孩子,制止耶稣的牺牲,但背后的圣安妮却提醒圣母,耶稣受难是命中注定而不可避免的。拉康认为,修会的阐释将图像中的四个意象分为两组彼此对立的二元组合,一组是以耶稣、圣母为代表的有限的世俗秩序,另一组是以圣安妮、羔羊为代表的无限的神圣秩序。这两种秩序刚好对应了自我与他者的想象界关系与象征界关系:耶稣与圣母的世俗秩序象征了想象界中自我与小他者的经验式认同,而圣安妮与羔羊的神圣秩序代表了象征界中自我与大他者的超验式分离。故此,用史蒂夫·莱文(Steven Levine)的话说,拉康的分析揭示出达·芬奇在图像中寄寓了想象界与象征界的纠结,一方是在"想象界的层面还原其母亲失去的欲望之笑",另一方是"母子间在符号

---

① Jacques Lacan, "From Hans-The-Fetish to Leonardo-in-the-Mirror", in Jacques-Alain Miller ed., *The Object Relation: The Seminar of Jacques Lacan Book IV*, p. 422.

② 埃文斯著,李新雨译:《拉康精神分析介绍性辞典》,西南师范大学出版社2021年版,第277页。

界（象征界）的分离"。① 故此，《圣母子与圣安妮》综合了图像表层的知性经验之维与图像深层的理性超验之维，同时表征了自我与他者想象界与象征界的双重关联。可以说，这既是对于达·芬奇艺术创作方法（同时也是科学研究方法）的图像确证，又是对于精神分析艺术批评的创新探索。

纵观拉康的分析，艺术家"自我"的内涵得到了更为深入的阐发。如果说在夏皮罗那里，自我与外部历史处于彼此纠结的张力之中，那么拉康进一步揭示出自我的内在分裂以及它与他者的双重关联。对艺术批评而言，夏皮罗式的自我为艺术家的创作动机提供了扎实的史料背景，而拉康式的自我则阐释出艺术创造中的有限经验与无限潜能，指向作品背后的形而上学意蕴。可以说，拉康的精神分析艺术批评并不试图还原自我与作品的过去经验，而是指向它们所包孕的种种可能。因此，这样的批评方式乃是一种面向未来的艺术哲学。保罗·利科（Paul Ricoeur）认为，拉康的艺术批评超越了艺术家自身，"这是一个个人综合和人类未来的前瞻性象征，而不是一个尚未解决的冲突的回溯象征"②。或许，唯有将自我视为充满张力并始终向他者开放的精神质素，艺术批评中的精神分析法才能真正对作品及其所彰显的艺术家人格加以"科学"的言说。

结　语

弗洛伊德、夏皮罗与拉康对达·芬奇人格以及《圣母子与圣安妮》的分析向我们呈现出精神分析艺术批评在论说"自我"时的三种路径：弗洛伊德以"秃鹫幻想"为原点，在绘画中还原出达·芬奇的恋母情结，并将自我视为统一的精神实体；夏皮罗以充足的宗教史与艺术史文献修正了弗氏的不足，他解构了画作中的自我统一体幻想，揭示出自我与他者的辩证张力；拉康以"自然"观念的独创视角切入达·芬奇的艺术创造论，在图像叙事的表层与深层中阐释出自我的双重面向。这三种路径为今后的精神分析艺术批评提供了重要的启示，即艺术批评要以扎实的历史文献为根基，将艺术家的自我放置在更为广阔

---

① 莱文著，郭立秋译：《拉康眼中的艺术》，重庆大学出版社2016年版，第45页。
② 保罗·利科著，汪堂家等译：《弗洛伊德与哲学：论解释》，浙江大学出版2017年版，第125页。

的历史背景、时代语境以及不断流变的作品意蕴中加以考察。批评家要时刻铭记精神分析之为批评方法的适用限度，避免以自我为神话而构建起来的宏大艺术叙事。诚如鲍里斯·格罗伊斯（Boris Groys）所言，在精神分析艺术批评中，"我们无法获得一种在历史之外的真理，也不能达到一个永恒不变的乌托邦式的、以某种统一的理性为基础构建起来的未来"①。故此，当代的精神分析艺术批评召唤一种以历史为根基、同时又指向未来的意义阐释话语，这种话语孕育着自我的无限可能，企图激活内部世界与外部世界的精彩对话。在《塞尚的怀疑》的结尾，梅洛-庞蒂（Merleau-Ponty）曾对未来的精神分析艺术批评抱以厚望。他认为，这种方法可以"在过去里寻找未来的意义，在未来里寻找过去的意义，比之一种严格的归纳，它更适应我们的生命循环运动"②。对于今天的艺术批评以及经由本文获得的启示，这一厚望依旧显得如此切近而又美好。

Psychoanalytic Art Criticism on Self—Reflection on "La Vierge, L'Enfant Jésus et Sainte Anne"

Liu Chen

Abstract: Freud, Schapiro and Lacan's analysis on Da Vinci's masterpiece "La Vierge, L'Enfant Jésus et Sainte Anne" presents three facets of psychoanalytic art criticism when dealing with the "self" of artist. Freud reveals the "Oedipal complex" of the image in name of Da Vinci's "vulture fantasy", trying to construct a mythical self-unity and a scientific psychoanalytic discourse. Schapiro corrects Freud's misconceptions from the viewpoint of religious history and art history,

---

① 格罗伊斯著，潘律译：《论新：文化档案与世俗世界之间的交换价值》，重庆大学出版社2018年版，第5页。

② 梅洛-庞蒂：《塞尚的怀疑》，杨大春、张尧均主编：《梅洛-庞蒂文集》第4卷《意义与无意义》，商务印书馆2018年版，第26页。

unveiling the tension between the inner self and the outer history in the image. Lacan starts from the dual facets of Da Vinci's Nature, then explains the limited experience and the infinite potential of self in the narrative of image. Those three facets provide important insights on the future development of psychoanalytic art criticism. A criticism oriented towards the "self" should be based on solid historical documents, as well placing the self of artist in a broad historical context and the ever-changing significance of artwork for in-depth examination.

Key words: Self, Psychoanalytic art criticism, "La Vierge, L'Enfant Jésus et Sainte Anne", Da Vinci

综述与书评

当代艺术与环境美学*

［英］萨曼莎·克拉克** 著

张 超*** 译

摘 要：20 世纪 60 年代以来，当代艺术领域的审美争论一直与环境美学争论相关不大。这些回应传统美学局限性而各自发展的学科，现在或许可以有效地互相启示。首先，关注审美体验的去物质化艺术或许可获得环境化的有用成果。其次，盖伯利克的"关联美学"和伯林特的"交融美学"一样，都是将审美体验融入社会的环境美学的一种类型。再次，当代艺术对"框架"的灵活解读，可以呼应"无框架"的自然环境。最后，伯林特对"语境美学"的系统论述可以丰富凯斯特的"对话美学"。

关键词：对话美学 关联美学 参与 环境艺术

导 言

普遍认为，罗纳德·赫伯恩（Ronald Hepburn）1966 年的文章《当代美学及其对自然美的忽视》恢复了自 19 世纪起一直被忽视的自然环境审美鉴赏的讨论。赫伯恩指出，当 18 世纪的美学讨论探讨了自然中的美、崇高和如画性的思想之后，关注的焦点迅速转向艺术。美学已经被理解为"艺术哲学"，并避开了自然环境。审美体验的特定特征，即所谓艺术家的意图和"框架"，被理解为存在于艺术之中而非存在于自然之中，因此，在传统美学的理论领域，对象

* 基金项目：本文系国家社会科学基金重大项目"当代艺术提出的重要美学问题研究"（项目编号：20&ZD050）阶段性成果。
** 作者简介：萨曼莎·克拉克，女，西苏格兰大学埃尔校区创新与文化产业学院教师。
*** 译者简介：张超，女，山东工艺美术学院副教授，文学博士，硕士生导师。

或工艺品是审美鉴赏的恰当焦点。自然美因不能为我们提供框架清晰的对象或艺术表达，因此从讨论中淡出了。

赫伯恩认为这是一个亟须关注的问题。通过对自然环境一系列人类体验的忽视，美学理论将它们"从版图上抹掉"，因此该问题不太可能被探索、分享、讨论和理解。由于缺乏对自然审美愉悦详细而系统性的论述，人类体验的一个重要领域被置于发展不足的危险之中。[①]

从那时起，人们做了大量的工作来解决这个问题，事实上，在哲学美学内部出现了一个完整的分支学科——环境美学。自赫伯恩论文首次发表至今已经40多年了，在这里，我的目的是考虑一种可能性。我们可能已经达到了一个点，在这一点上，他概述的艺术美学和自然环境美学这两条分歧的路径，可能会再次融合。我将通过介绍和探讨当代艺术实践中正在发展的一些美学框架，诸如"参与性的"（participatory）、"对话性的"（dialogical）或"社会融入的"（socially engaged），并给出一些与探讨相关的艺术实践案例，以解决更广泛的环境辩论。我的目的不是深度分析这些艺术作品，而是将抽象的理论讨论基于一些具体的案例。我认为，虽然艺术批评中的话语与哲学环境美学领域中展开的讨论看起来不太相关，但这些辩论中存在相似之处，这两门学科可能会有益地相互借鉴。然而，为了勾勒这些相似之处，我们必须首先详细说明赫伯恩所发现问题的性质，然后再描述自然环境鉴赏的审美框架，这些框架都是作为回应而发展起来。接下来，我将概述艺术话语中对传统美学的一些批评，并指出这两个学科重叠并相互影响的共同的兴趣领域。

赫伯恩对传统美学的评论

赫伯恩的前提是，虽然我们对自然的体验可能是由我们对艺术的体验塑造的，但将艺术美学强加于自然环境却忽略了二者本质的差异。康德的分析确定了审美判断的显著特征，这是在对象满足我们感官时的知觉品质与主体内的

[①] R. Hepburn, "Contemporary Aesthetics and the Neglect of Natural Beauty", in A. Carlson and A. Berleant eds., *The Aesthetics of Natural Environments*, Peterborough: Broadview Press, 2004, p. 44. First published in B. Williams and A. Montefiore eds., *British Analytical Philosophy*, London: Routledge and Kegan Paul, 1966.

"想象自由发挥"和理解之间调和的结果。①在这一点上，我们对对象起源的认识和我们的体验语境发挥了作用。当我们考虑一件艺术品时，我们知道此对象是由某位艺术家有意创作的，并且我们可以领会我们的审美体验是由精心设计的提示所引导的。

这种艺术的"表现理论"将审美体验视为来自与作者的交流。还有这种观点的一些变体，强调对象本身作为一种连接点，在艺术家与观众之间传递一部分意义。②赫伯恩指出，把注意力完全聚焦于对象本身，忽视了进入审美鉴赏中的许多语境性要素。此外，至少在现代世俗社会中，人们并不普遍认为自然发生的形式是蓄意以这种方式赋予意义的。这种目的性意义的缺乏，既有积极的作用，也有消极的作用。不论是否与他人分享，它倾向于强调主观的和个人的解释，这为我们与自然对象的相遇留下了各种意义的空间，我们每个人的感觉、感受、思考和所知都丰富地提供了信息。

赫伯恩指出，艺术审美鉴赏与自然审美鉴赏之间的另一个区别是自然中没有"框架"③。艺术对象本体论通过各种惯例在我们审美静观对象的周围设置了一个边界，比如物理边界包括画框、基座、柱基或舞台拱门等，语境和传统框架则涵盖将对象置于一个艺术画廊和艺术对话之中、剧院，甚至一页诗歌的排版布局。这些框架性的装置以其独特的方式将艺术对象与它们日常存在的喧嚣背景区分开，使我们能够聚焦于由对象内部结构决定的审美特征之上。当我们对自然对象进行沉思反应时，这种观点的局限性就非常明显了，因为自然并未为我们提供那种适宜的框架装置。然而，赫伯恩称赞这种无框架性，因为我们被挑战去创建依自己情况而定的并积极反应的框架。例如，当静观美丽的山顶风景时，我们可以选择囊括或者排除面对陡峭悬崖、远处的道路交通声或附近鸟鸣时我们身体反应的感觉。根据赫伯恩的说法，自然中这种暂时的、难以捉摸的审美品质，创造了一种不安、警觉、寻找新立场和新格式塔的探索④，并在我们体验风景时识别沉浸和运动的品质。

对此而言，这是一种反身品质（reflexive quality），因为当我们全身沉浸

---

① Immanuel Kant, *Critique of Judgment*, trans. W. Pluhar, 1790, Indianapolis: Hackett, 1987.

② R. Hepburn, "Contemporary Aesthetics and the Neglect of Natural Beauty", p. 44.

③ R. Hepburn, "Contemporary Aesthetics and the Neglect of Natural Beauty", p. 46.

④ R. Hepburn, "Contemporary Aesthetics and the Neglect of Natural Beauty", p. 49.

（bodily immersed）在审美体验"之中"，而不是从超出框架"之外"观看它时，我们也更生动地体验了我们自己。自然对象处于不断变化中，我们自己也在一个环境中移动，当我们步行、游泳、攀爬、嗅闻、咀嚼一根香甜的草叶或只是停下来凝视时，我们所有的身体感官都会动态地融入（Engaging）其中。但根据赫伯恩的说法，除非我们积极地拒绝"只注意自然对象中轻而易举地以熟悉的模式结合在一起的特征，或产生令人宽慰的普遍情感品质"[①]，从而接受这些审美挑战，否则我们将无法充分地鉴赏自然。以对划过汽车挡风玻璃"风景"的被动地视觉愉悦为例，问题转化为一种懒惰的自然审美鉴赏具有环境性含义。这表明，对自然进行更深入、更充分的融入和更积极的审美鉴赏，可以加深我们对自然的依恋，并促成一种与自然环境的更尊重、少工具性或至少不那么有思想破坏性的关系。

正如赫伯恩所指出，自然审美反应的不确定性给美学家带来了挑战，因为它没有遵循传统美学的指导原则，反而需要一个不同的框架。当我们欣赏一个艺术对象时，我们会带入我们关于艺术的知识，以丰富体验和引导我们的视觉和想象的反应，但当我们外出到景观中时，这就不充分了。当然，一些自然对象可能会以它们与人工制品的相似而使我们愉悦，比如一块海水腐蚀的燧石碰巧与亨利·摩尔（Henry Moore）的雕塑相似，但仅此一点并不充分，因为它将艺术置于自然之上，并将自然简化为文化结构。虽然有些人可能确实持这种观点，但我这里想探索一些能够让人感觉到自然本身就值得审美鉴赏的恰当位置。

环境美学内部争论——卡尔松的"秩序鉴赏"

自从赫伯恩扛起独具特色的大旗以来，一系列的理论被提出。它们旨在为理解自然的审美反应提供更恰当的方式。这些通常被归纳为"认知"或"非认知"方法，并同时伴随知识在我们阐释艺术中作用的辩论。认知方法认为，生态学、地质学或气象学等其他语境性的知识，可取代艺术知识，以引导和丰富我们对自然的审美反应。非认知方法强调即刻地知觉体验的作用以及想象和其他非科学的叙事语境，如神话或记忆所起的作用。鉴于本文目的，这些描述不可避免地是简要的框架性描述，因此聚焦于代表这两种方法的主要贡献者：

---

① R. Hepburn, "Contemporary Aesthetics and the Neglect of Natural Beauty", p. 49.

艾伦·卡尔松（Allen Carlson）和阿诺德·伯林特（Arnold Berleant）。需要注意的是，根据客观性与主观性、思维与感觉这种严格的二元论角度看待这场争论，会把不同的立场过于简单化，因为这两种方法都具有知识的某些特征。然而，每种方法对科学①知识在审美体验中的作用和必要性都有着不同的强调。

"认知"方式中，艾伦·卡尔松的"自然环境模式"最为成熟、最具科学性。他勾勒出了一套自然环境（鉴赏）的特定标准，可以用基于自然历史的模式取代传统基于艺术史的模式。②卡尔松的目标是建立一种方法，据此我们可以证明，对自然的审美判断并非纯粹主观和相关的（relative），而是参考了一个共享的知识基础，因此可以被客观地"确证"（true）、分享、辩护，从而在环境的审议和决策的制定中有用。续接艺术领域对形式主义的批评，即语境性知识（contextual knowledge）对于恰当的艺术审美鉴赏而言，不仅是可取的，而且是必要的。卡尔松扩展了这个观点，主张自然鉴赏的类似语境可以在自然科学中找到。通过这样做，他试图建立一套对自然进行审美评价的通用标准。卡尔松通过他的"秩序鉴赏"③观念，解决了自然对象缺乏创造者或艺术家意图的问题。在这里，鉴赏者选择并聚焦于某些元素，使用自然力的知识塑造自然对象，"自然秩序"如同用我们的艺术知识丰富我们对一幅画的审美体验。卡尔松的模式最明显地适用于人类影响最小的环境，很难看出文化和个人因素是如何被考虑到几个世纪以来人类干预形成的高度人文景观审美交融（aesthetic engagement）的附带因素中的。然而，正如他在该主题的论文中所指出的，我们不需要在认知和非认知方式之间选择，因为感觉和认知并不是相互排斥的，事实上，它们两者的互动才居于审美体验的核心。④然而，为艺术和自然的审美体验提供不同的框架，确实会强化人与自然之间的分离。在我们最经常体验的生产性景观中，人工制品和自然对象（如林地）之间的差别可能并不明显。卡尔松高度客观化、科学的环境审美倾向，不仅排除艺术，而且排除了建造的环境、被管理的"半自然"环境和社会环境，而实际上，这些都是我们大多数人

① 此处的着重号由原文作者所加，下面类似的情况与此相同。
② A. Carlson, "Appreciating Art and Appreciating Nature", in S. Kemal and I. Gaskell eds., *Landscape, Natural Beauty and the Arts*, Cambridge: Cambridge University Press, 1995, pp. 199–227.
③ A. Carlson, "Appreciating Art and Appreciating Nature", p. 217.
④ A. Carlson, "Contemporary Environmental Aesthetics and the Requirements of Environmentalism", *Environmental Values*, Vol. 19, No. 3, 2010. p. 306.

每天都会遇到的环境。因此，看起来似乎一套限制已被另一套限制所替代。

伯林特的"交融美学"（Aesthetics of Engagement）和"语境美学"（Contextual Aesthetics）

自然环境审美鉴赏的"非认知"方法倾向于强调审美反应中知觉的即刻性，以及我们在体验中的完全参与（participation）。例如，阿诺德·伯林特的交融美学就以一种体验的具身化、现象学方法为特征。[1] 这其中隐含着对主体 / 客体本体论的二元论解读的批判，这种解读假定我们作为一个离身的（disembodied）、静观的鉴赏者而经历一个审美体验。在伯林特的交融美学中，鉴赏者积极沉浸（involved）到审美体验的产生中，并与所体验的环境或艺术对象一样带来同样多的影响。[2] 伯林特的架构并没有为自然建构一个特例，而是开放审美体验，使其变得足够灵活和包容，以避免传统美学的局限性，并适应全部的人类体验。此外，伯林特并不认为人类（因此也不认为文化）与环境是分离的，他提出了一个以自然环境为开端的"普遍"的美学理论，并可包容文化的手工制品。这似乎是一种明智的方法，因为我们的远祖肯定是从他们的环境中受到启发，开始制作和欣赏艺术的，而不是相反。

伯林特反对康德视为接受审美体验的前提条件的"无利害"观念。在这里它被理解为，把个人或实际的兴趣放在沉思的对象之外。[3] 限制艺术对象的各种框架装置是实现相应审美的"心灵框架"的线索和帮助，也切断了审美对象与效用的联系，因为在传统观点中，高尚的审美体验不应因考虑对象的功能而受到玷污。伯林特指出，这种模式建立在静态的视觉艺术的基础上。它在舞蹈、表演、音乐或文学语境中已经不能完全胜任。随着我们穿过建筑空间、花园，进入田野，或进一步进入未开垦的景观，其价值会变得更少。[4]

卡尔松通过为自然环境发展一种独立的、与艺术类似的美学理论，来解决自然中缺乏创造者意图的问题，而伯林特则质疑这两种模式对对象的过于强调。"对象的世界更容易限定和控制"[5]，但他指出，这不是我们在现象学

---

① A. Berleant, "The Aesthetics of Art and Nature", in S. Kemal and I. Gaskell eds., *Landscape, Natural Beauty and the Arts*, pp. 228–243.

② A. Berleant, "The Aesthetics of Art and Nature", p. 238.

③ A. Berleant, "The Aesthetics of Art and Nature", p. 229.

④ A. Berleant, "The Aesthetics of Art and Nature", p. 231.

⑤ A. Berleant, "The Aesthetics of Art and Nature", p. 232.

上所体验的世界,传统美学因此同时阻碍了我们与艺术和自然环境的接触(encounters)。伯林特认为,关键可能在于传统美学的"崇高"观念及其对自然的巨大和力量的感知。崇高体验的可怕之处不在陡峭的峡谷或怒吼的激流中,而在从安全距离观看的感知者的心灵(mind)中;崇高中的可怕并非对生命的真实威胁。然而,大自然是难以控制的,面临全球气候变化和生态"临界点",现在我们知道,并不存在观看自然的安全距离,从而使我们欣赏到美妙而兴奋(frisson)的恐惧。伯林特建议我们欣然接受这种连接性(connectedness)。他认为,崇高中的敬畏和谦虚是一种自然美学的恰当基础,它"超越了人类心灵"[1]。除非我们放弃客观化和控制的需要,以参与者而非观察者的身份进入,否则这种体验不会舒服。

尽管康德式崇高专注于强有力的体验,但伯林特建议通过包含更温和的日常情境来坚持这一点。即便在当地公园散步,也可能成为全部感官沉浸的场合,将我们从通常会使我们感觉迟钝的平凡中唤醒。以崇高作为沉浸式体验的基础,伯林特构建了自然和艺术的审美理论框架:一种参与性、包容性和灵活性的审美体验理论。其中,场所(site)和感知者结合形成体验,以现象学的方式解读感知,将其视为一种观察者和被观察者之间的交互性关系(a reciprocal relationship)。他建议我们把这一点带到我们对艺术的审美鉴赏中去,并声称"单独的一种美学可适用于自然和艺术,因为在最终分析中,它们都是文化结构,因此我们谈论的不是两种事物,而是一种事物"[2]。这种人与自然融合(merger)的感觉可能被解读为一种暗示:在摆脱人类干预的实体意义上,自然已经不复存在。正如瓦尔·普鲁姆伍德(Val Plumwood)等生态女性主义者所指出的那样,这种对自己与他人、人与自然之间缺乏区分的做法,抹杀了差异,并可能导致无法区分不同群体,如自我与他人、其他与自然的利益。[3]我认为,伯林特在其他地方对一种"超越人类心灵"的自然意识的强调[4],从而使我们处于一种惊奇、谦逊、交互和敏感的位置,是对这一点的缓解。在伯林特最近的

---

① A. Berleant, "The Aesthetics of Art and Nature", p. 236.

② A. Berleant, "The Aesthetics of Art and Nature", p. 241.

③ V. Plumwood, "Nature, self and gender: feminism, environmental philosophy and the critique of rationalism", *Hypatia*, 1991, Vol. 6, No. 1, pp. 3–27.

④ A. Berleant, "The Aesthetics of Art and Nature", p. 236.

作品中，交互的观念得以进一步发展，它开始将环境美学带入并影响我们大多数人实际居住的社会、文化和人建环境。

在他的文章《一种社会审美的思想》①中，伯林特认为，即便是传统美学，也可以通过对雕塑形式、装置艺术和建筑空间的考虑引导我们进入社会环境，在这里，时间维度和通过运动的参与开始显现——人类的活动及交互就发生在这些空间中。他勾勒了"语境美学"的特征："接受"是一种开放性和非判断性的注意品质；"知觉"是一种感官体验，包括记忆、想象和思想，这种"感官性"不仅包括传统美学中强调的远距离接受者的视觉和听觉，还包括所有感觉；"发现"是一种新鲜感和新的可能性的意识；"独特性"是指每一种审美体验的不可重复性；"交互"是一种动态的交换；"连续性"则包括了所有的这些要素；"交融"是指界限消失并且我们变得敏感；"多样性"指审美介入的场所，仅受我们的参与意愿和知觉敏感性的限制。②虽然他承认，在很多情境中，审美并不占主导地位，但他建议，审美潜在地存在于许多日常语境中。他认为，这种语境美学"可以被理解为类似于人际关系"，并构成了社会美学的基础。社会美学可能是一种环境美学，因为在这两种美学里面都包括参与者、场所和文化语境的许多因素。它们结合起来共同塑造了审美体验。

> 虽然没有艺术家，但参与者的创造性过程正在进行，他们强化和塑造了知觉特征，并提供意义和解释。这里当然也没有艺术对象，但情境本身变成了知觉注意的焦点，就像概念雕塑和环境一样。③

伯林特给出的具体例子包括礼节、仪式和人际关系中的性爱和父母关爱，但正如他开始时所建议的，他所描述的情境美学、语境美学和偶然美学（contingent aesthetics）同样适用于当代艺术实践。现在，我将概述一下围绕传统美学局限性的争论是如何在艺术中展开的。这与赫伯恩论文开启的争论是同步的，同时特别考虑如何将伯林特的思想视为平行的，并在某些方面为围

---

① A. Berleant, "Ideas for a Social Aesthetic", in Andrew W. Light and Jonathan M. Smith eds., *The Aesthetics of Everyday Life*, New York: Columbia University Press, 2005, pp. 23–38.

② A. Berleant, "Ideas for a Social Aesthetic", pp. 26–29.

③ A. Berleant, "Ideas for a Social Aesthetic", p. 31.

绕参与艺术审美鉴赏的辩论提供有益的借鉴。

美学与艺术的去物质化（Dematerialization)

艺术评论家露西·利帕德（Lucy Lippard）在其著名的《艺术对象的去物质化：1966—1972》中概述性指出，自 20 世纪 60 年代以来，观念主义和持续性行为艺术的兴起，已经挑战了艺术主要定义为视觉的传统假设。[1] 正如伯林特指出的那样，艺术史可能并不是一部对象的历史，而是一部对知觉的态度的历史，并且这种知觉不是纯粹的视觉，而是一个融入所有感觉的审美体验。[2] 因此，我们将传统美学应用于自然审美时遇到问题也就不足为奇了，因为传统美学的局限性意味着它也无法帮助我们理解许多当代艺术实践。

赫伯恩所描述的艺术专有的审美鉴赏的静态模式，被差不多同时代的艺术家维克多·伯金（Victor Burgin）1969 年首次发表的文章《情境美学》（"Situational Aesthetics"）所推翻。在其中，伯金提出艺术形式的观念应重新定义，不是作为生成的"东西"而是作为"体验"。伯金描述了一种审美系统被设计的情境，审美系统反过来能够产生对象。[3] 在这里，设计智慧放弃了一定程度的"对我们反应的微小控制"，赫伯恩曾将它定义为艺术的关键要素。[4] 我们看到，在伯金的思想中，艺术审美体验的观念是一种开放-无限制的对话。然而，这保留了表现理论的教诲品质，即作者进行表达，观众则专心倾听。此外，伯金还描述了一个由过程生成的对象。目前的一些艺术实践对这种控制权的放弃则更进一步，不再将对象作为艺术输出的焦点和审美体验的原生核心，甚至在某些情况下完全放弃了它。

如果我们接受赫伯恩的观点，即没有充分理论化和理解的一个审美体验可能会被不那么全面、频繁和深入地访问，更全面和交融的环境审美可能会培养一种对自然环境的更尊重关系。也可以这样说，将艺术对象的去物质化作为我们审美注意的焦点，可能会有一种与环境主义潜在相关的副作用。让我们回到

---

①   L. Lippard, *Six Years: The Dematerialization of the Art Object from 1966 to 1972*, London: University of California Press, 1997.

②   A. Berleant, "The Aesthetics of Art and Nature", p. 232.

③   V. Burgin, "Situational Aesthetics", in Charles Harrison & Paul Wood eds., *Art in Theory 1900–2000: An Anthology of Changing Ideas*, New Jersey: Wiley-Blackwell, 2002, pp. 894–897. First published in *Studio International*, Vol. 178, 1969, pp. 118–121.

④   R. Hepburn, "Contemporary Aesthetics and the Neglect of Natural Beauty", p. 44.

伯金的文章：

> 每一天，我们都要面对那些已经不受欢迎的材料的难解性。人们对艺术材料的许多新近态度都是基于新出现的对地球生态系统中所有物质相互依存关系的意识。艺术家不倾向于将自己视为新材料形式的创造者，而视为现有形式（existing forms）的协调人。①

换句话说，外面有那么多混杂的事物，创造更多东西的审美价值在哪里呢？伯金引用约翰·凯奇（John Cage）的雄辩描述："堆积如山的审美商品和实用对象，从计算机控制的工业聚宝盆中以无法想象的丰富形式溢出。"②难怪我们会发现审美体验从审美对象退缩到无重状态的审美观念。

伯金描述的是一种思想的审美，在这里，艺术作品的审美体验位于心理空间之中，这可能与处于真实空间中相同。③我们可以把审美鉴赏理解为一种对我们的环境及其中的对象和情境的合乎情理的方式。这种观点允许审美体验，既不是自我放纵的享乐主义的感官享受，也不是单纯地为了追求知识，而是一种方法。据此，我们发现意义并增加我们所发现事物、场所、情境和关系的价值。认识到并因此增强了我们在工作中已经发现的审美价值，即一种"简单就是美"的美学，即在艺术展览内或在其他设计和建造环境的任何地方，环境成本高昂的对象被视为臃肿和不必要的，或许会产生良好的环境后果。

对话的艺术（The Art of Conversation）

一个早期经常被引用的艺术实践例子是纽约艺术家米尔勒·拉德曼·乌克莱斯（Mierle Laderman Ukeles）的作品。它们聚焦于参与和社会交融（social engagement），而不在于对象的生产。她的项目"接触环卫"（Touch Sanitation，1979—1980）历时 11 个月，在此期间，乌克莱斯亲自逐一会见了纽约 8500 名环卫工人并与其握手，感谢他们"让纽约保持活力"。这项工作的重点不是生成的图像或对象，而是围绕着这项工作的对话和潜在的转变。图像，无论是静止的还是移动的，当然都是生成的，但是作为过程的文档，而非唯一的输出。

---

① V. Burgin, "Situational Aesthetics", p. 895.

② V. Burgin, "Situational Aesthetics", p. 895.

③ V. Burgin, "Situational Aesthetics", p. 894.

这部作品在其他地方被广泛讨论和撰写。① 因此我不在这里长篇大论，但我提供了这个和其他例子，以便将理论辩论置于艺术实践的背景下。

在 1991 年出版的《艺术的返魅》（*The Reenchantment of Art*）一书中，苏西·盖伯利克（Suzi Gablik）描述了这种让艺术协同发生的方法。她指出，一门需要参与而非被观察的艺术，既不会与它的生活语境分离，也不会与观众分离。意义不再被观察者或在观察中被定位，而是在它们之间的空间中定位。

> 互动是让艺术超越审美模式的关键：让观众与过程互动，甚至让他们成为过程的一部分，认识到当观察者与观察相融（merge）时，静态自主的视角就受到破坏。②

在她后来对"连接美学"（connective aesthetics，1996）的讨论中，盖伯利克将以对象为中心的现代主义与科学客观性的兴起联系起来。但她指出，这两种观点的局限性越来越明显。生态学、量子论、控制论和系统论的科学理论现在用互动和关系来定义世界。类似地，她认为"为艺术而艺术"的简化观点将艺术纳入学术界和画廊系统，从而把艺术从它在厚重的生活中应有的位置上移除。她认为，由"倾听自我"而产生的一种艺术实践将自我与其他编织在一种流动和共情的一个体验中，这个体验自然地用更宽泛的社会和环境语境将艺术家与观众连接起来。③ 这似乎照搬了伯林特的立场，这也表明需要打破我们一个独立的"鉴赏者"的观念。④

伯林特提出，"环境"不是简单地围绕着我们，而是我们被嵌入到它的过程中，这是能量和物质无限流动的一部分。他指出，一种对象的美学就暗示着一个独立观察者的可能性。然而，我们不能站在自然的后面去更好地观察它。⑤

---

① L. Lippard, *Six Years: The Dematerialization of the Art Object from 1966 to 1972*, Berkeley: University of California Press, 1997; F. Manacorda ed., *Radical Nature: Art and Architecture for a Changing Planet 1969–2009*, Barbican Art Gallery, 2009; L. Weintraub, *Environmentalities: Twenty-two Approaches to Eco-Art*, Art Now Publications, 2007.

② V. Plumwood, "Nature, self and gender: feminism, environmental philosophy and the critique of rationalism", *Hypatia*, 1991, Vol. 6, No. 1, p. 151.

③ S. Gablik, "Connective Aesthetics: Art after individualism", in S. lacy ed., *Mapping the Terrain: New Genre Public Art*, Seattle: Bay Press, 1996, pp. 82–83.

④ A. Berleant, *The Aesthetics of Environment*. Philadelphia: Temple University Press, 1992, p. 11.

⑤ A. Berleant, *The Aesthetics of Environment*, pp. 11–12.

盖伯利克认为，这种"站在之后"对艺术的观念是我们的文化对客观性的执着和现代主义思想的遗产，因此，虽然当然可能做到站在艺术之后，但这是不可取的。因此盖伯利克的基本论点是，把艺术放在这样的基座上实际上会使它毫无用处。就像维多利亚时代精致的女士们忙于自己的蕾丝制品一样，以这种方式看待美术可能看起来像是为了什么，但实际上并非如此。伯林特对"无利害性"的批评是，它基于静态的视觉艺术模式，因此作用有限。盖伯利克的批评则聚焦于如何将艺术的这种模式从更广泛的社会和环境语境中移除。我认为，虽然从不同的角度接近，盖伯利克和伯林特都为审美体验的开放性提供了框架，使之自然地包括了社会和环境情境的世界。如同伯林特的交融美学，在盖伯利克的"连接美学"中，我们发现了情境作为焦点，同时参与者提供意义和解释。

伯林特和盖伯利克似乎都在倡导一种美学，即我们作为积极参与者融入对话模式中。正是这种积极的倾听和我们在城市生活中极少享受的静谧，使美国艺术家艾丽卡·菲尔德（Erica Fielder）试图通过"鸟食帽：饲养分水岭的觉察"（Birdfeeder Hat: Seeding Watershed Awareness, 2003）等项目来激活它们。菲尔德邀请大量公众戴上鸟食帽长时间静坐，让鸟儿来觅食，然后倾听那些被帽子宽边遮住的微小访客的动作。菲尔德邀请参与者向居住在我们流域的其他物种开放他们的全部感官意识。① 她的项目是一种邀请，使我们参与自身感官的重新觉醒，以及我们与其他生物的亲近感，并设定在环境教育的语境下。这里的对象是审美体验的催化剂，而不是焦点，艺术家扮演着推动者的角色。

称之为"艺术"？作为邀请的框架

尽管盖伯利克和伯林特都对框架和无利害性的概念持批评态度，但利帕德认为这实际上是一种有用的创造性策略，允许为反思留出了空间，并与日常关注保持了关键距离。她认为，在当代艺术实践的语境中，框架的使用方式已经改变了。② 在一项通常不被视为这些主题的活动周围投掷艺术框架可能是一项卓有成效的练习，艺术也从这些实践的混合活力中受益，例如 1960 年激浪派（the 1960' Fluxus）运动和约瑟夫·博伊斯（Joseph Beuys）的"社会雕塑"

① E. Fielder, "Bird Feeder Hat (2003)". http://www.birdfeederhat.org/[accessed 24 march 2009].

② L. Lippard, "Beyond the Beauty Strip", in M. Andrews ed., *Land, Art: A Cultural Ecology Handbook*, RSA Arts and Ecology, 2006.

（social sculpture）。将一项活动框架化为艺术的功能，与其说是告诉我们其中的物体被艺术家赋予了特殊的品质，不如说是为了创造一个空间，在其中某种注意品质被邀请。这种对无利害性的解读，与其说切断了审美体验对象及其在更广泛语境中的功能之间的联系，不如说提供了一种以全新的视角观看这些联系的可能性。

2008 年，苏格兰艺术家贾斯汀·卡特（Justin Carter）受委托为挪威斯塔万格市制作一个场所特定的艺术作品。在对城市进行了一系列参观之后，艺术家决定在 Bybrua（城市路桥）下方安装一个照明系统，以照亮一条黑暗的地下人行横道。这些灯由十二伏电池供电，每天必须由三个不同的踏板发电机充电。在为期十天的时间里，这位艺术家参观了各种学校、街道、体育馆、公园、咖啡馆、博物馆和文化中心周围的发电机，以便从那些愿意捐赠的人那里收集和储存人类能量。一辆名为"Bridgit"的发电机／自行车为行人提供免费过桥交通。在每一天结束时，收获一天的人类能量电池被收集起来，重新连接到照明系统，以便在黑暗中为灯光供电。卡特表示，此举旨在鼓励围绕可再生能源和该城市展开讨论，挪威巨大的石油财富为此增添了趣味。① 卡特的项目旨在重新点燃一种与公众的冲突和恐惧相反的欢乐，这种欢乐在这里表现为通过人们免费赠予的努力照亮黑暗和不和谐的城市空间。艺术家在这里的角色是围绕特定的讨论主题投掷"艺术"框架，并在特定的时间段内保持这种焦点和动力。

利帕德认为，"艺术对许多不同类型的视觉或社会体验进行框架化的能力，让艺术家能够灵活地打破对抗立场，并就我们与世界的关系提出开放-无限制的问题"。她指出，完全取消框架可能具有挑战性，但"在现场改变框架，提供一系列关于空间或场所的使用方式、组成部分及如何解读土地的多种视图，则是可能的"②。

这可以解释为类似于赫伯恩所界定的自然环境中审美体验的偶然性和反应性框架。然而，这种参与实践中的力量平衡并不直截了当，因为对艺术框架的选择并因此作为一种审美体验，是由艺术家做出的。这与自然环境的审美鉴赏具有明显的差异。在自然环境中这个选择由鉴赏者做出，鉴赏者选择包含

① J. Carter, "Pedal Power for Bybrua Bridge, Stavanger, Norway (2008)", http://www.justincarter.info/ [accessed 12 April 2009].

② L. Lippard, "Beyond the Beauty Strip", p. 14.

这个或那个特征。乌克莱斯的握手、菲尔德留心的喂鸟器，以及卡特关于可再生能源的对话，都是艺术。因为作为艺术家，他们是如此设计的。更进一步地讲，如果我们没有直接参与这种以对话为基础的艺术项目，我们最终将依赖艺术家对过程的记录。艺术家们可能并不认为自己是唯一的作者，但在大多数情况下，他们对最终的文档保留着强大的编辑控制权。这些文本、图像和手工艺品让我们再次回到艺术对象的熟悉世界。它们与原始审美体验的相似之处，就像一张森林照片与在森林中行走的体验的差异一样。作为这个事件的实际参与者，我们对对话的语境和过程的看法、交流的品质，以及从对话过程中可能产生的任何转变性的洞见，都取决于艺术家如何向我们展示这些观点。然而，上述艺术作品没有确定的最终形式，可能会以传说、故事、图像、文本、博客、视频、明信片、画廊展览、书籍或杂志出版物的形式呈现。所有这些都是发现作品的有效方法。一旦艺术家将此类项目置于公共领域，"实际"事件与我们后来发现多种意义之间的空间，允许此类艺术项目为新的解释和多重含义保留开放空间。这些艺术作品审美体验的核心，既不完全位于直接参与的体验中，也不完全位于生成的对象和图像的集合中，但仍然是难以捉摸的，并无法进行固定解读的。

因此，虽然这类艺术的过程是参与的，但我们看到，艺术家仍然有意识地将活动定位在艺术话语中，并且艺术家在很大程度上创作和选择将其放置的材料。然而，在这个过程本身中，并不是每个参与要素都与艺术家一致。审美体验只是作为一种邀请出现在这样的相遇中，每个参与要素都必须主动选择是否以这种方式融入其中。正如我们所看到的，赫伯恩认为，除非我们接受挑战，积极融入动态、无框架的自然，而不是选择被动地享受那些从如画-明信片视角中最容易解读出的要素，否则我们不会拥有一个完整的自然审美体验。在伯林特提出的"环境美学"的社会美学分支中，他为潜在的审美介入界定了场所的多样性，在这里，审美可能也不占主导地位，但仅受我们参与意愿的限制。同样地，艺术实践并没有为我们提供一种令人欣慰的和熟悉的审美体验模型，也挑战我们去更有力、更积极地融入审美体验。

对话美学（The Aesthetics of Dialogue）

在《对话性创造》中（*Conversation Pieces*，2004），格兰特·凯斯特（Grant Kester）勾勒了"对话美学"，认为它是一种为艺术实践的审美鉴赏发展一种理论框架的尝试。就像他所给出的例子一样，这种实践采用了精心策划的社会互动形式。与伯林特和盖伯利克一样，凯斯特批评了单一作者模式和艺术对象的自主模式，认为其限制了审美鉴赏的范围。为了确定什么构成一个对话的"审美"特征，凯斯特问道："在审美体验的对话模式的语境中，观众和对象的位置如何被不同的处理？在我们与人的关系中，实践这种态度而非表达它或许是可能的？"①

凯斯特续接了德国理论家尤尔根·哈贝马斯（Jurgen Habermas）的研究，将以论证为焦点的"话语"与演讲或广告等更具工具性和等级性的交流形式区分开来。他将话语描述为一种开放的对话，而非意义传递的固定系统，并认为身份是由我们与其他主体的相遇所塑造和重塑的。在这个框架中，话语被理解为临时的和协商的，任何普遍性要求都存在于过程中而不在知识的产生中。在参与这个散漫过程中，我们被要求接受和回应他人的观点，从而引导自我批评意识，因此我们将自己的身份和观点视为偶然的，并随之发生变化。②凯斯特提出，哈贝马斯勾勒的理论可以帮助我们理解基于倾听和依赖主体间性的艺术实践，在这里审美知识是在局部和交感的情况下产生的，而不是参考了普遍化的框架。在这些艺术实践中，艺术家不是一个自主的、英勇的、高尚的人物，而是被界定为开放的、倾听的和敏感的。

凯斯特认为，以这种方式工作的艺术家并不是从一个清晰形成的创造性视野开始的，他们希望通过教诲的方式与观众交流。相反，他们一开始就清楚地意识到自己的艺术身份和与他人交流的渴望。在这种对话模式中，既允许倾听，也可以表达他们自己的观点。他们看待自己的作用，不作为唯一的作者，而作为正在进行的过程中的催化剂、调节者和促进者。他将这一点与基于工作室的对象制作进行了对比，借用弗雷勒的"银行"（Freire's "banking"）类比，来描述艺术家将意义和重要性储存在私人工作室创作的一个艺术对象的情境，观者稍后用对象的审美静观方式重新审视它。根据凯斯特的看法，引发观者直接互动的艺术作品，将审美意义的焦点从艺术家接近社会领域的私人创作时刻，转向了讨论、分享经验和身体运动。③在这种观点中，对话被理解为转换

① G. Kester, *Conversation Pieces: Community and Communication in Modern Art*, Berkeley: University of California Press, 2004, p. 108.

② G. Kester, *Conversation Pieces: Community and Communication in Modern Art*, pp. 107–115.

③ G. Kester, *Conversation Pieces: Community and Communication in Modern Art*, p. 52.

感知和理解的潜力，审美体验被视为是交感的、动态的和网络化的，并非仅限于事物，而是向过程和协作开放。

然而，这种观点也受到了批评。对话互动，即使是出于最好的意图，也不可避免地充满了权力失衡，因为对话同样可以被视为一场意志的较量，凯斯特因提供了对"社区"的同质解读而受到批评。[①] 正如我们所看到的，艺术家不可避免地保留了很大程度上创作的控制和权力，而且可以说，他们从项目中累积了很多进一步的创意和职业目标，但其他参与者的利益或好处则极少。

凯斯特的目标是为一些艺术实践的审美鉴赏提供更恰当的框架。这些实践侧重于对话和情境，而不是艺术对象，并且没有明确的环境议程。另一方面，伯林特的意图是以一种能够涵盖文化领域的方式，把自然环境的审美鉴赏理论化。因此，这两项工作看起来是不相关的。然而，尽管他们行进的路线图不同，但他们都提出了一个同样的问题：在我们与他人的关系中，是否有体验审美鉴赏可能？二人似乎都认为，尽管审美可能并非在每一个情境下都占主导地位，但确实潜在的存在。凯斯特关注的是对话的艺术实践。在其中，他通过强调关系性、偶然性、顷刻性和转换性的潜力，将审美意义的核心从私人领域转移到公共领域。就像我们对自然环境的体验一样，我们是"沉浸"其中而非"观看"它。然而，这里的特殊环境不是自然环境，而是社会环境。因此，就像伯林特的社会审美一样，凯斯特的对话审美可以理解为一种特殊类型的环境审美。

在凯斯特的对话美学中，如果这些发生在艺术语境下，我们可以在与他人的关系中体验审美鉴赏。但是我们已经看到，艺术家强大的编辑角色和对话过程本身与文献记载之间的距离，使得人们对这种语境下真正的交互与合作的主张得以缓和，而通过这种距离，意味着事件被带入更广泛的艺术话语中。伯林特对社会关系中审美体验可能性的研究方法，概述了"语境美学"的具体特征，同时比凯斯特的方法更系统、更开放，适用于艺术和其他诸如礼节、仪式和人际关系中的父母关爱和爱情的社会情境。伯林特界定的特征是这种审美体验的关键，例如开放和非判断性的注意品质，新鲜感和新的可能性的感觉，一种包括记忆、思想和想象感官的体验，以及一种动态交换的开放性。这些可以有效地应用于上述参与式的对话艺术实践的分析中。

---

① C. Bishop, *Antagonism and Relational Aesthetics*, Boston: MIT Press, 2004.

结　论

　　当代艺术批评和环境美学中正在展开的争论，一直在发展新的、类似的美学框架，以回应传统美学感知的局限性。伯林特的方法是通过对主体／客体本体论的现象学解读来扩展美学理论的范围，这打破了分离的边界和无利害性的观念。正如我们在盖伯利克对"为艺术而艺术"与更广泛的社会语境分离的批判中所看到的那样，这与艺术及其在社会中潜在转换功能之间关系的辩论类似。与凯斯特寻求是否存在一种人类关系的审美一样，伯林特通过将美学拓展到社会空间，发展了一种包括自然、文化和社会环境的审美理论。他对这种审美特征的详细描述对那些被认为是"艺术"之外的活动是开放的，并将美学坚固地放置在我们大多数人每天融入的日常环境中。然而，艺术中审美体验核心的"去物质化"，可能会通过融入难以捉摸的动态情境挑战我们，将我们带到这样一种境地，即艺术和自然环境的审美鉴赏不再对我们提出如此截然不同的要求。虽然凯斯特、盖伯利克和利帕德都专注于对话艺术和参与艺术，而不是自然环境，但如果我们接受赫伯恩的观点，即一个未经理论化的审美体验是不完善，可以说，通过学习如何审美地鉴赏这种艺术实践，我们会变得更敏感地意识，并因此更倾向于重视即时的、短暂的、关系的、偶然的、动态的品质。所有这些品质都是赫伯恩所界定和推崇的自然环境的特征。

Contemporary Art and Environmental Aesthetics

[English] Samantha Clark　　Zhang Chao (Tr.)

Abstract: Aesthetic debates within contemporary art have been tangential to the debates in environmental aesthetics since the 1960s. I argue that these disciplines, having evolved separately in response to the limitations of traditional aesthetics, may now usefully inform each other. Firstly, the dematerialization of art as the focus of aesthetic experience may have environmentally useful consequences. Secondly, Gablik's "connective aesthetics", like berleant's "aesthetics of engagement", folds aesthetic experience into the social as a kind of environmental aesthetics. Thirdly, contemporary art's flexible readings of "framing" can respond to "frameless" natural environments, and finally, kester's "dialogical aesthetics" may be enriched by berleant's systematic account of "contextual aesthetics".

Key words: Dialogical aesthetics, Connective aesthetics, Participatory, Environmental art

王汝虎《形式批评：中国古代文论的
内在传统》序

朱立元

　　王汝虎博士是我系名师汪涌豪教授的高足，他以中国古代文论为主要研究领域。不过，他曾经认真修读过我的西方美学课程，成绩优秀，所以，研究视域比较开阔，有中西比较的眼光。记得他在读博期间，学习西方古典美学课程时勤恳朴实的学风，给我留下了深刻的印象，毕业时还获得了当年上海市优秀毕业生的荣誉。因此，当他携此著作，嘱我为该书作序时，我不但感到义不容辞，而且是乐而为之。

　　我认为，我国传统文化、特别是古代文化（包括古代文论）有着辉煌灿烂的历史，当代中国文论或者文艺学的创新与建构，必须接续古代文论传统的精神血脉，继成和发展其中仍有生命力和普遍意义的优秀成分，以建设具有时代精神和现代意识，对新时代中外文学新现象、新现实具有强大阐释力的中国当代新文论。故我在自己的一篇文章中曾呼吁，我们应该在立足现当代文化、文论新传统的基础上，排除各种障碍，更自觉地关注古代文论的研究，下更大功夫，用现代意识去审视古代文论传统；更主动地整理、发现、选择、阐释、激活和吸纳其中仍有生命力、契合当代精神价值的优秀成分。（参见朱立元：《关于中国古代文论现代转换的再思考》，《中国社会科学》2015 年第 4 期）

　　特别是在古代文论范畴体系的阐释上，我们应用现代观念与方法进行细致整理、悉心体会、融会贯通，在中西比较与对照中加以重新阐释，将其内在的"潜在体系"各要素分门别类、全方位动态地展现和揭示出来，这样的现代阐释才是货真价实的现代转换。汪涌豪教授的《中国文学批评范畴及体系》《中国文学批评范畴十五讲》，可谓当代学界此种现代阐释丰硕的研究成果之一，罗宗强先生赞赏其为古文论现代"话语转换"的实绩之一。汪涌豪教授将其研究落实到如"圆""涩""老""嫩""闲""躁""声色""局段"等极具形式审美意味的古文论范畴的精微解读上，对不同范畴做不同层面的解读和分级的同时，还探索不同层级范畴之间的关系，不同元范畴之间的联结，从而呈现出我国古文论话语体系的内在发展理路。

承此研究理路，作为汪涌豪教授的博士生，汝虎的博士论文即以《形式批评：中国古代文论的内在传统》为题，试图系统阐释古文论研究中常被忽视的形式批评话语体系，并做了一种理论上的论证和全景式的说明，可以说是有一定创新意义的学术尝试。特别是本书援引了当代西方文论的新趋势和新进展，以西学为镜来反思古代文论研究中的一些问题和弊端，显示了作者较为广博的理论视野和方法论意识。

如二十世纪西方文论困境之一，即为远离了文学审美和文学文本。文化研究的扩张，导致了文学理论自身的边缘化，乃至许多研究存在着文学缺位的现象，文学理论批评往往只有文化，没有文学本身，存在不着边际的泛文化、泛政治化的批评趋向。由于远离文学和文本，远离文学实践，文学现实和批评甚至也远离了真正的文学批评。果然，进入后现代理论时代，西方文学理论界出现了对文化研究、新历史主义等思潮的反思和批评，其中"新审美主义"的关注点逐渐从社会历语境中剥离出来，重新开始转向文学和文学自身，在某种意义上可以说这是继文学研究向文化研究的重大变化和转型后之后，欧美文论界所出现的又一次比较重要的变化和转型。（参见朱立元、张蕴贤：《新审美主义初探——透视后理论时代西方文论的一个侧面》，《学术月刊》2018 年第 1 期）在本著中，汝虎同学在援引其中的"新形式主义"理论趋向时，以中西互鉴的角度指出中国古代诗学、诗法诗格、文章学中本即存在着丰富而漫长的形式批评传统，它们大多"标举章法句法""就诗论诗"，浸润着古人对艺术形式和结构美感的鉴赏和积淀。确实，除汝虎所着重分析的元人方回的《瀛奎律髓》、清人黄生的《诗麈》和《载酒园诗话评》外，我们亦可随手举出如明人魏良辅《曲律》所言，唱曲要"先从引发其声响，次辨别其字面，又次理正其腔调"①，其

① 魏良辅：《曲律》，中国戏曲研究院编：《中国古代戏曲论著集成（第五册）》，中国戏剧出版社2020 年版，第 5 页。

中"声响""字面"和"腔调"即为古人戏曲审美的核心范畴；亦可举出明人张岱以冰雪喻诗文的美感体验，所谓"盖文之冰雪，在骨在神，故古人以玉喻骨，以秋水喻神，已尽其旨。若夫诗，则筋节脉络，四肢百骸，非以冰雪之气沐浴其外，灌溉其中，则其诗必不佳。是以古人评诗，言老，言灵，言隽，言古，言浑，言厚，言苍蒨（苍翠绚丽），言烟云（朦胧隐约），言芒角（锋芒明锐），皆是物也"①。过去或有研究者批评此种诗文评点多从感性而来，缺乏系统的理论体系，但从新审美主义的角度，此种贴近文心、注重感物的鉴赏式批评，自有其本土传统和现代价值，而非是可贬低的诗学感性经验。再如古代诗文创作中常见的用典用事传统，特别是骈文传统中"事对"和"事类"的创作方法，钱锺书先生虽批评好像"一个家陈列着像古董铺子兼寄售商店，好好一首诗变成'垛叠死人'或'牵绊死尸'"，并言"宋诗的形式主义"培养了王安石诗歌创作的"根芽"。但从艺术的效果上，钱锺书先生亦承认"诗人要使语言有色泽、增添深度、富有暗示力，好去引得对诗的内容作更多的寻味"，那么"借古语申今情"的用典用事自有其不可替代的艺术审美效果。② 乃至清末民初"同光体"的代表诗人陈衍，推崇诗歌要"骨重神寒，真实力量固自不同"和"苍凉古直"的语言风格，提出"诗贵风骨，然亦要有色泽，但非寻常之脂粉耳；亦要雕刻，但非寻常斧凿耳。有花卉之色泽，有山水之色泽，有彝、鼎、图、书种种之色泽"。③ 此种重色泽直现的古诗批评，正为古代诗学以字法、句法、章法为重、不脱离文本形式审美之鉴赏传统的直接体现。正如有西方学者所论，"在文学批评当中，我们已经建构起无数的语义学、修辞学、文体学和语言学。甚至我们的历史都想要成为语言学的历史或修辞学的历史"④，而之于漫长而丰盈的中国古代文学批评传统，基于语辞审美的形式批评传统，何尝不是我们的古典诗学言说重心之所在。

　　王汝虎博士的这一部专著，还特别申引了西方经学诠释学传统，并与有着漫长诗文注释传统的古代文学传统相印证，试图说明古代文学经典文本形成

---

① 张岱：《一卷冰雪文后序》，张岱著，栾保群注：《琅嬛文集》卷一，故宫出版社2012年版，第51—52页。

② 参见钱锺书：《宋诗选注》，人民文学出版社2020年版，第47—49页。

③ 陈衍：《石遗室诗话》卷二十三，人民文学出版社2004年版，第357页。

④ 韦恩·C.布斯著，穆雷等译：《修辞的复兴：韦恩·布斯精粹》，译林出版社2009年版，第58页。

的历史过程中，文例、文类、风格等形式要素所具有的文学批评史价值。特别是在先秦典籍文本的勘查中，语辞和文例不仅是古文字学、训诂学范围内的事情，更应关涉着如何理解中国文学形式审美的起源及与之相关的批评观念的衍生。确实，此种诠释学的视角，与文学作品的意义来自何处，这一既古老又不断出新的问题直接相关。20世纪中期以来，西方诠释学开始突破传统，在意义理论上形成了两个具有现代性的重要理论思潮：一是从海德格尔到伽达默尔的哲学本体论或存在论诠释学，二是以意大利哲学家贝蒂为代表的"作为精神科学一般方法论的诠释学"。二者都对施莱尔马赫、狄尔泰为代表的前现代方法论诠释学，有所突破，也有所继承。但新时期以来，中国哲学、美学、文艺学界主要受到前者的重大影响，而后者的影响几乎可以忽略不计。关于这一点，本人专门写过长文予以论述。（参见朱立元：《伽达默尔与贝蒂：两种现代阐释学理论之历史比较——从当代中国文论建设借鉴的思想资源谈起（上、下）》，《当代文坛》2018年第3、4期）实际上，与伽达默尔本体论诠释学偏重于阐释者而轻视作者的意义观，贝蒂坚持理解的认识论、方法论思路。他把一切过去人们（他人）的"精神的客观物"，包括"固定的文献和无言留存物"、文字和艺术象征形象等等，统称为"富有意义的形式"。[1]贝蒂认为理解过程是作者主体、富有意义的形式（即语言文本）和解释主体三个要素的统一过程。他明确肯定语言文本是作者主体精神客观化的成果，也肯定理解中解释者同样具有不可替代的重要地位，更指出语言文本作为精神客观化物是联系、沟通两个主体的中介，是理解、解释活动的出发点和直接对象。此种观念，明显承继了施莱尔马赫、狄尔泰的传统诠释学思路。

汝虎博士在其著作第三章中，深入西方圣经诠释学传统，介绍了深受赫尔德影响的德国学者赫曼·衮克尔的形式批评学派。与前述贝蒂的诠释学理论相近，衮克尔的诠释方法认为应以文本、文类结构为经学诠释的主要对象，关注文类和风格产生的时空流转与历史过程。此种诠释学方法论，或可供诸位读者参考。不管如何，作为语言形态的文本，是意义保存和流转的中介，亦是历史中可确证的诠释对象。落实到文学经典的产生上，在本书第五章，作者还对

---

[1] 埃米里奥·贝蒂：《作为精神科学一般方法论的诠释学》，洪汉鼎主编：《理解与解释——诠释学经典文选》，东方出版社2001年版，第125—126页。

杜诗注释学这一古代集部文献诠释典范做了梳理，指出古代诗文注释传统中依托对法、句法和章法展开的诠释行为的历史过程。这也不失为一种可贵的尝试。

汝虎博士据此认为，实际上作为传统文化的核心，"释古今之异辞"的古代经史训诂之学在我国学术传统中尤为发达。但训诂与诗心并非如明人所言"风人与训诂，肝肠意见绝不相同"（薛刚《天爵堂笔余》）[①]，在意义的还原、阐释上，甚至增值、偏离、改造、重构上，二者为截然对立的两途。在长时段的历史时空中，批评学和训诂学往往互为表里且殊途同归。如宋人陈振孙在《直斋书录解题》中曾表彰朱熹所作《楚辞集注》："以王氏、洪氏注或迂滞而远于事情，或迫切而害于义理，遂别为之注。其训诂文义之外，有当考订者，则见于《辩证》，所以祛前注之弊陋而明，屈子微意于千载之下，忠魂义魄，顿有生气。"[②]通过训诂文义与考订文本，此种文学诠释法方能更接近于文本作者本意，并构成一种情感上的共振。故基于文类的稳定、形式的凝定上的文学诠释，必然涉及对上述诠释理论的说明与解释，进而发现我国古代文论中仍有生命力、普遍价值的内容。这些思考和论述甚有创见，值得称道。

总之，王汝虎博士这部依据博士论文修改而来的著作，在论文答辩时就给诸位答辩专家眼前一亮的感觉，有专家亦认为此著大体搭建了一种古代形式批评传统的体系框架。希望他能在今后的治学道路上，能更加奋发和努力，在学术上收获更多的成果，做出更大的贡献。

是为序。

2024 年 2 月

---

① 王士禛：《渔洋精华录集注》，齐鲁书社 2009 年版，第 211 页。
② 陈振孙：《直斋书录解题》卷十五，上海古籍出版社 2015 年版，第 435 页。

稿　约

　　《中国美学研究》是以研究中国古代美学为主，兼及心理美学、西方美学等著译的学术集刊，每年出版 2 期，分别于每年 6 月、12 月由商务印书馆出版，国内外公开发行。

　　本刊欢迎名家和中青年学者赐稿，对于青年硕博士生乃至民间高手的优秀论文，也同样欢迎。来稿请注明单位和联系方式。

　　论文注释请一律使用脚注。注文按照作者、文章篇名、文章发表的期刊名、期刊出版年份及期号、页码顺序撰写，如：李扬：《论艺术的现代性》，《文艺研究》2008 年第 3 期。如引文为著作，注文则按作者、译者、著作名、著作出版机构名、出版年、页码撰写，如：门罗·C. 比厄斯利著，高建平译：《西方美学简史》，北京出版社 2006 年版，第 35 页。

　　来稿可直接发送至《中国美学研究》电子邮箱：zgmxyj@163.com。

图书在版编目(CIP)数据

中国美学研究. 第 23 辑 / 朱志荣，王怀义主编.
北京 ：商务印书馆，2024. -- ISBN 978-7-100-24302-5

Ⅰ. B83-53

中国国家版本馆 CIP 数据核字第 2024L3D761 号

中国美学研究(第二十三辑)

朱志荣　王怀义　主编

商 务 印 书 馆 出 版
(北京王府井大街36号　邮政编码100710)
商 务 印 书 馆 发 行
上 海 中 华 印 刷 有 限 公 司 印 刷
ISBN 9 7 8 - 7 - 1 0 0 - 2 4 3 0 2 - 5

2024 年 6 月第 1 版　　开本 710×1000　1/16
2024 年 6 月第 1 次印刷　　印张 19.75
定价:128.00 元